Les après-midi de Louis XVI

Jean Dominique Bourzat

Les après-midi de Louis XVI

L'Harmattan

Du même auteur

Lecture contemporaine du Cours de Chymie de Nicolas Lemery,
Lyon, Éditions du Cosmogone, 2005.

Une dynastie de jardiniers et de botanistes : les Richard de Louis XV à Napoléon III,
Paris, L'Harmattan, 2009.

Une dynastie de serruriers à la cour de Versailles,
Paris, L'Harmattan, 2016.

5-7, rue de l'Ecole-Polytechnique, 75005 Paris

http://www.editions-harmattan.fr

ISBN : 978-2-343-16564-6
EAN : 9782343165646

Prologue

Dans l'imagerie populaire, Louis XVI est souvent représenté dans ses ateliers, revêtu de son tablier de cuir, limant des clés et forgeant des serrures, tandis que Marie-Antoinette joue les bergères dans sa ferme du hameau de Trianon.

Cette image d'Épinal, véhiculée par un grand nombre d'historiens et de manuels scolaires, a fabriqué la légende d'un roi mou et incapable, fuyant ses responsabilités au profit d'activités manuelles jugées indignes d'un monarque. Cependant depuis quelques années ce stéréotype a été révisé par des historiens tels que Paul et Pierrette Girault de Coursac [(1)], Évelyne Lever [(2)] et Jean-Christian Petitfils [(3)], qui ont montré par leurs recherches que Louis XVI au lieu d'être le benêt que l'on pensait, possédait une éducation et une culture étonnantes, bien supérieures à celles de ses prédécesseurs et de ses contemporains. Certes sa personnalité complexe a beaucoup dérouté, et son caractère timide et renfermé n'était pas fait pour le rendre attachant, mais sous le masque d'impassibilité qu'il affectait, se cachait un homme intègre, juste et bon, qui voulait par-dessus tout le bonheur de son peuple ; malheureusement son indécision, sa versatilité et son manque de confiance en soi, seront les principales causes de sa chute qui entraînera celle de la monarchie et de tout l'Ancien Régime.

S'il n'avait pas eu le malheur de régner, comme il le laisse entendre dans son testament [(4)], en évoquant la succession éventuelle de son fils, il aurait pu être un grand scientifique car il possédait des connaissances étendues dans des domaines aussi variés que les mathématiques, la mécanique, la géographie, la physique, la chimie, les langues vivantes et mortes, l'histoire ou la littérature. La géographie était sa matière de prédilection, et il se plaisait à rêver qu'il aurait suivi Monsieur de La Pérouse dans son expédition autour du monde si la mort de son frère aîné, le duc de Bourgogne, ne l'avait pas propulsé sur le trône de France.

Les sciences connurent au XVIIIe siècle un essor prodigieux ; l'arrivée de nouvelles technologies dans le textile avec l'automatisation des métiers à tisser, dans la chimie avec la synthèse industrielle de l'acide sulfurique et dans la sidérurgie avec l'emploi de la houille dans les hauts fourneaux, induira une mutation dans les moyens de production, préfiguration de la révolution industrielle du XIXe siècle. Après la publication de l'Encyclopédie par Diderot et d'Alembert en 1751, les classes aisées de la société se piquèrent de sciences, chaque aristocrate voulait posséder dans son château un cabinet de curiosité où il exposait ses collections de minéraux, de fossiles ou d'animaux rares naturalisés.

Des cours de chimie, de pharmacie et de botanique, ouverts à tous, attiraient un public nombreux au jardin du Roi à Paris (aujourd'hui, jardin des plantes).

Dans ce contexte l'enseignement des princes, traditionnellement littéraire, s'ouvrit au monde scientifique.

Alors que Louis XIV n'a montré dans sa jeunesse que peu d'intérêt pour les études, préférant la danse, la musique ou la chasse, et que devenu roi, il ne s'est intéressé aux sciences que dans la mesure où elles pouvaient faire progresser ses arsenaux ou ses manufactures, son neveu Philippe d'Orléans, le Régent, était un prince éclairé épris de musique, de peinture et de chimie. La chimie était sa grande passion. Il avait installé au Palais Royal un laboratoire qui selon Fontenelle était le mieux fourni et le plus superbe que la chimie eût jamais eu, et qu'il avait confié à Guillaume Homberg, membre de l'Académie des sciences. Fontenelle, secrétaire perpétuel de l'Académie des sciences, rapporte dans l'éloge funèbre qu'il fît à Homberg [(5)] :

« Là se rendait presque tous les jours le Prince Philosophe, il recevait avidement les instructions de son Chimiste, souvent même les prévenait avec rapidité, il entrait dans tout le détail des opérations, les exécutait lui-même, en imaginait de nouvelles, et j'ai vu plusieurs fois le maître effrayé de son disciple. On ne le connaît pas, me disait-il en propres termes, lui qui était presque le seul confident de ses talents, c'est un rude travailleur. »

Louis XV suivit l'exemple de son illustre cousin, il se passionna pour l'étude et la pratique des sciences. Il avait installé ses cabinets particuliers dans les bâtiments de la cour des cerfs où il s'initiait aux travaux manuels [(6)]. Dans une pièce attenante à la salle du Conseil, il tournait l'ivoire et le bois sous la direction de la Demoiselle Maubois. Il possédait toute une collection d'outils à manche en bois de rose ou en bois violet à virole d'argent. Dans cette pièce du tour, il préparait lui-même son café, boisson qu'il affectionnait particulièrement et dont l'usage s'était répandu à la Cour sous le règne de Louis XIV. Au deuxième palier de ces bâtiments se trouvait son cabinet de géographie et d'histoire. Il possédait des cartes de chronologie collées sur toile qu'il consultait en les déroulant comme des stores. Au troisième palier, il avait fait réaliser en 1764, une grande bibliothèque et un laboratoire de chimie où il distillait des fleurs et des plantes pour préparer des eaux parfumées comme l'eau de la reine de Hongrie et l'eau de Cologne. En 1757, on montrait une fenêtre où le roi distillait.

Si on a beaucoup reproché à Louis XV sa vie licencieuse, en revanche, nulle critique ne lui a été faite sur ses activités de tourneur et de parfumeur car il était d'usage à l'époque pour les membres de l'aristocratie d'avoir des activités manuelles. On voit combien le reproche que l'on a fait à Louis XVI de limer et de forger était injuste.

L'éducation du roi (1b, 3)

Le 8 septembre 1760, le duc de Berry (futur Louis XVI) quitte sa gouvernante, Madame de Marsan, pour passer aux hommes. Il n'a que six ans alors que ce passage se fait normalement vers les sept ans, mais son frère le duc de Bourgogne, de trois ans son aîné, gravement malade et qui mourra de tuberculose osseuse en 1761, le réclamait comme compagnon d'études pour adoucir ses souffrances.

Ses parents, le dauphin Louis Ferdinand et la dauphine, Marie Josèphe de Saxe, tous deux d'une grande culture, voulaient pour leurs enfants la meilleure éducation. Ils leurs donnèrent comme professeurs les savants les plus illustres et les plus réputés*. Le duc de La Vauguyon, ancien militaire qui s'était illustré à la bataille de Fontenoy en 1745, devint le gouverneur des enfants de France en 1758, et fut chargé de diriger l'éducation des petits princes, et en particulier celle du duc de Berry.

La Vauguyon appartenait au parti dévot dont il affectait les mœurs austères, mais en fait, il était avide et présomptueux. Il donna à son élève un enseignement purement livresque, empreint de morale religieuse où l'absence totale de formation politique et militaire ne préparera pas le futur Louis XVI à son métier de roi.

Le précepteur du duc de Berry était l'ancien évêque de Limoges, Jean-Gilles du Coëtlosquet, homme probe, intègre, d'un caractère doux et simple, mais faible jusqu'à la pusillanimité selon l'abbé Jean-Louis Soulavie (7). Il fit appel aux meilleurs professeurs pour instruire le duc de Berry et ses deux frères cadets, le comte de Provence et le comte d'Artois. L'abbé de Radonvilliers fut choisi pour enseigner les langues vivantes, Guillaume Le Blond pour les mathématiques, l'abbé Nollet et Mathurin Jacques Brisson pour la physique et la mécanique, Philippe Buache et Nicolas Ozanne pour la géographie et la marine, Pierre Le Roy pour l'horlogerie.

À six ans, le duc de Berry qui savait déjà lire et écrire, passait quotidiennement, sous la férule de ses maîtres, sept heures à étudier. La plus grande partie de ces sept heures était consacrée à l'étude du latin, de l'histoire sainte et de la religion, de la mythologie gréco-romaine, du droit et de l'histoire de France et des pays européens.

L'enseignement des langues vivantes, des mathématiques, de la physique, de la chimie, de la géographie, du dessin, de la musique, de la

---

* Voir annexe n°1

danse et des travaux manuels, bien que considéré comme secondaire, représentait une révolution dans les méthodes éducatives.

Le duc de Berry montra très vite de grandes prédispositions pour la plupart des matières enseignées.

En latin il lisait Suétone, Sénèque et Tacite dans le texte.

Grâce à la méthode de l'abbé de Radonvilliers qui prônait l'apprentissage des langues, uniquement par la pratique de l'oral avant d'acquérir toute notion d'écrit, il pouvait s'exprimer correctement en italien et en espagnol, et dans une moindre mesure, en allemand. Bien que sa mère se fût rapidement opposée à l'étude de l'anglais au profit de l'italien, en raison de son aversion pour l'Angleterre, il reprit après son décès l'étude de cette langue et était arrivé à la posséder si bien que d'après l'auteur anonyme de *Vie publique et privée de Louis XVI* (8) :

« Lorsqu'il recevait une dépêche du gouvernement anglais, il ne faisait que jeter dessus un coup d'œil, et la lisait ensuite en français à son Conseil, comme si elle eût été écrite en sa propre langue. »

Mais son domaine de prédilection était les sciences.

En 1759, l'abbé Nollet qui était le maître de physique et d'histoire naturelle des enfants de France, avait créé à l'hôtel des Menus-Plaisirs du Roi à Versailles, un cabinet de mécanique et de physique où il faisait des démonstrations spectaculaires sur l'électricité statique et sur la chimie. Le futur Louis XVI y assistait avec émerveillement, et son goût pour les sciences vint certainement des expériences de l'abbé.

En mathématiques il montra des dons surprenants. Le Blond lui proposa en 1765, alors qu'il n'avait pas douze ans, de résoudre le problème suivant (9) :

« On suppose qu'un prince est cinq fois plus de temps couché qu'il en emploie dans ses différents repas ; que le temps de ses récréations est égal à la moitié de celui qu'il est couché, et qu'il donne 7 heures par jour à l'étude. On demande combien il est d'heures au lit ; quel est le temps qu'il emploie à ses repas et à ses récréations ? »

Le futur dauphin trouva rapidement la solution à ce problème qui passe par la résolution d'un système de trois équations du premier degré à trois inconnues :

Soit : s = durée du sommeil ; j = durée des jeux ; r = durée des repas.

On a la relation : s + j + r + 7 = 24 heures

- s = 5 r
- j = s/2

- r + j + s = 17

Ce qui donne : s = 10 heures ; j = 5 heures; r = 2 heures.

Et cet autre problème d'arithmétique, également résolu par le duc de Berry, bien que nettement plus difficile [9] :

« Trois princes avaient ensemble le 10 février 1766, 30 ans, 11 jours ; le second a 1 an, 2 mois, 24 jours moins que le premier et le troisième, 1 an, 10 mois et 22 jours moins que le second. Trouver l'âge que chacun de ces princes avait ledit jour 10 février1766. »

Soit a1 = l'âge du premier prince ; a2 = l'âge du second prince ; a3 = l'âge du troisième prince.

On a les relations :

- a1 + a2 + a3 = 30 ans + 11 jours.
- a2 = a1 - 1 an - 2mois - 24 jours
- a3 = a1 - 1 an - 2 mois - 24 jours - 1 an - 10 mois - 22 jours

Et en simplifiant cette dernière équation :

- a3 = a1 - 2 ans - 12 mois - 46 jours : soit :
- a3 = a1 - 3 ans - 1 mois - 16 jours *(avec 1 mois = 30 jours).*

On obtient en additionnant a1, a2 et a3. :

- a1 + a2 + a3 = a1 + a1 - 1 ans - 2 mois - 24 jours + a1 - 3 ans - 1 mois - 16 jours = 30 ans + 11 jours.
- 3 a1 = 34 ans + 3 mois + 51 jours, soit :
- 3 a1 = 33 ans +15 mois + 51 jours, et en divisant par 3 :
- a1 = 11 ans + 5 mois + 17 jours
- a2 = 10 ans + 3 mois - 7 jours ; soit 10 ans + 2 mois + 23 jours
- a3 = 8 ans + 4 mois + 1 jour.
- On a bien : a1 + a2 + a3 = 30 ans + 11 jours.

Le premier prince est le duc de Berry qui est né le 23 août 1754, et a donc, 11 ans, 5 mois et 17 jours, le 10 février 1766, le second, le comte de Provence, né le 17 novembre 1755, a ce jour là, 10 ans, 2 mois et 23 jours, et le comte d'Artois, né le 9 octobre 1757, a le même jour, 8 ans, 4 mois et 1 jour.

Plus tard, en 1770, Le Blond entreprit d'enseigner à son royal élève le calcul intégral et différentiel en lui exposant et en lui commentant les travaux de Léonard et Jean Albert Euler. (De nos jours ce niveau de mathématiques est atteint dans l'enseignement supérieur).

En géographie, sous les conseils de Philippe Buache, il réalisa en 1769, à quinze ans, une carte topographique en couleurs de la ville de Versailles et de ses environs qui impliquait de posséder parfaitement la trigonométrie, l'art de la visée et l'arpentage pour calculer les angles et les distances nécessaires à l'établissement des cartes. Le dessin est d'une finesse remarquable [131].

Le premier peintre de la Marine, Nicolas Ozanne, lui apprit *L'art de dessiner à la plume qui est communément le paysage* ; il réalisa sous sa conduite des plans et des coupes des vaisseaux de la marine royale et étudia leurs méthodes de déplacements.

Il apprit l'horlogerie avec Pierre le Roy qui fabriquait des montres et des horloges de marine. Après la mort de l'abbé Nollet en 1770, le dauphin poursuivit ses cours de physique et de mécanique avec Mathurin Jacques Brisson qui était membre de l'Académie des sciences.

L'éducation morale du dauphin fut assurée par le duc de La Vauguyon, assisté dans sa tâche par le jésuite, le père Berthier, jusqu'en mars 1764, date à laquelle Louis XV ordonna la suppression de la compagnie de Jésus et le bannissement de ses membres. L'historien Jacob Nicolas Moreau, grand pourfendeur de philosophes et d'encyclopédistes, lui montra la nécessité de conserver une monarchie absolue, seule capable de résister à la fronde de la noblesse et des parlements.

Il nous reste comme témoins de cette éducation rigoriste, deux opuscules rédigés par le jeune duc de Berry sous la conduite de son mentor.

Le premier, date de 1766, et a pour titre : *Maximes morales et politiques tirées de Télémaque sur la science des rois et le bonheur des peuples*. Il fut imprimé par le dauphin à 25 exemplaires, uniquement destinés à la Cour.[*] C'est un recueil d'instructions moralisatrices prodiguées au futur monarque, en vue d'élever son âme, mais qui ont contribué à lui donner de l'art de gouverner, une vision idéaliste, sans tenir compte de l'évolution des mœurs et des idées de la société qui réclamait plus de liberté, d'égalité et de justice.

Son ouvrage terminé, le dauphin en remis un exemplaire à son grand-père. Ce dernier après l'avoir lu, lui déclara :

« Monsieur le dauphin, votre ouvrage est terminé, rompez la planche[**] »

Visiblement Louis XV n'appréciait pas les leçons de morale, même si elles ne lui étaient pas directement adressées.

Ces maximes font de la fonction royale une représentation divine qui donne au monarque un pouvoir absolu :

---

[*] Cet ouvrage a été réimprimé en 1814, chez Royez à Paris.

[**] Note manuscrite sur la première page de l'exemplaire ayant appartenu à M. de Saint-Maigrin, fils du duc de La Vauguyon.

« Un roi n'est digne de régner qu'autant qu'il fait la fonction de Dieu sur terre, telle est l'étendue de ses obligations. » Maxime VIII.

Un prince doit être l'exemple de la vertu.

« L'exemple du prince est un miroir où tous les yeux viennent se réunir pour étudier leur modèle ; est-il vicieux, on sait que pour plaire aux hommes il faut les imiter ; que ceux dont le cœur est infecté par le vice trouvent dans la vertu un reproche secret de leurs crimes ; que l'étaler à leurs yeux, c'est les rebuter et les révolter ; et qu'à la cour des princes corrompus, les grâces et les passions coulent par le même canal. À tous ces attraits offerts par l'ambition, le vice ajoute les siens. Qu'il faudrait de force pour résister à des charmes si puissants ! Cette force n'est pas dans la nature ; on se laisse aller au doux penchant qui entraîne ; on jouit des avantages de la vertu, même en secouant son joug ; on ferme l'oreille à la voix de la vérité, et on n'écoute plus que celle de ses désirs. » Maxime X.

Le prince, au contraire, offre-t-il à ses sujets le modèle de la vertu ; ceux qui sont ses imitateurs les plus zélés, se montrent alors avec confiance, et les plus vicieux même affectent de prendre le masque et l'apparence de la vertu dont ils aperçoivent la réalité dans leur maître ; ils cachent la corruption de leur âme sous des dehors spécieux et trompeurs, et s'ils ne sont pas plus vertueux, leur exemple au moins n'en entraîne pas d'autres dans l'abyme. » Maxime XI.

Ces deux dernières maximes qui prônent au prince la vertu, furent ressenties par Louis XV, comme une leçon de morale, administrée par son petit-fils.

Louis XVI fut certainement un monarque vertueux, mais la vertu et la morale, tirées de l'œuvre de Fénelon, ne lui servirent pas à prendre conscience des intrigues de son entourage qui affaiblissaient son pouvoir, et que la volonté de certains à lui nuire, allait précipiter sa chute.

La politique est déconsidérée, voire rejetée :

« La politique en elle-même est fondée sur l'honnêteté et la bonne foi ; les passions des hommes l'ont corrompue ; ce n'est plus aujourd'hui qu'un tissu de perfidies, d'infidélités, d'intrigues, et tout l'art consiste à se parer du masque de la probité et de la justice. » Maxime XXIII.

Arrivé au pouvoir, Louis XVI dut se former seul à la politique, à la diplomatie et aux affaires étrangères. Pour s'initier à la politique anglaise, il s'était abonné aux journaux qui relataient les débats à la

Chambre des Communes et à la chambre des Lords : *Journal of the House of Commons* et *Journal of the House of Lords*.

Le second opuscule, écrit en 1768, est intitulé : *Réflexions sur mes entretiens avec M. le duc de La Vauguyon*[*]. Ces réflexions ont pour thèmes principaux la piété, la bonté, la bienfaisance et la justice. Elles doivent conduire le futur roi à un idéal vertueux, mais ne l'ont pas préparé à comprendre et à affronter un environnement qui lui a été très souvent hostile. Dans un souci de justice et d'équité, La Vauguyon conseille au dauphin, l'absolue nécessité de l'existence des Parlements :

« Les Parlements n'ont jamais été et ne peuvent jamais être l'organe de la nation vis-à-vis du roi, ni l'organe du souverain vis-à-vis de la nation ; une pareille prétention serait aussi criminelle qu'elle est fausse et destructrice du pouvoir monarchique. » XIIe entretien.

Conforté par ces conseils, Louis XVI s'empressera dès son avènement de rétablir les Parlements que Louis XV avait congédiés en 1771, devant leur refus d'enregistrer les édits royaux. On connaît les conséquences funestes qu'eût cette décision.

La Vauguyon décelant peut-être un manque de volonté chez son royal élève, l'encourage à user de la fermeté dans l'exercice de son pouvoir. Il insiste longuement sur ce point dans six entretiens qui représentent pratiquement la moitié du texte de cet ouvrage (du XIVe au XVIIIe entretiens).

Dans le XIVe entretien on peut lire cette vision de la faiblesse des rois qui peut après coup, nous paraître prophétique :

« De la faiblesse des rois, naissent les factions, les guerres intestines, des secousses qui ébranlent et ruinent l'État, et qui finissent par le renverser tout à fait. Si je pouvais douter de cette vérité, je n'aurais qu'à me rappeler l'histoire de toutes les nations, mais puis-je jamais oublier dans la nôtre, Louis le débonnaire, Charles VI, Henri III. L'anarchie, plus cruelle que le despotisme le plus tyrannique, est moins funeste aux peuples que la faiblesse d'un roi. Si le souverain ne maîtrise pas tout ce qui l'environne, il est nécessairement asservi, et s'il l'est une fois, il ne

---

[*] Une copie du manuscrit, effectuée par le comte de Provence, fut découverte en 1836, et publiée en 1851 par le comte de Falloux chez J.P. Aillaud à Paris.

Le 2 juin 2005, le manuscrit autographe du duc de Berry que l'on croyait irrémédiablement perdu, réapparut dans une vente publique. La direction des Archives nationales de France put l'acquérir en exerçant son droit de préemption.

peut plus être heureux. Il ne le sera pas même dans le sein de sa propre famille car il faut quelquefois à un prince, plus de force pour régler sa maison que pour gouverner ses États. Un prince faible sera toute sa vie le jouet ou la victime de ses ministres, de ses amis ou de ses domestiques ; également indigne, et d'amour, et de haine, il sera la honte du trône, le fléau de son peuple et le mépris de la postérité. »

Et toujours dans le XIVe entretien, à propos de la fermeté :

« Si la fermeté est nécessaire à tous les hommes, parce que sans elle, il n'est point de vertu solide, elle l'est encore plus aux rois parce que sans elle, les peuples et le souverain sont toujours malheureux. L'homme faible ne voit rien, il écoute tout, il ne se conduit point, il n'est pas même conduit, on le pousse, on l'entraîne. Il peut avoir des lumières, mais il a rarement une conviction. On lui persuade tout, on ne lui dénonce rien, il a des goûts, il n'a point de volontés, et il n'a de déterminations et de décisions que par une impulsion étrangère. Il n'acquiesce point au parti qui lui est proposé, il y défère pour s'affranchir de la nécessité de délibérer. Le doute le tourmente, il n'a de confiance pour personne, et son âme paresseuse et timide s'abandonne en aveugle à ceux qui les premiers osent s'en emparer. »

Même si Louis XVI a su parfois faire preuve de fermeté, on retrouve dans les lignes ci-dessus, l'expression de son indécision et de sa versatilité qui l'empêchera de prendre les bonnes décisions, au bon moment, sans subir l'influence de son entourage qui l'amène souvent à changer d'avis.

Il l'encourage aussi à faire son autocritique ; ainsi dans le second entretien, le dauphin analyse ses défauts de façon objective et sans complaisance, en reconnaissant que son plus gros défaut est une paresse d'esprit qui lui rend toute application de l'esprit ennuyeuse et pénible.

Curieusement ce second entretien du manuscrit autographe récemment retrouvé, a disparu du texte publié en 1851, par le comte de Falloux, d'après la copie que le comte de Provence en avait faite. Ce dernier voulait-il occulter les faiblesses de son frère aîné ?

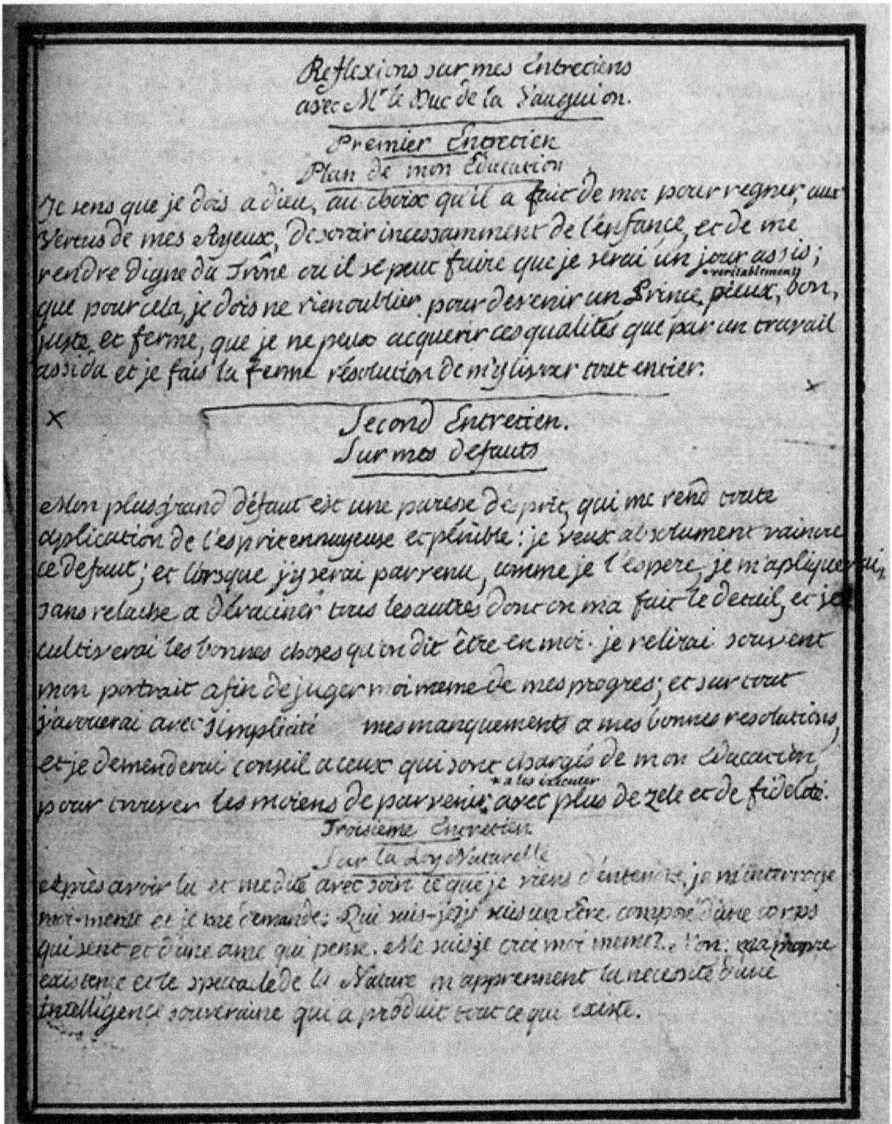
Reflexions sur mes Entretiens
avec Mr le Duc de la Vauguion.

Premier Entretien
Plan de mon Education

Je sens que je dois a dieu, au choix qu'il a fait de moi pour regner, aux vertus de mes Ayeux, de sortir incessamment de l'enfance, et de me rendre digne du Trône où il se peut faire que je serai un jour assis; que pour cela, je dois ne rien oublier pour devenir un veritablement Prince pieux, bon, juste et ferme, que je ne peux acquerir ces qualités que par un travail assidu et je fais la ferme résolution de m'y livrer tout entier.

Second Entretien.
Sur mes defauts

Mon plus grand défaut est une paresse d'esprit qui me rend toute application de l'esprit ennuyeuse et pénible: je veux absolument vaincre ce defaut; et lorsque j'y serai parvenu, comme je l'espere, je m'appliquerai, sans relache a déraciner tous les autres dont on m'a fait le detail, et je cultiverai les bonnes choses qu'on dit être en moi. je relirai souvent mon portrait afin de juger moi meme de mes progres; et sur tout j'avouerai avec simplicité mes manquements a mes bonnes resolutions, et je demenderai conseil a ceux qui sont chargés de mon éducation pour trouver les moiens de parvenir a les executer avec plus de zele et de fidelité.

Troisieme Entretien
Sur la Loy Naturelle

Après avoir lu et medité avec soin ce que je viens d'entendre, je m'interroge moi-meme et je me demande: Qui suis-je? suis un Etre composé d'un corps qui sent et d'une ame qui pense. Me suis je crée moi meme? Non: ma propre existence et le spectacle de la Nature m'apprennent la necessité d'une intelligence souveraine qui a produit tout ce qui existe.

Manuscrit autographe rédigé par le duc de Berry en 1768. (AN)*

Malgré cette phalange de savants et de maîtres à penser, chargés de lui donner une éducation aussi complète que possible, ce qui a manqué le plus au futur Louis XVI, a été l'apprentissage de l'exercice de la politique et du gouvernement de l'État.

* http://www.culture.gouv.fr/Wave/image/web/archim/?ref=AF-02196

Devenu dauphin, sa tante, Madame Adélaïde avait bien demandé à Louis XV, son père, de le faire assister au Conseil pour qu'il puisse apprendre à conduire les affaires du royaume, mais le roi s'y refusa obstinément. L'abbé Jean-Louis Soulavie rapporte que ce dernier disait souvent de façon ironique en parlant du dauphin (7) :

« Je voudrai bien savoir comment s'en tirera Berry, c'était ainsi qu'il l'appelait. Ce jeune prince lui fit plusieurs fois différentes questions sur des affaires d'État. Le roi lui imposait silence laconiquement. »

Quand il devint roi, à la mort de son grand père, le 10 mai 1774, Louis XVI était certainement l'un des monarques les plus instruits et les plus cultivés de son temps, mais il lui manquait cruellement la maîtrise du pouvoir et l'art de gouverner.

Il condamnera sans appel cette éducation où il manquait l'essentiel pour diriger la France, quand il répondra au marquis de Saint-Maigrin, le fils de La Vauguyon, venu le solliciter pour être le gouverneur de son fils (3) :

« Je suis fâché de vous refuser, mais vous savez que vous et moi avons été élevés on ne peut plus mal. »

Une journée de Louis XVI (10, 11)

Louis XVI aimait l'exactitude et la ponctualité. Son emploi du temps était réglé heure par heure, jour par jour, et ne changeait guère au fil des saisons et des ans. Le programme de ses journées, établi selon l'étiquette de la Cour, respectait un horaire strict que rien ne devait modifier. Un jour que la messe dura quelques minutes de trop à cause d'un chant un peu long, son maître de musique fut réprimandé.

Louis XVI se levait vers sept heures. Ses serviteurs l'aidaient à faire sa toilette et à s'habiller. Il portait le matin un simple habit gris de ratine. Après avoir pris un frugal déjeuner, composé de pain, de confitures et d'un grand verre de citronnade, il disposait de plus de trois heures avant le lever officiel pour consulter ses dossiers ou s'entretenir en particulier avec un de ses ministres ou de ses conseillers, ou recevoir des députations du Parlement ou des États provinciaux.

À onze heures et demie avait lieu le *lever du roi*. Louis XVI rejoignait sa chambre d'apparat, on lui enlevait son habit du matin pour lui passer son costume de nuit ; la cérémonie pouvait alors commencer ; un garçon de la chambre se présentait à la porte et annonçait d'une voix puissante « La garde-robe, messieurs » Aussitôt tout un cortège de privilégiés se glissait dans la chambre du roi, c'était ce qu'on appelait *les grandes entrées* ; elles étaient formées par les princes du sang, les grands officiers de la garde-robe et les courtisans dont la demande avait été acceptée. Au milieu de cette foule avait lieu la toilette du roi, chaque grand seigneur avait un rôle bien défini, l'un ôtait sa robe de chambre, l'autre lui passait sa chemise, un troisième ses souliers. Le même garçon de chambre annonçait ensuite « La première entrée ».

Entraient alors les médecins du roi, son premier chirurgien, les valets de garde-robe et le porte chaise d'affaires*. Pour terminer la toilette, on appelait « La chambre ».

Les officiers de la chambre, les pages, leur gouverneur, les écuyers, les aumôniers et tous les courtisans qui attendaient dans le salon de l'œil-de-bœuf pénétraient à leur tour pour assister à l'habillage du roi. On lui passait les jours de semaine un habit de drap brun qu'on appelait *habit puce* et une épée d'argent au côté. Le dimanche et les jours de fêtes on le parait de ses plus beaux habits de soie et de velours brodé d'or. Le *Régent* ornait son chapeau à plumes et le *Sancy*, placé à l'extrémité d'une épaulette, servait à retenir le cordon bleu.

---

* Porte chaise d'affaires, ou porteur de la chaise percée.

Le roi passait alors dans le cabinet du Conseil suivi par ceux qui avaient les entrées de la chambre. Il écoutait les requêtes qu'on lui adressait et accordait ses faveurs. Vers midi, midi et demie, le roi accompagné par toute sa famille et la foule de ses courtisans, se rendait à la chapelle en traversant la grande galerie et les grands appartements pour assister depuis la tribune royale à la messe qui était célébrée par un de ses aumôniers et chantée par sa musique. Elle ne devait pas dépasser quinze minutes.

Rentré chez lui, le roi dînait seul dans sa salle à manger. Il se servait lui-même des plats présentés sur une table. Le repas qu'il prenait debout, consistait le plus souvent en petits pâtés, côtelettes et fruits. Il ne buvait que de l'eau.

Son repas terminé, Louis XVI pouvait disposer librement de son après-midi jusqu'à la réunion de son Conseil qui avait lieu à sept heures.

Il pouvait consacrer ce temps libre à rencontrer des personnes qui en avait fait la demande ou à continuer à s'entretenir en privé avec des membres de son gouvernement ou à rendre visite à la reine pour voir ses enfants. Il pouvait aussi s'il faisait beau se promener avec son capitaine des gardes dans les jardins de Versailles et de Trianon, mais il préférait par-dessus tout, s'il en avait le temps, se retirer dans ses cabinets particuliers de la cour des cerfs pour consulter ses cartes de géographie et en établir de nouvelles, ou réaliser des ouvrages de mécanique de précision comme des horloges ou des serrures à secret ou se plonger dans la lecture de ses livres d'histoire et de géographie qui remplissaient les rayonnages de sa bibliothèque particulière située sous les combles.

À sept heures il se réunissait avec les ministres concernés dans la salle du Conseil pour régler les affaires de l'État. Le Conseil d'État avait lieu les dimanches et les jeudis de chaque semaine et les autres de façon indistincte. La réunion durait deux heures.

À neuf heures, le roi se rendait chez Madame, épouse de son frère le comte de Provence, pour souper en famille. Chacun, sauf le roi, apportait son repas qui était placé par le service sur des plats posés sur une grande table ovale dressée dans la seconde antichambre de Madame. Les serviteurs se retiraient alors, et chaque convive composait son repas en se servant soi même et en prenant assiettes et argenterie qui avaient été placées sur des servantes. Louis XVI qui n'avait rien pris depuis son léger dîner et que la faim tenaillait, vu son solide appétit, se jetait, après avoir avalé quelques cuillérées de soupe, sur les plats de viande comme gigots, rôtis de bœuf, volailles, gibier ou jambons, sans même goûter aux entrées, ce qui faisait le désespoir de David, le contrôleur de la bouche. À son souper le roi buvait un peu de vin blanc de Champagne non mousseux et un verre de Clos Vougeot. À la fin du repas il s'octroyait un verre de Malaga dans lequel il trempait un biscuit. Louis XVI n'était donc pas porté sur la boisson comme la légende voudrait le faire croire. La reine qui dînait à cinq heures ne prenait rien au souper tandis que ses belles sœurs et Madame Élisabeth qui dînaient à deux heures comme on le faisait à Paris faisaient honneur au repas.

À onze heures précises, le roi se levait de table et chacun se retirait dans ses appartements. Le coucher se déroulait de façon moins cérémonieuse que le lever et avait lieu dans la chambre à coucher de Louis XVI et non dans sa chambre d'apparat.

Le roi arrivait et remettait son chapeau et son épée au premier gentilhomme de la chambre. Après une courte conversation avec ses courtisans, il se mettait à genoux pour prier, tandis que son aumônier récitait l'oraison *Quæsumus, omnipotens Deus*. Là se situait la cérémonie du bougeoir ; l'aumônier tendait son grand bougeoir de vermeil à deux bougies au premier valet de chambre qui le donnait à l'un des seigneurs que le roi voulait distinguer. Cette marque de reconnaissance était un honneur fort apprécié.

Ensuite le roi ôtait son habit, dont la manche droite était tirée par le grand maître de la garde-robe, le duc de La Rochefoucauld-Liancourt, et la gauche, par un premier maître, M. de Boisgelin ou M. de Chauvelin, puis il enfilait sa chemise que lui tendait le premier gentilhomme de la chambre ; ce dernier lui passait sa robe de chambre en soie blanche brodée. Après avoir vidé ses poches de sa bourse, de son trousseau de clés, de ses lunettes et de son couteau, le roi laissait tomber son haut-de-chausses, puis assis dans son fauteuil, un garçon de la chambre et un de la garde-robe prenaient chacun un de ses pieds pour le déchausser. Alors les deux pages de la chambre s'avançaient et mettaient ses pantoufles en soie. Un huissier par un sonore « Passez Messieurs » faisait sortir le service de la garde-robe et les pages. Il ne restait plus que les princes, le service particulier et ceux qui avaient leurs petites entrées.

Cet emploi du temps immuable était seulement modifié par la chasse qui avait lieu deux ou trois fois par semaine. La messe était dite alors à neuf heures, et après une légère collation, le roi montait dans sa voiture pour ne revenir que vers les sept heures. À neuf heures, le roi faisait appeler les chasseurs ou les courtisans qu'il avait invités pour souper dans ses petits appartements. Le nombre des convives ne dépassait pas quinze à vingt personnes. Toute prérogative était abolie et chaque seigneur en entrant perdait tout exercice de sa charge, il devenait un simple invité du roi. Ces petits soupers duraient entre une heure et une heure et demie. Certaines fois ces soupers étaient élargis à une cinquantaine de personnes et devenaient les grands soupers de retour de chasse. Le roi s'y montrait sobre alors que nombre de ses invités n'observaient pas sa tempérance.

Les cabinets particuliers de Louis XVI

Louis XV qui n'appréciait guère le cadre pompeux du palais de son aïeul et qui voulait vivre de façon plus intime, fit aménager dans la partie ancienne du château, un ensemble de petits appartements où il pouvait se retirer avec ses habitués loin de la Cour et de son étiquette.

Dans les bâtiments de la cour des cerfs se trouvaient ses cabinets particuliers où il tournait l'ivoire et le bois, ou consultait ses cartes d'histoire et de géographie. Sous les combles il avait fait édifier une bibliothèque pour son usage personnel.

À sa mort en 1774, Louis XVI conserva les petits cabinets de son grand-père ; il les modifia et en augmenta le nombre.

Mis à part les modifications effectuées par Louis-Philippe Ier qui supprimèrent les deux derniers niveaux, les bâtiments de la cour des cerfs sont restés dans l'état où ils étaient le 6 octobre 1789, quand la famille royale quitta Versailles pour les Tuileries.

Le plan suivant schématise l'emplacement des laboratoires et des pièces privées de Louis XVI composant ses cabinets particuliers, tels qu'on peut encore les voir aujourd'hui [12].

Plan des cabinets particuliers de Louis XVI [12]

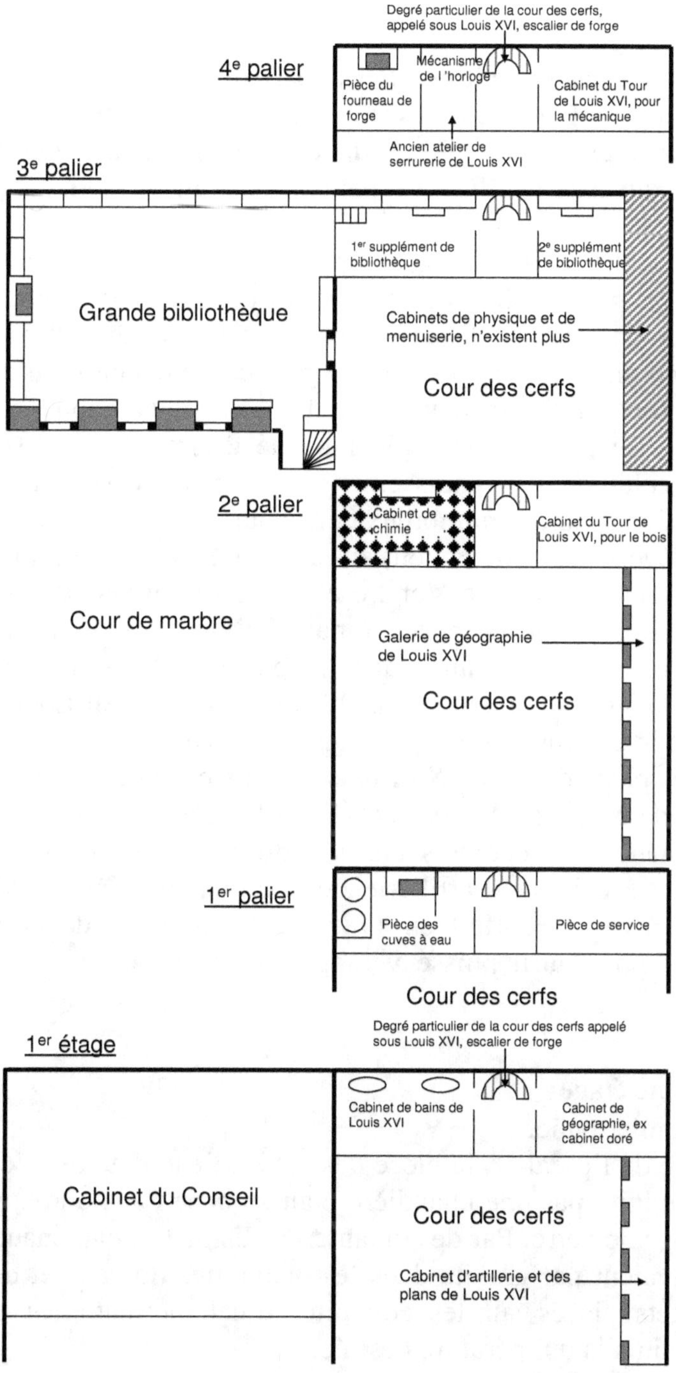

Description des cabinets des petits appartements de Louis XVI (12)

Premier étage

En montant par le petit escalier appelé degré particulier de la cour des cerfs, et sous Louis XVI, escalier de forge, on trouve :

À droite, attenant au cabinet du Conseil, le cabinet des bains de Louis XVI qui date de 1777. Auparavant c'était le cabinet du tour de Louis XV.

À gauche, le cabinet de géographie de Louis XVI, anciennement cabinet doré, puis cabinet des perruques de Louis XV. Sur les murs étaient accrochés des tableaux représentant les canaux et les ports de France récemment créés ou aménagés, comme celui du canal du Charolais (ou du Centre) qui relie la Loire à la Saône et qui fut présenté au roi par les États généraux de Bourgogne le 8 septembre 1782, ou celui de l'agrandissement du port de Cherbourg avec la représentation d'un des nombreux cônes qui devaient servir à ancrer la digue protégeant le port. Étaient aussi exposés, un dessin à l'encre de chine du nouveau port de Vendre et de ses environs (Port-Vendres) dans son cadre de bois doré, accompagné d'une carte du dit port, fixée sur un bâton à rouleau, ainsi que les plans de Versailles, de Saint-Germain, du Vésinet et de Fontainebleau, tous levés par Louis XVI.

En retour du cabinet de géographie, le cabinet d'artillerie et le cabinet des plans de Louis XVI ne sont plus qu'un corridor qui longe les salons de Mars, de Mercure et d'Apollon, et où l'on entre, depuis la salle à manger des cabinets, par la porte sous boiserie à gauche de la cheminée. Le cabinet d'artillerie occupait la première partie de ce couloir ; il avait été offert en 1785, par le marquis de Fougières à Louis XVI pour qu'il puisse y ranger ses fusils et son matériel de chasseur.

Deuxième étage

- Premier palier

À droite de l'escalier, la pièce des cuves d'eau date de 1765. L'eau chaude produite par une chaudière était stockée dans une cuve, l'eau froide dans une autre. Par des tuyauteries distinctes, eau chaude et eau froide arrivaient par gravité dans les baignoires du cabinet des bains. Des robinets placés sur les conduites d'eau permettaient d'obtenir l'eau du bain à la température désirée.

À gauche, une pièce de service.

- Deuxième palier

À droite, le cabinet de chimie de Louis XVI fut réalisé en 1780. Le sol a conservé son carrelage de marbre noir et blanc. Sous la fenêtre on remarque une paillasse en marbre du Languedoc et au-dessus une hotte en tôle qui permettait d'évacuer les émanations toxiques produites lors de manipulations chimiques.

À gauche, le cabinet du tour de Louis XVI, pour le bois, date de 1777.

En retour du cabinet du tour, la galerie de géographie date de 1780. Louis XVI y rangeait ses cartes qui étaient entoilées et pouvaient se rouler et se dérouler comme des stores. Dans des niches où Louis XV gardait ses cartes de chronologie, Louis XVI fit placer des miroirs avec des cadres dorés. Sous ces miroirs, le roi avait placé sur des tablettes de marbre des modèles de vaisseaux, des sphères et des maquettes de machines produisant de l'électricité statique.

- Troisième palier

À droite, le premier supplément de bibliothèque date de 1785. Les rayonnages, fermés par de simples portes grillagées recevaient les ouvrages récemment publiés.

À l'extrémité sud de cette pièce, un petit escalier descend vers la grande bibliothèque. Cette bibliothèque réalisée sous Louis XV en 1764, est située au-dessus de la salle du Conseil et donne sur les cours de marbre et des cerfs. En 1783, Louis XVI l'agrandit en la réunissant à l'ancien cabinet de Louis XV qui occupait l'angle nord-ouest. Les rayonnages renfermaient plusieurs milliers de livres.

Au-dessus de cette pièce, Louis XVI installa une salle de billard qui fut détruite sous Louis-Philippe Ier. Sur les murs on pouvait voir des tableaux représentant les travaux d'agrandissement du port de Cherbourg et l'essai de flottaison du premier des cônes qui devaient servir à ancrer la digue protégeant le port.

À gauche, le deuxième supplément de bibliothèque qui date de 1787, avait la même fonction que le premier. C'était sous Louis XVI, de 1774 à 1783, la pièce de la cassette où M. de Séguret faisait ses comptes. À partir de 1785, Louis XVI fit de cette pièce et d'une petite galerie qui partait en retour d'équerre, ses cabinets de physique. La seconde partie de la galerie qui s'allongeait sur le bâtiment nord de la cour servait de cabinet de menuiserie. Ces galeries furent détruites sous Louis Philippe Ier.

- Quatrième palier

À droite, l'atelier de serrurerie où Louis-Philippe Ier fit installer en 1837, le mécanisme de l'horloge de Julien Le Roy qui est placée au-dessus de la chambre de Louis XIV, sur la cour de marbre. Cet atelier précède la pièce du fourneau de la forge de Louis XVI.

Au-dessus de cet atelier, on avait installé un belvédère, aujourd'hui disparu où Louis XVI observait le ciel avec son télescope.

À gauche, la pièce du tour de Louis XVI pour la mécanique.

Louis XVI dans ses cabinets particuliers.

Lorsque son emploi du temps le lui permettait, Louis XVI se rendait dans ses cabinets particuliers, en début d'après-midi ou rarement le matin avant son lever officiel. Là au milieu de ses livres, de ses cartes, de ses outils et de ses instruments scientifiques, il pouvait pour un temps oublier les vicissitudes du pouvoir. C'était pour lui un besoin absolu de se retirer loin des contraintes et des obligations de la Cour. Il entendait être seul et n'être dérangé sous aucun prétexte. Hormis les rares personnes qui l'assistaient, seule la reine pouvait pénétrer dans son sanctuaire.

On a beaucoup raillé sa passion pour les serrures, en fait cette activité manuelle n'occupait qu'une petite partie de son temps. Même s'il avait des talents reconnus pour fabriquer des ouvrages de mécanique de précision, ses grandes passions étaient la lecture et la géographie, sans oublier la chasse qui lui était indispensable pour son équilibre. Louis XVI avait des goûts et des talents éclectiques. Il était capable de passer indifféremment de la mécanique à la menuiserie, puis s'occuper de physique ou de chimie et terminer par l'élaboration de cartes de géographie.

Louis XVI, le serrurier et l'artisan

Bien que l'image du roi serrurier s'impose d'elle-même dès que l'on évoque la personnalité de Louis XVI, bien peu d'auteurs ont eu la curiosité de chercher à savoir de quelle nature était son activité. Était-ce un simple divertissement ou une véritable activité artistique ? Quels furent ses maîtres ? Travaillait-il seul ? Quelle était la nature de sa production ? A-t-on conservé des objets de sa fabrication ?

Peu de réponses ont été apportées à ces interrogations.

La légende veut que François Gamain fut le maître qui lui aurait enseigné l'art de la serrurerie et qu'après avoir été couvert de bienfaits par le roi, il l'ait trahi en révélant à la Convention la cachette de l'armoire de fer.

Soulavie nous dit (7) :

« Gamain en apprenant son métier à Louis XVI, avait pris avec lui un ton d'autorité et de maître. Le roi était bon, tolérant, timide, curieux, ami du sommeil, me disait Gamain ; il aimait avec passion la serrurerie, et se cachait de la reine et de la Cour pour limer et forger avec moi. Pour porter son enclume et le mien, à l'insu de tout le monde, il nous faut user de mille stratagèmes dont l'histoire n'en finirait pas. »

Cette assertion semble dénuée de tout fondement quand on sait que Louis XVI, même s'il montrait une certaine timidité en public, attachait une grande importance au respect de ses prérogatives.

François Gamain n'a jamais été que son assistant, il préparait le travail ou le terminait quand le roi n'avait pas le temps de le faire. François Durey s'occupait de la gestion des petits cabinets et de l'entretien des outils et des machines du roi. Louis XVI n'était pas le forgeron caricatural que l'on représente parfois, à la face noircie par la poussière de charbon et le corps couvert de sueur. Même s'il a pu forger quelques petites pièces, il travaillait surtout à la réalisation de mécanismes de précision où il pouvait apporter toute la minutie qui le caractérisait.

D'autres ont prétendu, comme Eugène Welvert (13), que le véritable maître de Louis XVI fût Poux-Landry, soldat des gardes-françaises et accessoirement serrurier, mais cette affirmation est totalement fausse comme nous le montrerons plus loin. C'était en fait un imposteur qui entendait tirer partie de ses talents d'horloger et de serrurier auprès de tous les pouvoirs qui se sont succédés depuis l'Ancien Régime jusqu'au premier Empire, réclamant inlassablement une somme de 33 000 livres que Louis XVI lui devait pour une prétendue commande de dix serrures.

Quand il était encore dauphin, Louis XVI prit des leçons d'horlogerie avec Pierre Le Roy qui était le grand spécialiste de l'horlogerie de marine. Plus tard il perfectionna ses connaissances en serrurerie grâce aux conseils des frères Gamain, Nicolas, le père de François, et Louis, véritable artiste qui avait réalisé en 1748, la grille de la porte du dragon, et en 1768, la magnifique grille royale du Petit Trianon.

Peu de sources font référence aux objets que Louis XVI a pu réaliser, et avec quel outillage. La consultation de l'inventaire des cabinets intérieurs du roi, établi en 1792, peut cependant, d'après la description des outils que Louis XVI utilisait, nous donner une idée sur la nature de ces objets [(14)].

Dans la pièce du tour pour le bois, on trouve :

- Un tour à portrait complet avec ses supports, garni de sa cage en roues de cuivre, petites et grandes et de son montant pour tourner en l'air, monté sur une table de bois de noyer, garni de sa pédale, avec différents morceaux de bois propres à tourner dans une des armoires de ladite pièce. 3 000 livres

Dans la pièce des tours pour les métaux, cet inventaire fait état de nombreux tours et précisément :

- Un tour en l'air, monté sur une table de bois de noyer, garni à son tour, à poupée en bois de noyer, monté sur une cage de roue en cuivre, garni de sa vis d'Archimède sur ladite table, un montant de fer garni de son arc avec les outils en pièces détachées. 1 200 livres

- Un autre tour, pareil à celui ci-dessus, portant l'ovale, garni de ses deux roues, dont une de plomb et une de bois, toutes deux dorées, monté sur sa table de noyer.

- Un tour à guillocher garni de ses rosettes, supports montés sur deux barres de fer avec ses trois roues en cuivre et son vase servant d'ornement avec différents outils de rechange dans les armoires. 40 000 livres

- Un tour perpendiculaire, garni de sa cage en cuivre et pédale en fer, monté sur une colonne d'ordre ionique cannelée avec vis et boutons en cuivre et pédale en fer, monté sur un arbre à pivot des deux côtés, postillon et manivelle en fer avec vis de rappel et pièces détachées qui en dépendent. 5 000 livres

L'inventaire décrit de nombreux outils :
- Quinze râteliers dont :
- Cinq garnis de limes, râpes et presses à manche de bois violet à virole de cuivre.
- Dix autres râteliers dont les outils sont garnis de viroles d'argent.
- Onze grattoirs.
- Une meule renfermée dans une boite de bois d'acajou, montée sur un pied à lanterne de même bois, garnie d'une roue en plomb et son châssis en fer avec pédale et manivelle. Le tout ensemble à 1 000 livres
- Entre les deux tours, un corps de 9 tiroirs renfermant divers objets relatifs au tour 13 livres
- Un établi de bois de noyer, garni de son corps de tiroirs, au nombre desquels il se trouve différents petits outils et 19 petits burins à manche de bois violet, garnis de virole d'argent, le tout à 200 livres
- Quatre compas à pointes et à ressort.
- Un petit étau à main, le tout à 15 livres
- Un autre corps de tiroirs renfermant différents outils. 60 livres

Tour à guillocher de Louis XVI, fabriqué par Mercklein (CNAM)
(CNAM n° 0002730_001)

- Un petit coffre à tiroirs en bois d'acajou, fermant à clef, garni de mains et entrées de cuivre. 36 livres
- Plusieurs pièces de cuivre fondu pour divers ouvrages. 150 livres
- Dix petits corps de tiroirs portatifs. 40 livres
- Un corps de 9 tiroirs en bois de noyer à boutons de cuivre. 48 livres
- Un laminoir complet, monté sur un petit corps d'armoire à deux vantaux en bois de noyer. 800 livres
- Un compas à verge. 30 livres
- Un, idem, à quart de cercle. 12 livres
- Un grand étau à main. 18 livres
- Une machine à tailler les fusées. 300 livres
- Deux tours à l'archet. 30 livres
- Un modèle de grue pour décharger les vaisseaux. 300 livres
- Un étau à rouleau de 16 pieds de long. 130 livres
- Cinq scies à monture en fer montées, estimées à 60 livres
- Deux armoires remplies de mandrins en bois qui font partie des tours. 30 livres
- Une petite grue à deux branches garnie de ses poulies, roue en fer pour le tambour, garnie d'une roue de cuivre et d'accessoires, montée sur des roulettes à pivot, et une machine à tailler des fraises, le tout ensemble à 400 livres
- Un établi en bois de noyer garni de deux corps de tiroirs sur lequel est un fort étau, ensemble estimé à 260 livres

- Dans l'atelier de serrurerie on trouve :
- Un soufflet de maroquin pour la forge. 40 livres
- Une enclume posée sur son billot avec main en fer. 50 livres
- Une bigorne montée sur son billot. 10 livres
- Un étau brut. 30 livres
- Deux forts marteaux à frapper devant avec leur manche. 6 livres
- Un marteau à main. 3 livres
- Un marteau, dit tranche, monté de son manche. 2 livres
- Un, idem, à chasse avec son manche. 2 livres
- Deux pinces en fer dont une grande et une petite 2 livres
- Un fort établi en bois de chêne avec 2 tiroirs, de 4 pieds ½ de long.

Louis XVI possédait aussi un magnifique étau de serrurier, monté en cuivre et estampillé de Pierre-Claude Hulot. Il a été offert en 1852, par le peintre Eugène Isabey au Musée des Souverains, objet n° 136 [(15)]

La machine à tailler les fusées nous indique que Louis XVI devait réaliser des mécanismes d'horlogerie entrant dans la fabrication de montres, de pendules ou d'horloges. La fusée est une pièce essentielle de ces mécanismes, elle permet de régulariser le mouvement en compensant la détente progressive du ressort.

Les tours, en l'air, perpendiculaire et à l'archet, permettent d'usiner avec précision des pièces d'horlogerie.

Le tour à guillocher, du nom de l'ouvrier Guillot qui l'aurait inventé, est un tour qui permet de tracer des courbes et des volutes ainsi que toutes sortes d'ornements pour graver légèrement des pièces d'orfèvrerie et d'horlogerie telles que des boîtiers de montres. Le magnifique tour à guillocher qu'utilisait Louis XVI a été fabriqué en 1780, par le mécanicien Mercklein. Il est exposé aujourd'hui au musée du Conservatoire national des arts et métiers à Paris.

Le laminoir permettait d'obtenir des tôles d'épaisseur voulue.

Au vu du remarquable et conséquent matériel qui équipait ses cabinets, on peut penser que Louis XVI s'occupait surtout à fabriquer et à décorer des montres, des horloges ou des pendules, plutôt que d'être le *gros forgeur* de serrures et de clés de la caricature. Lorsqu'il faisait de la serrurerie, c'était uniquement dans le but de réaliser des prototypes de serrures à combinaisons ou à secret. Soulavie [(7)] qui visita ses cabinets particuliers en août 1792, nous dit :

« Au-dessus de la bibliothèque particulière du roi, on trouvait une forge, deux enclumes, mille outils en fer, différentes serrures ordinaires, mais fines et parfaites, des serrures à secret, des serrures ornées en cuivre doré. »

Les objets réalisés par Louis XVI

Retrouver la trace des objets fabriqués par Louis XVI n'est pas chose facile car très peu d'auteurs mentionnent leurs existences et toujours de façon très partielle. Une recherche dans les catalogues de ventes publiques ou d'expositions, peut permettre de retrouver la trace des documents ou des objets historiques concernant la vie de Louis XVI ou de Marie-Antoinette. La consultation des journaux peut aussi fournir des informations intéressantes.

- Horloge

Le 4 juin 1890, le journal parisien, La Presse [16], relata la vente à un représentant de la famille de Rothschild, d'une pendule attribuée à Louis XVI, pour la somme de 30 000 livres sterling, soit 840 000 francs de l'époque, somme qui correspondrait de nos jours, à environ 3,5 millions d'euros. Cette pendule, acquise lors d'une vente aux enchères à Saint-Pétersbourg, aurait été offerte par Louis XVI, comme cadeau de mariage, à la comtesse de Fitzwilliam, et se serait transmise de génération en génération. Vu le prix atteint par les enchères, on peut penser que cette pendule soit effectivement l'œuvre de Louis XVI.

LA PRESSE

Journal Républicain National

MERCREDI 4 JUIN 1890

Directeur Politique, Rédacteur en chef : GEORGES LAGUERRE

La famille de Rothschild a fait acheter à Pétersbourg la fameuse horloge historique fabriquée par Louis XVI.

Cette horloge, que les propriétaires de Milton-Hall dans le Northamptonshire, s'étaient transmis de génération en génération, a été adjugée aux Rothschild pour la bagatelle de 30,000 livres sterling, soit 840,000 fr. au taux du change.

Cette pendule historique, qui a 14 pieds de hauteur, avait été jadis offerte en cadeau de noces à la comtesse Fitzwilliam.

La comtesse Fitzwilliam, en question, pourrait être lady Charlotte Ponsonby née en 1747, et mariée à William Fitzwilliam, 4e comte de Fitzwilliam*.

On sait que ce dernier entreprit de faire le tour de l'Europe de 1764 à 1769. Durant son périple, il fit de longs séjours en France et notamment en 1769, où il aurait eu l'honneur d'être reçu à la Cour de Versailles et de rencontrer le duc de Berry qui lui fit don de cette horloge destinée à sa future épouse pour leur mariage célébré le 12 juillet 1770.

Les comtes de Fitzwilliam possédaient en Angleterre le somptueux palais de Milton Hall dans le comté de Northamptonshire depuis la fin du 16e siècle.

Il est probable que Louis XVI fut conseillé par Pierre Le Roy pour réaliser ses pendules et horloges. Il le rétribuait par quartiers ou trimestres, qui se montaient en 1772, à 118 livres (17).

- Clés

- Clé de cabinet

À l'occasion de son mariage avec Marie-Antoinette, qui eut lieu le 16 mai 1770, Louis XVI offrit à son épouse des objets qu'il avait lui-même fabriqués dans ses petits cabinets, en apportant tout le talent, le soin et l'habilité qu'on lui connaissait.

L'un de ces objets est une clé de cabinet au chiffre de Marie-Antoinette. Cette clé, exposée au musée Le Secq des Tournelles de Rouen (n° d'inventaire : LS 965), est datée de 1770. L'anneau est formé de dauphins mordant l'embase et garni du monogramme MA dans des lys et des roses.

Ses dimensions ont pour hauteur 6,5 cm et pour largeur 3 cm. Elle est en fer forgé, repris au ciseau et incrusté d'or.

Cette clé faisait partie des objets présentés lors de l'exposition *Marie-Antoinette, femme réelle, femme mythique*, qui s'est tenue à la bibliothèque municipale de Versailles du 7 décembre 2006 au 24 février 2007*.

---

* Wikipédia
* Catalogue de l'exposition : Référence Bnf : 2007-10897.

- Clé de montre

Clé montée sur or et lapis, forgée par Louis XVI pour Marie-Antoinette qui la donna à Madame royale. Cette dernière en a fait cadeau à Pauline de Tourzel, comtesse de Béarn. Cette clé a été présentée lors de deux expositions à Versailles.

1. *La reine Marie Antoinette et sa Cour* qui s'est tenue en mai-juin 1927, à la bibliothèque municipale de Versailles.
2. *Marie-Antoinette, archiduchesse, dauphine et reine*, tenue au château de Versailles du 16 mai au 2 novembre 1955.

- Porte musique

Un autre objet que Louis XVI avait fait de ses mains pour l'offrir à Marie-Antoinette, sa future épouse, nous est connu par la vente aux enchères du mobilier et des objets d'arts du palais de San-Donato qui eut lieu en mars 1880, à Florence (18). Parmi de somptueux meubles provenant notamment du château de Versailles, fut vendu un porte-musique que Louis XVI avait fabriqué en 1770.

James Jackson-Jarves, célèbre collectionneur d'art et vice-consul des États-Unis à Florence, l'acquit pour la somme de 5 000 francs.(19)

Ce porte musique en fer de 46 cm de long sur 28 cm de large est richement décoré par repoussage du métal. Un médaillon central ovale au chiffre de Marie-Antoinette, formé de roses épanouies, et en boutons, surmonte une lyre autour de laquelle voltigent deux Amours, l'un tient d'une main une fleur de lis et de l'autre un rouleau sur lequel on lit le nom de Colasse ; l'autre tend des deux mains, une partition sur laquelle le nom de Lully apparaît.

Au bas de la lyre une partition repose sur deux dauphins qui soutiennent une guirlande de fleurs. Des vases contenant des fleurs de lis entourent le médaillon central.

À droite et à gauche, un tambourin, une cornemuse, des pipeaux, un tambour, des trompettes, groupés avec goût, complètent ce chef-d'œuvre.

- Rouet

Rouet tourné et fabriqué par Louis XVI pour Marie-Antoinette, qui le donna à sa dame d'honneur, aïeule du vicomte Jules de Cuverville. Ce dernier le présenta à l'exposition : *Marie-Antoinette et son temps*, tenue à la galerie Sedelmeyer en 1894.

- *Carton d'invitation* (20)

Carton pour les invitations aux chasses en forêt de Fontainebleau. La plaque de cuivre qui servit de matrice à l'impression de ces invitations, a été gravée par Louis XVI, sous la direction de Nicolas-Marie Ozanne, graveur de la Marine. Cette plaque qui était la propriété d'Ozanne, passa à sa nièce Mme Coiny et fut rachetée en 1889, par MM. Boussod, Valadon et Cie, (exposition *Marie-Antoinette et son temps*, galerie Sedelmeyer, 1894)*

Carton d'invitation, tiré à partir de la plaque de cuivre gravée par Louis XVI (20)

- *Couteaux*

Un ensemble de douze couteaux en acier avec le manche en bois de rose, présentés dans leur écrin. Dix des lames portant le poinçon de la clé ont été forgées par Louis XVI. Ces couteaux qui appartenaient à la princesse Sixte de Bourbon-Parme, faisaient partie de l'exposition :

Marie-Antoinette, archiduchesse, dauphine et reine,

tenue au château de Versailles du 16 mai au 2 novembre 1955**.

---

* Catalogue de l'exposition : Référence Bnf : MFICHE LB39-11544.

** Catalogue de l'exposition : Marie-Antoinette, archiduchesse, dauphine et reine. Référence Bnf : 8-V-63021.

Ils ont été vendus le 7 novembre 2017, à l'hôtel Drouot de Paris, pour la somme de 15 500 €.

Un billet manuscrit de la princesse Sixte de Bourbon-Parme, joint au coffret, nous fait l'historique de ces couteaux :

« Écrin contenant douze couteaux, montés sur manches de bois de rose. Dix des lames, portant le poinçon à la clef, ont été forgées par le roi Louis XVI. Ces couteaux ont servi à la famille royale dans le Temple. Ils ont ensuite passé dans les mains de Cléry, valet de chambre du Roy, dont un descendant en a fait cadeau à la Révérende mère, Marie Aimée, du carmel de Meaux, historiographe de Madame Élisabeth, qui me les a fait parvenir le jour des Rois de l'année 1926. »

Signé : Sixte de Bourbon

- Moulin à poivre

Le 13 mai 2004, un magnifique moulin à poivre fabriqué par Louis XVI, a été vendu à l'hôtel Drouot de Paris. Le catalogue de la vente, le décrit ainsi :

« Un précieux moulin en palissandre, monté sur trois colonnes, avec un mécanisme intérieur en ivoire, un axe et une manivelle en fer forgé doré. Les poignées sont tannées et le tiroir de réception est monté sur trois vis faisant pied. Il est conservé dans son coffret d'origine de maroquin rouge garni de velours vert, orné de fers dorés, aux armes et au chiffre du roi. La poignée et les crochets de fermeture sont en bronze doré. »

Louis XVI en fit cadeau à Monsieur Laimant, directeur de la ménagère du roi, et depuis cette époque il était resté la propriété de ses descendants. Ce moulin mis à prix 12 000 €, fut adjugé à 21 552 €[*]

Moulin à poivre et son coffret aux armes et au chiffre du roi

- *Vilebrequin*

Vilebrequin, forgé, tourné et poli par Louis XVI. Pris dans l'atelier de serrurerie de Louis XVI après sa mort. Il fut acquis en 1796, par M. Boucher de Perthes, et offert en 1853, par son fils, au musée des souverains [(15)].

---

[*] Livres anciens et modernes, autographes littéraires et musicaux, souvenirs historiques. Vente, Paris, Drouot-Richelieu, salle 8, 12 et 13 mai 2004. Référence Bnf : CV-9643.

Louis XVI n'avait donc pas grand-chose à apprendre de François Gamain et d'Ambroise Poux-Landry. Cependant ces deux personnages méritent que l'on s'attarde un peu sur eux. Le premier pour avoir révélé l'existence de l'armoire de fer qui pèsera beaucoup dans le procès de Louis XVI et entraînera la déchéance posthume de Mirabeau. Le second pour illustrer le cheminement chaotique d'un soldat du roi pris dans la tourmente révolutionnaire.

François Gamain, le serrurier de Louis XVI[*]

François Gamain naît le 29 août 1751, [21] à Versailles, rue de la Paroisse Notre-Dame (aujourd'hui rue de la Paroisse). Son père Nicolas Gamain, entrepreneur et serrurier des bâtiments du roi, était originaire d'un petit village de la Thiérache, Bucilly, situé dans le nord-est du département de l'Aisne, célèbre pour son abbaye du Xe siècle tenue par les chanoines de l'ordre des Prémontrés, mais totalement ruinée de nos jours.

Les grands parents de François, Louis Gamain et Marie Pierra qui demeuraient à Bucilly, vivaient dans une certaine aisance, puisqu'ils purent donner à leurs quatre fils une solide instruction en leur faisant apprendre le métier de serrurier. À l'âge adulte, ces derniers vinrent à Versailles pour y exercer leur métier et chercher fortune.

Le premier à s'établir à Versailles fut l'aîné, Jean Gamain qui épousa Suzanne Bonnet, riche veuve du serrurier Claude Moulin. La cérémonie fut célébrée le 26 mai 1727 [22]. Le marié avait 29 ans et la mariée 52 ans !

Cette pratique n'était cependant pas surprenante car à cette époque une veuve n'avait d'autre issue pour sauver l'entreprise familiale, que de se remarier avec un maître artisan, et la différence d'âge n'avait alors guère d'importance.

Le second, Jacques Gamain, marié avec Françoise Lesguilliere, devint juré de la communauté des maîtres serruriers de Paris.

Le troisième, Louis Gamain, épousa le 21 juin 1746, Françoise Buisson. Dans l'acte de mariage, il déclare être serrurier et résider rue Neuve Notre-Dame [23]. Après un second mariage avec Marguerite Rossignol, il épousa en troisièmes noces en 1795, à l'âge de 79 ans, Henriette Anne Cottery qui n'en avait que 30 ! [24]

Enfin le dernier, Nicolas Gamain, père de François, se maria à Versailles le 16 mai 1747, avec Françoise Savaste, veuve du serrurier Augustin Dubois [25].

On voit que les deux frères, Jean et Nicolas, purent grâce à leur heureux mariage s'établir à bon compte.

En étant reconnus comme les principaux serruriers des bâtiments du roi, leur ascension sociale et leur richesse progressèrent rapidement. Ils devinrent

---

[*] Bourzat, Jean Dominique., *Une dynastie de serruriers à la cour de Versailles : Les Gamain*, Paris, L'harmattan, 2016

de grands propriétaires fonciers en achetant ou en en faisant construire de splendides maisons bourgeoises.

Jean Gamain acheta en 1729 [26a, 26b], une maison à l'enseigne du cygne (ou signe) royal, au n° 18 de la rue de la Paroisse (actuellement le n° 15), qu'il fit entièrement transformer, et qu'il ouvrit sur un grand jardin, en acquérant en 1737, du sieur Villionne, la partie centrale d'un terrain situé au n° 29 de la rue Neuve Notre-Dame (actuellement le n° 7), dans le prolongement de sa propriété [26c].

Louis Gamain possédait en 1746, une maison rue Neuve Notre-Dame, puis il acquit une propriété située au n° 3 de la petite Place, dans laquelle il mourut en 1796 [26a].

Nicolas Gamain habitait lui, rue de la Paroisse [26a] où naquit François Gamain, quant à Jacques Gamain, il résidait à Paris.

Généalogie simplifiée de François Gamain[27]

Gamain Antoine ⟷ (frère) **Gamain Louis** ⟷ **Pierra Marie** ⟷ (frère) **Pierra Jean**, prêtre, religieux Prémonté

Enfants de Gamain Louis et Pierra Marie :

- **Jean : Serrurier des bâtiments du roi.**
  Né en 1698, marié :
  1/ le 26/05/1727 avec Suzanne Bonnet, veuve de Claude Moulin, serrurier.
  2/ le 13/02/1745 avec Marie Madeleine Bonnet :
  2 enfants, dont :
  - **Jean Nicolas René : Inspecteur général des Postes aux chevaux.**
    (13/07/1746-20/11/1805).
    Marié avec Louise Durey.
- **Jacques : Juré de la communauté des maîtres serruriers de Paris.**
  Marié avec Marie Françoise Lesguilliere.
- **Louis : Serrurier des bâtiments du roi.**
  Né à Bucilly en 1716, décédé le 1/05/1796.
  Marié :
  1/ le 21/06/1746 avec Françoise Buisson : 6 enfants.
  2/ avec Marguerite Rossignol : 3 enfants.
  3/ le 26/05/1795 avec Henriette Anne Cottery.
- **Nicolas : Entrepreneur et serrurier des bâtiments du roi.**
  Né en 1722, décédé le 21/09/1792.
  Marié le 16/05/1747 avec Françoise Savaste, veuve d'Augustin Dubois, serrurier : 8 enfants, dont :
  - **Marie Louise Françoise**
    Née le 23/02/1750.
    Mariée le 22/11/1774 avec Louis Lalande.
  - **François : Serrurier des cabinets particuliers du roi.**
    (29/08/1751-07/05/1795).
    Marié le 17/02/1776 avec Louise Élisabeth Richard, née en 1757, remariée le 03/03/1797 avec Michel Bourdel, décédée le 19/02/1842.
    - **Louise Élisabeth Françoise**
      Née le 20/12/1776.
      Mariée le 08/10/1817 avec Charles Bourdel fils de Michel Bourdel.
    - **François Nicolas : Sous lieutenant d 'artillerie.**
      Né le 03/01/1779.
      Décédé le 01/07/1811 à Figueras, Espagne.
    - **Gabrielle**
      Née le 10/10/1781.
  - **Cécile**
    Née le 08/03/1754.
    Mariée le 27/11/1781 avec Georges Antoine Mathurin Bosselet.
  - **Charles Nicolas : Entrepreneur et serrurier des bâtiments du roi.**
    Né le 23/07/1756.
    Marié avec Jeanne Gomez : 2 enfants.
  - **Anne Françoise**
    Née le 03/03/1761.
    Mariée le 20/01/1783 avec Pierre Noël Vieillard.

François Gamain apprit son métier de serrurier en travaillant avec son père et ses oncles à l'entretien des bâtiments du domaine royal qui employait une nombreuse main-d'œuvre. Au cours de ses interventions au château, il eut l'occasion de rencontrer Louis XVI qui montrait un vif intérêt pour tous les travaux de mécanique de précision, et notamment ceux que demandait la réalisation de serrures de sûreté ou à secret. Quand Louis XVI, à la mort de Louis XV, installa ses petits cabinets de mécanique, de physique et de menuiserie aux derniers étages de la cour des cerfs, il fit appel à l'expérience du père de François, Nicolas Gamain, pour l'enseigner dans cet art de la mécanique de précision ; ce fut certainement son professeur et non François, qui était jeune (il n'avait que trois ans de plus que lui) et inexpérimenté. On peut penser qu'il eût recours aussi aux conseils de Louis Gamain, l'oncle de François, qui était un excellent artisan, à qui fut accordé par Louis XV, en 1772, le privilège d'un brevet pour l'usage d'une machine à tailler les limes (28).

Il avait réalisé en 1768, la grille royale du Petit Trianon pour la somme de 7 130 livres que les bâtiments du roi ne lui paieront que trois ans plus tard en 1771 (29).

On lui doit aussi la grille de la porte du dragon et les grilles des jardins, réalisées en 1749 (30).

Le roi lui avait témoigné sa reconnaissance et sa gratitude en lui faisant don en décembre 1759, d'un terrain situé au lieu dit, *La Fonderie*, près de Versailles, de 26 toises et 3 pieds de long sur 6 toises de large (environ 600 m^2) (31).

François se marie le 17 février 1776, avec Louise Élisabeth Richard, fille de Claude Richard, jardinier du roi et de la reine à Trianon, et de Madeleine Joüan, décédée (32).

À cette occasion Louis XVI offre aux époux un terrain d'une superficie de 30 perches carrées, soit environ 1 270 m^2, situé dans l'ancien pré de Clagny, à la charge de n'y pouvoir bâtir que suivant les alignements, symétries et décorations qui leur sont prescrits par les officiers des bâtiments de Sa Majesté (33). Il dote de plus l'épouse d'une somme de 1 200 livres (34). Trois enfants naissent de leur union : Louise Élisabeth Françoise en 1776 (35), François Nicolas (36) en 1779, et Gabrielle en 1781 (37).

Le 8 juillet 1776, Charles Cuvillier, premier commis des bâtiments du roi, le choisit pour remplacer son oncle Louis dans tous les travaux de serrurerie concernant le domaine de Trianon (38) :

Versailles le 8 juillet 1776

« Le nommé Louis Gamain qui comme vous le savez Monsieur, était chargé des ouvrages de Trianon, consentant à renoncer ce petit département pour se renfermer désormais dans les travaux de contrôle des dehors et dans ceux du jardin de Versailles, j'ai fait le choix pour le remplacer à Trianon du jeune Gamain son neveux, que vous connaissez. Vous voudrez bien en conséquence le charger de tout ce qui se présentera dans ce district, dont je compte qu'il s'acquittera de manière à mériter des travaux plus étendus, s'il s'en présentent.

Comme nous avons déjà Louis et Colin Gamain pour entrepreneurs d'autres parties, il sera bon que vous demandiez au jeune homme son nom de baptême pour éviter confusion.

J'ai l'honneur d'être, Monsieur, votre serviteur.»

Signé Cuvillier

François Gamain demande alors à Hazon, intendant des bâtiments du roi, de disposer d'un logement près de sa forge (39).

Versailles le 25 août 1776

« Le sieur François Gamain, auquel Monsieur le comte a depuis peu accordé l'entreprise de serrurerie de Trianon, a besoin pour être à portée des travaux, d'un petit logement qu'on peut établir à côté de sa forge sous un appentis adossé à la cour du sieur Richard, jardinier.

Évaluation de la dépense : 680 livres. »

Signé Hazon

Mais François a d'autres ambitions, il veut avoir sa propre affaire. Grâce à un don de 3 000 livres que Louis XVI lui accorde en décembre 1776*, il monte son entreprise de serrurerie au début de l'année 1777, et s'installe dans les ateliers de son père au 7 boulevard du Roi (40). Les débuts sont prometteurs, François obtient le 1er janvier 1780, son brevet de serrurier du roi (41) :

---

* Louis XVI écrit dans son journal de comptes en décembre 1776 (17) : « j'ai donné à Gamain le fils pour son établissement, 3 000 l. » Ce qui sous-entend que Louis XVI devait travailler avec son père, Nicolas.

« Aujourd’hui premier janvier 1780, le Roy étant à Versailles, voulant donner au sieur François Gamain, serrurier de Sa Majesté, une marque particulière de la satisfaction qu’elle ressent de ses services et de ceux de sa famille, Sa Majesté l’a retenu et retient pour, en qualité de son serrurier, jouir de tous les avantages attachés à ce titre, lui permet, Sa Majesté, de s’en qualifier en toute assemblée et en tout acte public et particulier, tant en jugement que dehors, comme aussi de faire inscrire lesdits titre et qualité sur son tableau sans que pour raison de ce, il puisse être troublé, recherché, ni inquiété par la communauté des serruriers pour quelque cause et sous quelque prétexte que ce puisse être, et pour assurance de sa volonté, Sa Majesté m’a commandé de lui expédier le présent brevet qu’elle a signé de sa main et fait contresigner par moi, conseiller, secrétaire d’État et de ses commandements et finances. »

Il achète le 2 décembre 1781, aux époux Fouacier et Drouet [(42)], un terrain d'une superficie de 73 toises, 4 pieds, 7 pouces, 10 lignes superficiels, (environ 280 m^2), faisant l'angle de la rue Saint-Germain et du boulevard de la Reine (plus tard déclaré au n° 8 de la rue de Maurepas). Le paiement est fait sous forme d'une rente perpétuelle de 500 livres établie sur un capital de 10 000 livres hypothéqué sur les biens des époux Gamain et partagée par moitié entre les époux Fouacier et Drouet.

L'année suivante il fait construire une grande maison dont on trouve la description dans l'acte de vente du 18 mai 1830, passé entre les héritiers de François Gamain et Philibert Briat, marchant épicier à Versailles. Le contrat de vente est signé devant maître Edme Achille Giroud-Mollier, notaire à Versailles [(43)].

« Cette maison est élevée de trois étages sur un rez-de-chaussée sur cave.
Le rez-de-chaussée est composé de deux grandes boutiques et dépendances.
Le 1er et 2e étage ont chacun neuf pièces, et le 3e six pièces.
Lieux d'aisances dans la cour et aux 1er et 3e étages.
Petite cour dans laquelle existe un puits mitoyen. »

Mais rapidement les affaires de François Gamain vont mal, il est obligé de quémander à Louis XVI en avril 1783, une pension pour pouvoir élever ses enfants. Le roi la lui accorde aussitôt pour un montant de 240 livres [(17)]. L’entreprise périclite de plus en plus,

Louis XVI qui s'est pris d'affection pour François et qui compatit à ses malheurs, lui accorde une gratification extraordinaire de 3 000 livres en février 1784 [17], mais peu après il se trouve à court de finances, et quémande à nouveau les faveurs royales. Louis XVI l'emploie par protection dans ses cabinets particuliers pour l'aider dans ses travaux de mécanique, il le rétribue 1 600 livres par an qu'il lui paie par trimestre de 400 livres jusqu'en juin 1790 [17]. François se déclare alors pompeusement : *Maître serrurier des cabinets particuliers du Roy.*

Louis XVI continue à se montrer généreux, il lui donne en juillet 1785, une pension personnelle de 200 livres [17].

On voit que loin de lui avoir appris le métier, Louis XVI n'a employé François Gamain que par pure charité, due très certainement au respect et à l'estime qu'avait le roi pour son père et son oncle Louis, et certainement par compassion pour François à la santé et au caractère fragiles.

De 1779 à 1784, François Gamain a réalisé des travaux de serrurerie au Petit Trianon et au château de Versailles. Pour l'année 1779, les travaux de serrurerie qu'il effectue au Petit Trianon se monte à 17 900 livres [44].

Au 31 décembre 1783, les bâtiments du roi lui doivent la somme de 44 500 livres qui ne lui sera payée que le 31 décembre 1787 [44].

Suite à la suppression de sa pension, due à la fermeture des petits cabinets en juin 1790, Gamain adresse la lettre suivante à Thierry de Ville-d'Avray pour que le roi lui rétablisse sa pension [45].

(Note en haut de la page) : En 1790, le 25 juillet, le roi a mis son bon à cette demande

À Monsieur Thierry de Ville-d'Avray

Monsieur,

« Gamain, serrurier des cabinets particuliers du Roy, prend la respectueuse liberté de vous exposer qu'il vient d'apprendre avec la douleur la plus vive que les petits appartements de Sa Majesté étaient supprimés.
Cet événement est d'autant plus fâcheux pour lui que vous n'ignorez pas Monsieur, qu'en 1784, il a quitté les travaux des bâtiments du Roi pour se consacrer entièrement au service de l'intérieur des cabinets de Sa Majesté, et que s'il était supprimé, il se trouverait après 15 années de service, absolument sans état. Il prend la liberté de vous observer qu'il a une famille à élever, pour laquelle le Roy a bien voulu lui procurer ses bontés. L'incertitude où il est sur son sort futur et la confiance qu'il a dans les bontés dont vous l'avez honoré, Monsieur, lui font espérer que vous voudrez bien le rappeler au souvenir de Sa Majesté qui n'ignore pas les motifs qui lui ont fait abandonner son état. Ce nouveau bienfait ne fera qu'ajouter s'il est possible à la reconnaissance dont il est pénétré. »

Note en bas de la page : Les 400 livres de Gamain par quartier seront payées par la casette

Avec l'arrivée de l'époque révolutionnaire, voulant donner des preuves de fidélité au nouveau régime et faire oublier qu'il a été un serviteur dévoué de Louis XVI, François se fait nommer le 7 janvier 1792, membre du conseil général de la commune de Versailles, mais siège de façon très épisodique aux séances [46].

Après le 10 août 1792, Jean-François Heurtier, qui vient d'être promu inspecteur des bâtiments nationaux par Jean-Marie Roland de la Platière, ministre de l'Intérieur, confie à François Gamain la garde des cabinets particuliers du roi, de leurs outils et du mobilier [47]. Le 24 septembre, il fait partie des commissaires qui sont chargés de faire disparaître de tous les monuments de la commune de Versailles les peintures, sculptures et inscriptions qui pourraient retracer la royauté et le despotisme [46]. Le 25 brumaire an II (15 novembre 1793), Gamain remet au capitaine Boutet, directeur de la manufacture d'armes nouvellement créée à Versailles, l'inventaire des outils et meubles des cabinets particuliers de Louis XVI [48].

François Gamain, l'homme de l'armoire de fer

Dans l'après-midi du 20 novembre 1792, Roland remet à la Convention nationale un ensemble de documents trouvés le matin même dans une armoire de fer, cachée sous des lambris dans un corridor des appartements de Louis XVI, au château des Tuileries. Cette découverte fait suite à la révélation que François Gamain a faite à Heurtier, collaborateur direct de Roland, d'avoir fabriqué et installé, sur l'ordre du roi, cette armoire de fer au mois de mai 1792, dans le couloir qui relie les appartements du roi à ceux du dauphin.

Après s'être rendu avec Heurtier et Gamain dans le couloir désigné, Roland a fait ouvrir cette armoire par Gamain qui a procédé en fracturant les attaches de la serrure. Roland s'est saisi des documents et les a immédiatement portés à la Convention nationale, sans les avoir lus d'après la déclaration qu'il en a faite.

L'ouverture de cette armoire ayant eu lieu sans d'autres témoins, on peut se demander si Roland a bien dit la vérité, et ne l'a pas ouverte à une date antérieure, lui laissant ainsi tout le temps pour procéder à l'examen de son contenu et éliminer certaines lettres qui auraient pu le compromettre, lui, et ses amis Girondins. Du reste plusieurs députés de la Convention protestent énergiquement contre cette ouverture illégale faite en l'absence des commissaires de la Convention chargés de faire l'inventaire des papiers des Tuileries, et qui se trouvaient ce jour-là dans des pièces voisines du fameux corridor. Tallien réclame à Roland le procès-verbal qu'il aurait dû faire dresser en pareil cas, mais ce dernier est bien incapable de le lui fournir, prétextant qu'il a tout simplement oublié de le faire, ce qui soulève les plus vives protestations parmi l'assemblée. Finalement celle-ci décide qu'une commission de douze membres sera nommée pour faire l'inventaire de ces papiers [49].

Le 1er décembre, Gamain confirma sa révélation par la déclaration suivante qui resta longtemps inédite, peut-être parce qu'elle s'est trouvée mêlée aux papiers de Roland, qui furent déposés à la Bibliothèque nationale. En voici le texte, dont l'orthographe est respectée [50] :

« Je soussigné, François Gamain, serrurier et notable de la maison commune de la ville de Versailles, déclare que dans le courant d'avril de la dit anné j'ai été chargé, avec mistère, par Louis Seize de pratiquée une ouverture dans l'épaisseur du mure, de face, des Thuillerie qui regarde le couchant, au passage de la chambre à couchéz, que j'ai été chargé en outre de recouvrie cette ouverture par une porte de tolle de fere forte fermé, avec une serrure de sûreté, que je n'ai jamais su pour quel usage cette ouverture a été pratiquée, mais que simplement que cette ouverture pouvait contenire des pièces emportentes au salut de la République.

J'ai cru, devoire, en décharger ma conscience et en faire la révélation au citoyen Heurtier, mon supérieur, dont je me flatte d'avoir la confiance à tous égard. Je déclare donc que le dix-huit novembre dernier j'ai déposé mon ségré* dans le sein du citoyen heurtier, que j'ai ensuite été appelé à paris par lui, de la part du Ministre, de l'intéreure ou m'étant transporté le ving du maime mois, j'ai accompagné le ministre aux thuilleries pour lui indiquer l'ouverture en question. Je déclare en outre que le meime jour j'ai ouvert par ordre du Ministre la porte qu'il recouvrait la ditte cachette dans laquelle le Ministre a trouvé des papiers qu'il a fait emparqueté, en présent du citoyen heurtier et de moy, pour être le tous transporté à la Convention nationale par des personnes qu'il a fait appelée à cet effet ».

Fait à Paris ce premier décembre 1792, premier de la République française. François GAMAIN.

« Je, soussigné, architecte, inspecteur général des Batimens nationaux, atteste la sincérité des faits articulés dans la presente déclaration du citoyen Gamain. J'atteste, en outre, que je n'ai pas perdu les papiers de vüe, depuis le moment où ils ont été découverts, jusqu'à celui où le ministre que j'ai toujours accompagné est entré à la Convention, pour les y déposer, et que l'ordre dans lequel ces papiers ont été trouvés n'a même pas été dérangé. »

À Paris, le 1er décembre 1792 l'an 1er de la République française.

HEURTIER**.

* Ségré : il doit s'agir d'une déformation du mot secret.

** L'orthographe de ces deux lettres est celle de Gamain et de Heurtier, et n'a pas été corrigée.

Les historiens Paul et Pierrette Girault de Coursac ont remis en cause le fait que l'armoire de fer ait été commanditée par Louis XVI ; ils avancent la thèse que Roland en soit le véritable instigateur en fondant leur affirmation sur l'analyse des procès verbaux relatifs à l'ouverture de cette armoire [47].

Quels sont-ils ?

Le 22 décembre, des clés supposées ouvrir les portes des appartements du roi aux Tuileries sont apportées à la Convention. Le procès verbal est ainsi rédigé :

« On apporte cinq clefs qui viennent d'être trouvées par les commissaires chargés d'assister à la levée des scellés mis au garde-meuble et dans l'appartement même que Thierry y occupait. Elles étaient dans une enveloppe sur laquelle sont écrits de la main de Thierry ces mots : Clefs que le roi m'a remises aux Feuillants le 12 août 1792.

On demande que ces clefs soient remises à la commission des vingt-un qui vérifiera si ce ne sont pas celles de l'armoire de fer ou à laquelle des serrures du local des Tuileries elles peuvent appartenir. Cette proposition est décrétée. »

Collationné à l'original par nous secrétaires de la Convention.

À Paris ce 24 décembre 1792, l'an premier de la République française. Signé : Asselin, Jean Bon Saint-André, secrétaire [51].

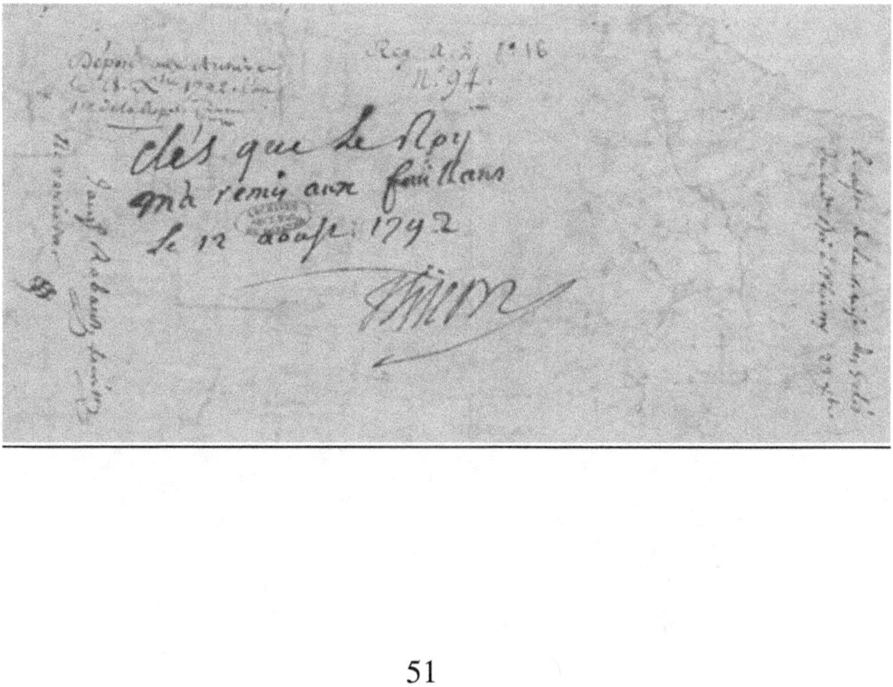

Cinq clés remises par Louis XVI à Thierry, valet de chambre du roi, aux Feuillants le 12 août 1792. Note autographe de Thierry le précisant et portant mention ultérieure de dépôt aux Archives (le 28 décembre 1792). Il s'agit de clés provenant des Tuileries (Archives nationales, base de données Archim ; Cote Archives nationales : AE/I/5).

Le 24 décembre 1792, les commissaires de la Convention, Claude Bollot et Jean Borie, nommés par la commission des vingt-et-un, se rendent au château des Tuileries pour voir si ces cinq clés ouvrent les portes et les armoires des appartements du roi, et si l'une d'elles n'ouvrirait pas l'armoire de fer.

Ils établissent et consignent dans un premier procès-verbal que la clé n° 1 ouvre toutes les portes des appartements du roi, de sa bibliothèque, des appartements de la reine et les portes du corridor qui conduisent à l'appartement du dauphin. Dans ce corridor le citoyen Larrivée leur montre l'endroit où est cachée l'armoire de fer. Ils constatent que la porte de cette armoire n'a plus de serrure et demandent donc à Larrivée que cette serrure enlevée par Roland et placée sous scellés leur soit apportée le lendemain pour être expertisée.

La clé n° 2 ouvre une porte de la chambre du roi et la n° 3, plusieurs portes de ses petits appartements.

Le lendemain, Larrivée présente à François Gamain la serrure de l'armoire de fer pour identification. Ce dernier la reconnaît formellement pour l'avoir lui-même posée et prouve qu'elle appartient bien à cette armoire en montrant que les liens de fer brisés qui fixaient la serrure à la porte s'emboîtent parfaitement. Gamain essaie ensuite les cinq clés sur cette serrure, seule la clé n° 4 est capable de l'actionner, mais elle ouvre aussi un placard dans le petit cabinet du roi et deux autres armoires dans son grand cabinet. La clé n° 5 ouvre un grand secrétaire de la chambre d'apparat du roi.

Ces faits sont consignés dans un second procès-verbal [52].

Suite au résumé de ces deux procès-verbaux on peut remarquer :

1/ Que la serrure de l'armoire de fer était une serrure ordinaire puisque la clé n°4 qui ouvre cette armoire ouvre aussi un placard et deux autres armoires. Elle devait donc être d'un modèle identique ou très proche des trois autres serrures qui n'étaient pas de sûreté, mais simplement des serrures ordinaires.

2/ Que la serrure de l'armoire de fer a été posée à l'extérieur puisque cette armoire a été ouverte en fracturant les attaches qui fixaient cette serrure à la porte. La partie des liens fixés sur la serrure s'adaptant parfaitement aux liens présents extérieurement sur la porte de l'armoire de fer ainsi que le mentionne le procès-verbal.

On peut s'étonner que l'armoire de fer, supposée servir de coffre-fort, et qui devait être parfaitement cachée aux regards, ait été équipée d'une banale serrure d'armoire, fixée à l'extérieur de la porte, plus difficile à dissimuler et beaucoup plus facile à fracturer. Les époux Coursac sont partis de ce fait pour démontrer que l'armoire de fer ne pouvait pas être l'œuvre de Louis XVI, mais celle de Roland qui vouait une haine tenace à Louis XVI depuis que celui-ci, à la demande de Dumouriez ministre des affaires étrangères, lui avait retiré son portefeuille de ministre de l'Intérieur le 13 juin 1792, pour le donner à Mourgues qui refusera le poste le 16 juin.

Roland ayant récupéré son ministère après le 10 août 1792, et s'étant établi aux Tuileries, chargea Heurtier de lui trouver un serrurier capable de fabriquer cette armoire. Heurtier le mit en relation avec Gamain qui avait travaillé pour lui quand il était architecte des bâtiments du roi à Versailles, et l'armoire, faite entre le 10 août et le 20 novembre 1792, aurait été remplie de documents trouvés dans les secrétaires de Louis XVI.

L'affirmation des Coursac est peut-être séduisante, mais elle ne s'appuie que sur des suppositions et non sur des faits (47).

L'important pour l'armoire de fer n'était pas sa serrure, mais qu'elle fût parfaitement dissimulée. Gamain n'a pas cru bon de fignoler le travail car il fallait aller vite pour éviter les intrus. Il a pris la première serrure qui lui est tombée sous la main dans les appartements du roi et l'a fixée à l'extérieur de la porte. Par contre, il l'a parfaitement soustraite aux regards en la cachant sous des lambris.

Quand Gamain a révélé à Heurtier puis à Roland l'existence de l'armoire de fer, certainement à une date antérieure à celle du 20 novembre 1792, il a été facile pour lui d'ouvrir cette armoire malgré l'absence de clé, simplement en la crochetant puisque l'on avait à faire à une serrure ordinaire et non de sûreté. Roland a eu tout le temps de prendre connaissance des documents, détruire ceux qui pouvaient le compromettre et effectuer la mise en scène de l'ouverture de l'armoire en fracturant la serrure, voulant ainsi montrer, d'une part, que la serrure était de sûreté, et qu'elle ne pouvait être ouverte sans clé, et d'autre part, que les traces encore fraîches de fractures prouvaient une ouverture récente. Quand les clés des appartements de Louis XVI sont retrouvées le 22 décembre, l'une d'elle devait forcément ouvrir la serrure de l'armoire de fer puisque cette serrure appartenait à un placard ou à une armoire des appartements du roi, et les commissaires ont constaté que cette clé ouvrait l'armoire de fer sans se demander pourquoi elle ouvrait aussi trois autres portes, ce qui est pour le moins étrange pour une clé qui se devait être de sûreté.

Les papiers examinés par la commission des douze forment un ensemble de 726 pièces, numérotées de 1 à 625, dont 296 ont été imprimées par un décret de la Convention du 5 décembre 1792. Il faut signaler que les autres membres de la Convention n'eurent pas accès à l'ensemble des documents, mais se contentèrent des documents imprimés [(47, 53a)].

La grande majorité de ces lettres ne présentait aucun caractère séditieux et ne pouvait alimenter l'accusation de trahison portée à l'égard de Louis XVI, mais quelques-unes étaient équivoques et la commission des douze les a présentées comme pièces à charge pour discréditer Louis XVI et le faire condamner.

Parmi celles-ci, figurent les lettres d'Arnaud de Laporte, intendant de la liste civile, et d'Omer Talon, lieutenant-civil, qui proposent d'acheter le vote de certains députés de l'assemblée législative. Celle de Laporte qui négocie au nom du roi la rémunération des services de Mirabeau, servira à discréditer ce dernier [(54)].

Au haut est écrit de la main du roi : 2 mars 1791

Lettre de l'écriture de Laporte, au roi

Sire,

« Lorsque j'ai rendu compte ce matin à Votre Majesté de la conversation que j'ai eue hier avec M. de Luchet, je ne croyais pas entendre parler aussi promptement de ce que j'avais jugé être le véritable sujet de la visite. Je vous envoie, Sire, ce que je viens de recevoir à deux heures.

Les demandes sont bien claires ; M. de Mirabeau veut avoir un revenu assuré pour l'avenir, soit en rentes viagères constituées sur le Trésor public, soit en immeubles. Il ne fixe pas la quantité du revenu. S'il était question de traiter ces objets dans ce moment, je proposerais à Votre Majesté de donner la préférence à des rentes viagères. Mais c'est sur quoi j'ai à prendre ses ordres aujourd'hui, c'est sur l'usage que je dois faire de l'ouverture de M. de L. (*Luchet ?*), sur la conduite que je dois tenir.

Votre Majesté approuvera-t-elle que je voie M. de M. (*Mirabeau ?*). Que me prescrira-t-elle de lui dire ? Faudra-t-il le sonder sur ses projets ?. Quelle assurance de sa conduite devrai-je lui demander ? Que puis-je lui promettre pour le moment ? Quelles espérances pour l'avenir ?

Si dans cette conduite il est nécessaire de mettre de l'adresse, je crois, Sire, qu'il faut encore plus de franchise et de bonne foi. M. de M. (*Mirabeau ?*) a déjà été trompé. Je suis sûr qu'il disait il y a un an, que M. Necker lui avait manqué de parole deux fois.

Au surplus, je suis convaincu que c'est le seul homme, qui, dans les circonstances actuelles, qui sont très critiques, puisse réellement servir Votre Majesté. C'est un homme violent ; il est aujourd'hui en fureur contre le triumvirat qu'il appelle le triumgueusat. Je pense qu'il faut saisir le moment pour le porter à des démarches qui ne permettent plus de s'y rallier. »

Le post-scriptum de l'écrit ci-joint a rapport à la petite pièce que j'ai remise ce matin à Votre Majesté, concernant le déserteur du régiment de Soissonais. Ce peut être une pièce précieuse pour le succès du projet de dissolution des clubs.

Je suis avec le plus profond respect,

Sire, de Votre Majesté, le très humble et très obéissant serviteur et sujet. »

Signé, Laporte

Mercredi 2 mars après midi

Certifié conforme à la cote n° 221, par les membres de la commission des douze, signé, Rabaut-Pommier, Borie, Bolot, Saurine, Boussion, Lefranc, Ruamps, Pelissier, Gardien, Anacharsis-Cloots, Doublet.

On voit que Mirabeau, toujours à court d'argent, savait monnayer ses services, mais il mourra le 2 avril 1791, sans avoir pu aider efficacement le roi.

Dès que sa mort fut constatée, son secrétaire, François Combs, fit prévenir le comte de La Mark de venir retirer la volumineuse correspondance de son maître comme le témoigne la lettre suivante [55].

Lettre de l'écriture de Laporte, au roi
Au haut est écrit de la main du roi : 2 avril 1791

Sire,

« Quoique j'aie bien dû penser que Votre Majesté est instruite de ce qui s'est passé dans les derniers instants de M. de Mirabeau, je crois cependant devoir lui rendre compte de ce qui est venu à ma connaissance par une voie sûre. Je craignais que quelques papiers ne fussent tombés dans des mains suspectes, et je me suis procuré ces renseignements qui doivent ôter toute inquiétude, puisque M. le comte de La Mark a été à portée d'enlever tous ceux qui pouvaient intéresser Votre Majesté. »

Signé, Laporte

Samedi au soir 2 avril

Certifié conforme à la cote n° 215, par les membres de la commission des douze, signé, Rabaut-Pommier, Borie, Bolot, Saurine, Bernard, Boussion, Lefranc, Ruamps, Pelissier, Gardien, Anacharsis-Coots, Doublet.

Suite à ces révélations trouvées dans l'armoire de fer, la Convention procédera au retrait de la dépouille de Mirabeau du Panthéon le 21 septembre 1794, et la fera disparaître dans l'ancien cimetière, dit de *Clamart*, qui était situé rue du Fer à Moulin sur le versant sud de la Montagne Sainte-Geneviève [53a, 53b].

Si Louis XVI a très vraisemblablement fait construire l'armoire de fer, on peut se poser un certain nombre de questions quant à ses motivations, à la date réelle de sa construction et au fait que se sentant très menacé après l'invasion des Tuileries le 20 juin 1792, il ait laissé une telle quantité de papiers dans cette armoire, dont certains pouvaient le compromettre.

L'historien J.A. Le Roi à publié en 1867, un livre intitulé : *Louis XVI et le serrurier Gamain* [56] . dans cet ouvrage il nous livre les confidences que le biographe Jean Eckard avait recueillies de la bouche de François Durey qui travaillait avec Gamain dans les cabinets particuliers de Louis XVI à Versailles :

« Gamain est évidemment l'ouvrier qui fit l'armoire de fer. Mais à quelle époque la fit-il ? La date du mois de mai 1792, est-elle la date véritable ?

Gamain n'était pas seul à travailler à la cachette du roi. Louis XVI avait une très grande confiance dans un nommé Durey, d'abord garçon du château de Versailles, et qui l'avait suivi aux Tuileries, depuis son séjour à Paris. C'était Durey qui servait de garçon de forge quand le roi travaillait avec Gamain dans son atelier. Lorsque le roi fit venir Gamain pour établir l'armoire, ce fut lui qui l'aida, et aussi bien que ce dernier, il était dans le secret de son existence. Durey vivait encore en 1800, et M. Eckard qui a écrit l'article Gamain de la Biographie universelle, l'a vu à cette époque. Eh bien ! Durey assurait que l'assertion de Gamain était fausse, que ce n'était pas en 1792, mais bien au mois de mai 1791, que Louis XVI, décidé au voyage de Varennes, ne sachant à qui confier des papiers qu'il ne pouvait pas emporter, fit pratiquer l'armoire de fer. Assertion qui ne manque certainement pas de probabilité, car il était plus facile au roi de faire faire cette armoire à cette époque, qu'en 1792, où il était surveillé dans ses moindres mouvements. »

Louis XVI ayant projeté son départ des Tuileries dès le début de l'année 1791, il lui fallait trouver un lieu sûr pour cacher les documents importants de son règne qu'il voulait transmettre à son fils s'il était appelé à lui succéder.

En mai 1791, Louis XVI a toute confiance en Gamain qui n'a pas encore donné de marques d'attachement au nouveau pouvoir, alors qu'un an plus tard il fait partie du Conseil général de la commune de Versailles et a rejoint le camp des révolutionnaires. Il s'adresse donc tout naturellement pour réaliser cette armoire, à son fidèle serviteur qu'il a comblé de bienfaits et qui ne saurait le trahir.

D'autres témoignages confirment l'existence d'une armoire de fer avant le 10 août 1792 ; Madame Campan rapporte dans ses Mémoires (57) :

« Le roi avait une quantité prodigieuse de papiers et avait eu malheureusement l'idée de faire construire très secrètement par un serrurier qui travaillait près de lui depuis plus de dix ans une cachette dans un corridor intérieur de son appartement. Cette cachette, sans la dénonciation de cet homme, eût été longtemps ignorée. Le mur, dans l'endroit où elle était placée, était peint en larges pierres et l'ouverture se trouvait parfaitement dissimulée dans les rainures brunes qui formaient la partie ombrée de ces pierres peintes. Mais avant même que ce serrurier eût dénoncé à l'Assemblée ce que l'on a depuis appelé *l'armoire de fer*, la reine avait su qu'il en avait parlé à quelques gens de ses amis et que cet homme, auquel le roi par habitude accordait une trop grande confiance, était un jacobin. Elle en avertit le roi et le décida à remplir un très grand portefeuille de tous les papiers qu'il avait le plus d'intérêt à conserver et à me le confier. Elle l'invita en ma présence à ne rien laisser dans cette armoire, et le roi, pour la tranquilliser, lui répondit qu'il n'y avait rien laissé. Je voulus prendre le portefeuille et l'emporter dans mon appartement ; il était trop lourd pour que je puisse le soulever. Le roi me dit qu'il allait le porter lui-même, je le précédai pour lui ouvrir les portes. Quand il eut déposé ce portefeuille dans mon cabinet intérieur, il me dit seulement : « La reine vous dira ce que cela contient. » Rentrée chez la reine, je le lui demandai, jugeant par les paroles du roi qu'il était nécessaire que j'en fusse instruite. « Ce sont, me répondit la reine, des pièces qui seraient des plus funestes pour le roi, si on allait jusqu'à lui faire son procès. Mais ce qu'il veut sûrement que je vous dise, c'est qu'il y a dans ce même portefeuille un procès-verbal d'un conseil d'État, dans lequel le roi a donné son avis contre la guerre. Il l'a fait signer par tous les ministres, et, dans le cas même de ce procès, il compte que cette pièce serait très utile ». Je demandai à qui la reine croyait que je devais confier ce portefeuille. « À qui vous voudrez, me répondit-elle, vous en êtes *seule responsable* ; ne vous éloignez pas du palais, même dans vos mois de repos. Il y a des circonstances où il nous serait très utile de le trouver à l'instant même. »

L'armoire de fer aurait été vidée de son contenu bien avant l'invasion des Tuileries le 10 août 1792, et le départ de la famille royale pour le Temple. Madame Campan poursuit par la description du contenu du portefeuille qui avait été brûlé par M. Gougenot, maître d'hôtel du roi et receveur général de la Régie.

« Dans l'après-midi, M. Gougenot revint. Il avait encore sur lui les sceaux de France et m'apportait un état de tout ce qu'il avait brûlé.

Ce portefeuille contenait : 20 lettres de Monsieur, 18 ou 19 de M. le comte d'Artois, 17 de Madame Adélaïde, 18 de Madame Victoire, beaucoup de lettres du comte Alexandre de Lameth, beaucoup de M. de Malherbes, avec des mémoires qui y étaient réunis. Il y en avait aussi de M. de Montmorin et de plusieurs autres anciens ministres ou ambassadeurs. Chaque correspondance portait son titre écrit de la main du roi sur le papier blanc qui la contenait. La plus volumineuse était celle de Mirabeau. Elle était réunie à un plan de départ qu'il jugeait nécessaire. M. Gougenot qui avait parcouru plus particulièrement cette correspondance me dit qu'elle était d'un si grand intérêt et que sans doute le roi la conservait comme pièce précieuse pour l'histoire de son règne, que les correspondances avec les princes, toutes relatives aux choses qui se faisaient au dehors de ce concert avec le roi, eussent été les plus funestes à sa vie, si on les avait saisies. Enfin, il me remit ce procès-verbal signé par tous les ministres, auquel le roi attachait un si grand prix, parce qu'il avait donné son opinion contre la déclaration de la guerre, une copie de la lettre écrite par le roi aux princes ses frères pour les inviter à rentrer en France, un état des diamants que la reine avait envoyés à Bruxelles (ces deux pièces étaient de mon écriture), plus un reçu de 400 000 francs de la main d'un banquier célèbre. Cette somme provenait des 800 000 francs que la reine avait successivement économisés pendant son règne sur sa pension de 300 000 francs par an et sur les 100 000 écus du présent à l'époque de la naissance du dauphin. Ce reçu écrit sur un très petit papier était contenu dans une couverture d'almanach. Je convins avec M. Gougenot qui, par sa place, devait résider à Paris, qu'il conserverait le procès-verbal du Conseil et le reçu des 400 000 francs, que nous attendrions ou des ordres, ou les moyens de faire parvenir ces deux pièces au roi ou à la reine, et je partis pour Versailles. »

Si Madame Campan dit vrai, Roland a eu la désagréable surprise de constater que l'armoire de fer était vide quand il l'a fait ouvrir par Gamain. Il l'aurait alors remplie avec des papiers que Louis XVI avait laissés dans ses secrétaires et armoires, les jugeant peu dangereux pour lui. Pour ce faire il a dû les soustraire avant que les commissaires de la Convention vinssent recenser tous les papiers des Tuileries, donc dès son installation aux Tuileries peu après le 10 août ; ou bien Louis XVI n'a pas entièrement vidé l'armoire et y a laissé des papiers qu'il jugeait peu compromettants.

Dans un cas comme dans l'autre, parmi les documents que Louis XVI a conservés, il a pu laisser passer quelques lettres qu'il aurait dû détruire et qui lui seront présentées lors de son procès comme pièces à conviction (38 sur un total de 726 selon les époux Coursac [47]). Ce qui est certain c'est que la partie la plus compromettante pour Louis XVI, telle que sa correspondance avec les princes émigrés a été détruite car elle ne figure pas dans l'inventaire des papiers remis à la Convention.

Le lundi 21 janvier 1793, à 10 h 22, Louis XVI est exécuté place de la Révolution. La trahison de Gamain est certainement un élément important dans sa condamnation, mais Gamain a-t-il agi de son propre chef ? On peut en douter et penser qu'il a été manipulé par Heurtier qui lui a soufflé le chaud et le froid, lui faisant d'abord entrevoir les lourdes conséquences que pourrait avoir son passé de serviteur fidèle de Louis XVI et les multiples récompenses qu'il en a reçues ; d'autre part il l'encourageait à dévoiler tout ce qui pouvait accabler le roi, en lui faisait miroiter pensions et indulgences. De caractère faible et facilement influençable, Gamain a dû tout révéler à Heurtier. Ce dernier n'en était pas à sa première intrigue puisque acquis au parti révolutionnaire, il avait tout fait pour discréditer le comte d'Angiviller qui l'avait nommé architecte des bâtiments du roi, et se faire attribuer ses fonctions d'intendant général des bâtiments du roi qui devinrent bâtiments nationaux après le 10 août 1792.

Grâce à sa révélation de l'armoire de fer, Gamain a été nommé le 13 janvier 1793, officier municipal, mais le 30 septembre 1793, le représentant du peuple Crassous, envoyé en mission en Seine-et-Oise, destitue la municipalité de Versailles [(46)]. Gamain ayant perdu sa fonction municipale, craignant d'être inquiété par le tribunal révolutionnaire, et n'ayant, ni emploi, ni pension, adresse une pétition à la Convention le 8 floréal an II (27 avril 1794), afin d'obtenir une aide financière, il prétend que Louis XVI a voulu l'éliminer en lui faisant boire un verre de vin empoisonné.

Pétition de Gamain lue à la Convention
le 28 floréal an II (17 mai 1794) [(58)]

« François Gamain, serrurier des cabinets et du laboratoire du ci-devant roi, et depuis trois ans membre du conseil général de la commune de Versailles, exposa que dans les premiers jours de mai 1792, il reçut l'ordre de se transporter à Paris. À peine y fut-il arrivé, que Capet lui ordonna de pratiquer une armoire dans l'épaisseur d'un des murs de son appartement, et de la fermer d'une porte de fer, opération qui ne fut achevée que le 22 du même mois, et à laquelle il a procédé en sa présence. Aussitôt cet ouvrage fini, Capet apporta lui-même au citoyen Gamain un grand verre de vin qu'il l'engagea à boire, parce qu'effectivement il avait très chaud.

Quelques heures après qu'il eût avalé ce verre de vin, il fut atteint d'une colique violente, qui ne se calma qu'après qu'il eût pris une ou deux cuillerées d'élixir, qui lui firent rendre tout ce qu'il avait mangé et bu dans la journée. Il s'en est suivi une maladie terrible qui a duré quatorze mois, dans lesquels il en a été neuf perclus de ses membres, et qui même dans cet instant ne lui laisse aucun espoir que sa santé se rétablisse assez pour lui permettre de vaquer à ses affaires d'une manière à subvenir aux besoins de sa famille.

Telle est, citoyens, la vérité des faits qu'il prend la liberté de vous exposer ; ils sont constatés par le certificat des officiers de santé qui ont suivi sa maladie.

Il vous observe en outre que, quoiqu'il ignorât entièrement à quel usage Capet destinait cette armoire, néanmoins il en fit la déclaration, et que c'est lui qui est l'auteur de la découverte des papiers intéressants qu'elle renfermait.

Il attend de vous, législateurs, que vous voudrez bien prononcer sur la pension qu'il espère, après vingt-six ans de service et les sacrifices qu'il a faits ; son espoir est d'autant plus fondé, que le mauvais état de sa santé ne lui laisse aucun moyen de subsistance. »

Peyssard, au nom des comités des secours publics et de liquidation :

« Citoyen, vous avez chargé vos comités de secours publics et de liquidation de vous faire un rapport sur la pétition du citoyen François Gamain, serrurier de Versailles ; je viens en leur nom remplir l'obligation que vous leur avez imposée.

C'est à la tribune de la liberté que doivent retentir les crimes des oppresseurs du genre humain. Pour peindre un roi dans toute sa laideur, je n'aurai recours ni à l'histoire ancienne, ni aux longues horreurs dont la monarchie que vous avez brisée, offre l'enchaînement désastreux, j'en saisirai seulement le dernier anneau. Je nommerai Louis XVI : ce mot renferme tous les forfaits, il rappelle un prodige de scélératesse et de perfidie. À peine il sortait de l'enfance qu'on vit se développer en lui le germe de cette féroce perversité qui caractérise un despote. Ses premiers jeux furent des jeux de sang, et sa brutalité croissant avec son âge, il se délectait à l'assouvir sur tous les animaux qu'il rencontrait. On sait le parti qu'il a tiré d'un tel apprentissage ; on sait combien les pages de la révolution ont été rougies du sang versé par ses mains homicides ; mais on avait ignoré le dernier procédé de sa barbarie. On le connaissait cruel, traître et assassin. L'objet de ce rapport est de le montrer à la France entière, présentant de sang froid un verre de vin empoisonné à un malheureux artiste qu'il venait d'employer à la construction d'une armoire destinée à recéler les complots de la tyrannie. Vous penserez peut-être que ce monstre avait jeté les yeux sur une victime inconnue ; c'est au contraire un ouvrier employé par lui depuis vingt-six ans, c'est un homme de confiance, c'est un père de famille qu'il assassine, avec un air d'intérêt et de bienveillance. (Capet était l'élève de Gamain dans l'art de la serrurerie). Êtres affreux qui récompensez ainsi ceux qui vous servent, quel cas faites-vous donc du reste des hommes ? Quel sort leur est réservé par vos caprices ? La France le sait, elle a donné l'exemple à la terre, et la terre sera bientôt déroyalisée.

Un vomitif violent conserve Gamain à sa famille ; son premier soin est d'indiquer la fameuse armoire. Il a rempli son devoir. Aujourd'hui, perclus de tous ses membres par l'effet du poison royal, il demande aux fondateurs de la République les moyens de soutenir sa douloureuse existence. C'est de la tribune d'où est parti l'arrêt de mort du tyran que doivent partir aussi les remèdes aux maux qu'il a faits, le soulagement des victimes de son atrocité. Voici le projet de décret que vos comités m'ont chargé de vous proposer. »

La Convention nationale, après avoir entendu le rapport de ses comités des secours publics et de liquidation décrète :

Art. 1er. François Gamain, empoisonné par Louis Capet, le 22 mai 1792 (vieux style), jouira d'une pension annuelle et viagère de la somme de 1 200 livres, à compter du jour de l'empoisonnement.

Art 2. Le présent décret sera inséré au Bulletin de correspondance.

Ce décret est adopté.

Gamain déclare dans sa pétition à la Convention, avoir été après le 22 mai 1792, dans l'impossibilité de se déplacer pendant neuf mois, étant perclus de tous ses membres, mais peu de temps après la pose de l'armoire de fer, il assiste aux séances du Conseil général de la commune de Versailles. Les registres de la commune attestent sa présence le 4 juin, ainsi que les 8, 16 et 20 juillet et le 22 août 1792 (46). De plus, le certificat établi par les officiers de santé, le chirurgien en chef de l'hôpital de Versailles, François Voisin et le médecin chef, Paul Lameyran, ne mentionne nullement que Gamain ait été empoisonné, mais qu'il était soigné depuis longtemps pour une maladie chronique de l'estomac (56). Gamain pouvait ainsi facilement grâce à ses douleurs d'estomac, accréditer la thèse de l'empoisonnement. À la trahison de l'armoire de fer, il a ajouté l'infamie en accusant Louis XVI d'avoir voulu se débarrasser d'un témoin gênant. Il n'a inventé cette histoire d'empoisonnement que dans le but de se faire attribuer une pension.

On peut se demander pourquoi Gamain a attendu deux ans pour déclarer avoir été empoisonné par Louis XVI ? Peut-être n'y avait-il pas pensé lui-même et il est possible que ce soit Heurtier qui lui ait suggéré, après coup, cette fable pour résoudre ses problèmes financiers de plus en plus préoccupants. Les deux hommes se connaissaient depuis longtemps et avaient des intérêts communs ; en effet le 14 mai 1793, Jean-François Heurtier et son épouse Marie Julienne Quetier, constituent aux époux Gamain, devant Maître Ménard, notaire à Versailles, une rente annuelle et perpétuelle de 99 livres moyennant le versement d'une somme de 2 200 livres (rente à 4,5 %), cette somme provenait de la vente au citoyen Melin, d'un verger situé à Fillancourt, près de Saint-Germain, et qui appartenait à Louise Élisabeth Richard, épouse de François Gamain (59). Après le décès de François Gamain, Heurtier racheta cette rente le 21 prairial an III (9 juin 1795) en versant à sa veuve les 2 200 livres du capital de la rente [(60)].

Gamain ne profita pas longtemps de sa pension puisqu'il mourut prématurément à l'âge de 44 ans, le 18 floréal an III (7 mai 1795), dans sa maison de Versailles au 28 de la rue Homère (actuellement 8 rue de Maurepas) [(61)], probablement des suites de son affection stomacale.

Le 7 prairial an III (26 mai 1795), l'inventaire après décès de François Gamain est établi par Maître Ménard [(42a)], notaire à Versailles. Le montant total des biens mobiliers des époux Gamain est estimé à 8 535 livres et 8 sols dont 800 livres en assignats. Leurs dettes se montent à 1 881 livres, mais le tapissier Dumont qui devait 800 livres à François Gamain, s'était engagé à les lui rembourser dans les six mois. Dans la liste des dettes, on note 50 livres au chirurgien Voisin pour visites et pansements pendant la maladie du défunt.

Les époux Gamain n'occupaient qu'une partie de leur grande maison de trois étages. Ils s'étaient réservés au premier étage un appartement de cinq pièces comprenant une cuisine éclairée sur le corridor, une salle à manger, ayant vue sur le boulevard de l'Égalité (ex boulevard de la Reine), une chambre à coucher ayant pareille vue, et deux pièces ayant vue sur la rue Homère (ex rue de Maurepas), au deuxième étage, une chambre, et au troisième deux autres chambres. Le reste des lieux était occupés par quatre locataires dont les loyers réunis leur rapportaient 295 livres par an.

Dans cet inventaire, les effets vestimentaires du défunt sont estimés à 983 livres, et ceux de son épouse à 950 livres.

On ne trouve pas traces de bijoux, sauf une montre de cuivre dans sa boite d'or de Genève, à répétition, du nom de Laranda à Versailles n° 1047, à laquelle pend un cordon de soie noire, une clé et un cache d'or monté d'une cornaline, prisée 200 livres.

L'argenterie est estimée à 748 livres et est composée d'une dizaine de cuillères et de fourchettes, de huit timbales, de deux salières et d'un moutardier, le tout en argent blanc, portant le poinçon de Paris

Dans la cour est remisé un cabriolet à deux places sur deux roues montées à ressorts. La caisse et les roues peintes en vert, la caisse garnie de velours d'Utrecht bleu et blanc, le tout prisé 200 livres.

Dans la cave on trouve un demi muid (140 l) de petit vin nouveau, cru de pays, prisé 100 livres, ainsi que quinze bouteilles de différents vins, prisé 30 livres

De son ancien atelier de serrurerie François Gamain avait conservé quelques outils qu'il avait entreposés dans une petite chambre au troisième étage de sa maison. L'inventaire mentionne ; un tour en l'air, un autre tour à pointe, différents outils tant de tour que de serrurerie, deux étaux flamands, le tout estimé à 270 livres.

Cet inventaire semble montrer une certaine aisance des époux Gamain, et viendrait à l'encontre des difficultés financières que François Gamain évoquait fréquemment devant Louis XVI pour solliciter sa générosité.

En fait les époux Gamain devaient vivre au-dessus de leurs moyens et en étaient réduits à vendre une partie de leurs biens pour payer leurs dettes.

Ils sont contraints de vendre le 12 août 1786, le terrain du Pré de Clagny, cadeau de Louis XVI pour leur mariage, au sieur Denis Drouet pour la somme de 1 200 livres [33].

En 1792, ils vendent au citoyen Belot Murat une maison située à Saint-Germain-en-Laye pour 14 000 livres. Sur cette somme, 1 200 livres sont laissées en dépôt chez maître Julien Charles Fournier, notaire au Pecq, et entre dans l'achat qu'ils font à François Coffre et à Marie Barbe Le Brun d'un terrain propre à bâtir de 221 toises et 3 pieds superficiels (840 m^2), situé à Versailles au n° 26 de la rue Sainte-Élisabeth [62a].

La transaction est passée le 27 novembre 1792, devant maître Georges Monget, notaire à Versailles pour la somme de 2 928 livres [62b]. Les 1 200 livres laissées en dépôt doivent être employées en acquisition d'immeuble pour assurer le fond du douaire de l'épouse Gamain. [62a].

La veuve Gamain déclare lors de la rédaction de l'inventaire :

- Que la dot de 1 800 livres que son père lui avait constituée ne lui a pas été payée.
- Que le clos de Fillancourt et les trois pièces de vignes faisant partie de son apport personnel ont été vendus pendant la communauté et que le clos vendu 2 200 livres au citoyen Melin a servi à la constitution d'une rente de 99 livres par le citoyen Heurtier aux époux Gamain.

Louise Élisabeth Richard, son épouse, se remaria le 3 mars 1797, avec l'un de ses locataires, Michel Bourdel employé au département de la Seine-et-Oise [63].

Sa fille Louise Élisabeth Françoise se maria le 8 octobre 1817, avec Charles Bourdel, chef d'escadron et fils de son beau-père Michel Bourdel [(64)]. Le 11 novembre suivant, elle donna naissance à un garçon qui fut prénommé Charles comme son père [(65)].

Le 18 mai 1830, Élisabeth Richard, veuve en seconde noces de Michel Bourdel, sa fille Louise Élisabeth Gamain et son mari Charles Bourdel vendent à Philibert Briat, marchand épicier demeurant à Versailles, leur maison de la rue de Maurepas pour la somme de 27 000 francs.

Le contrat de vente est signé devant maître Edmé Achille Giroud-Mollier, notaire à Versailles [(43)].

Louise Élisabeth Richard, veuve de François Gamain et de Michel Bourdel mourut le 18 février 1842, à l'âge de 85 ans en son domicile de Versailles, 5 rue de la Paroisse [(66)].

Son fils François Nicolas, sous-lieutenant d'artillerie, décéda des suites de fièvres à la prison du fort de Figueras en Espagne le 1er juillet 1811 [(67)].

Sa fille aînée, Louise Élisabeth Françoise Gamain décéda le 16 juin 1853, dans sa maison située au 23 de la rue des Réservoirs, à Versailles [(68)].

Sa fille cadette, Gabrielle mourut en bas âge.

Son petit-fils, Charles Bourdel devint horloger à Versailles, il se maria le 25 juillet 1839, à Versailles avec Louise Adrienne Benoot [(69)].

De leur union naquirent deux filles :

- Marie Louise Bourdel, le 3 février 1841 [(70)].
- Claire Caroline Bourdel, le 25 juillet 1842 [(71)].

Poux-Landry, l'imposteur

S'il est un homme qui a cultivé le mensonge jusqu'à en faire un art et à occuper l'essentiel de sa vie, alors il faut citer Ambroise Poux-Landry, prétendu garde-française et serrurier de Louis XVI.

Ambroise Poux-Landry nait le 17 mai 1754, à Chapelle-des-Bois [(72)], petit village du Haut Doubs situé près de la frontière suisse et connu de nos jours pour sa pratique du ski de fond.

Il est le fils de Jean-Baptiste Poux-Landry, horloger, et de Marie-Thérèse Faivre, fille d'un maître verrier [(72)].

Comme il était de tradition en Franche-Comté et dans les petits villages du Jura, isolés pendant les longs mois d'hiver, Poux-Landry apprend avec son père l'horlogerie et la mécanique de précision telle que la serrurerie.

En 1780, il quitte son village natal pour Versailles, où il prétend s'être enrôlé dans le régiment des gardes-françaises. En fait il ne fit jamais partie des gardes-françaises et ceci constitue l'une de ses premières impostures.

Poux-Landry, le prétendu serrurier du roi

Poux-Landry qui a de grandes ambitions, accepte mal sa situation de simple serrurier, et rêve de devenir un artiste reconnu en réalisant des chefs-d'œuvre, tels que des serrures à combinaisons, des mécanismes pour actionner des tournebroches, des fermetures à secret pour portefeuilles, des balances et autres objets de mécanique dont la vente assurera sa fortune et sa renommée.

En 1785, il fait présenter au roi des serrures à secret de sa fabrication. Louis XVI en fin connaisseur les examine, et, bien que les trouvant peu utiles et surtout fort incommodes, lui en achète deux pour la somme de 6 000 livres, par simple bonté et pour *venir en aide à un malheureux grevé par ses recherches* ; il lui accorde de plus un brevet de mécanicien. Dès lors, enhardi par ce premier succès, Poux-Landry relance la famille royale pour qu'elle lui achète d'autres serrures. En 1788, il adresse à Guillaume Lambert, contrôleur général des finances, une demande de paiement de 33 000 livres pour dix serrures à secret qu'il aurait fournies, prétend-il, au roi, à la reine aux princes et aux princesses. Lambert demande alors à Charles Cuvillier, premier commis des bâtiments du roi, de faire estimer ces serrures par l'Académie des sciences pour savoir si elles constituent une invention dont l'importance justifie un tel prix, lequel Cuvillier en informe M. Necker dans la lettre suivante [(73)] :

Le 2 février 1789

M. Necker,

« J'ai été invité, Monsieur, en mai 1788, par M. Lambert, alors contrôleur, de provoquer une estimation d'ouvrages en serrures, annoncés comme d'invention précieuse et nouvelle, et pour le paiement desquels, un nommé Poux-Landry, ci-devant soldat aux Gardes, prétendait un paiement inconcevablement arbitré par lui, à 33 000 livres.

M. Lambert ne m'avait fait remettre qu'une seule serrure en m'observant qu'il y avait trace dans les bureaux que l'auteur avait déjà été récompensé par une somme de 6 000 livres, l'expédition gratuite de son congé et un brevet de mécanicien*. Ces faits semblaient devoir écarter toute idée de prétention ultérieure.

Poux-Landry informé du parti qu'avait pris M. Lambert, vis-à-vis de lui, s'empressa de me rapporter les sollicitations les plus vives et les plus importunes. Il y a joint depuis l'insolence la plus marquée.

Dès le 13 mai 1788, j'ai passé à l'Académie la serrure qui m'avait été produite, en chargeant cette compagnie de procéder à l'estimation.

Les commissaires s'étant assemblés le 9 juin, appelèrent Poux-Landry pour l'entendre ; à ce moment, la question prit un nouvel ordre. Poux-Landry convint que dès 1785, il avait été payé et récompensé de deux serrures qu'il avait fournies au roi, mais il dit en fait que depuis, il avait fourni au roi, à la reine, aux princes et princesses, enfants de Leurs Majestés, dix serrures de portes et portefeuilles, et il eut la hardiesse d'ajouter que c'était à raison de ces dix serrures que le roi, de son propre mouvement lui avait assigné 33 000 livres et accordé un logement au Louvre.

L'audace même de cette assertion arrêta l'Académie qui me demanda d'employer les moyens convenables pour la vérifier.

---

* Poux-Landry obtint de Louis XVI, le 24 juillet 1787, le titre de mécanicien de Sa Majesté. Un brevet du 11 novembre suivant, l'autorisa à ajouter à ce titre celui de mécanicien de la famille royale.

Je pris le parti de rendre compte au roi. Sa Majesté se rappela tout d'un coup qu'on lui avait annoncé les talents de l'homme dont il s'agit, en lui présentant des serrures de sa façon dont elle fut peu satisfaite, leur usage lui paraissant peu utile et surtout fort incommode, mais elle crut que sa bonté exigeait d'elle, en faveur d'un malheureux grevé par ses essais mêmes, de venir à son secours. C'est ce sentiment qui a déterminé les récompenses de 1785, mais depuis ce moment, Sa Majesté n'a voulu admettre aucun ouvrage de l'auteur.

Poux-Landry, à qui les assertions ne coûtent rien, avait cité M. le Maréchal de Duras comme témoin de la promesse du roi. Cette assertion a été démentie.

Dans cet état, l'Académie a reçu une nouvelle mission pour aller en avant et estimer ce que Poux-Landry justifierait avoir livré et dont il n'était représenté que deux pièces au lieu de dix.

Vainement cet homme a été stimulé de prouver sa cause par des mémoires, tout au moins, par des certifications ou même seulement par l'indication de ceux auxquels il aurait remis.

Sur ce dernier point, il a assuré ne connaître personne. Sur les mémoires, il a prétendu que des ouvrages comme les siens n'en étaient pas susceptibles, et toute sa production s'est réduite à une déclaration de Madame la comtesse d'Ossun, que la reine avait commandé à Poux-Landry et avait reçu de lui une serrure de porte et une de portefeuille.

En ce qui concerne les fournitures aux enfants de France, on a recueilli des preuves négatives car d'après les précautions les plus excessives sur une affaire dont le ridicule en demandait peut-être moins, que l'Académie a consommé son estimation par un second rapport du 26 janvier 1789, dont la copie ainsi que celle du premier, forment le cahier ci-joint.

La conduite de Poux-Landry, surtout depuis huit mois, laisse trop à prévoir de nouvelles menées de sa part, mais je suis désormais sans action sur cette affaire dans laquelle je n'ai été qu'intermédiaire nécessaire entre le ministère et l'Académie d'architecture. Mais j'ai l'honneur de vous prévenir, Monsieur, que le roi bien informé des manœuvres de Poux-Landry a chargé positivement M. de Billarderie d'y appliquer l'autorité de son ministère si les circonstances l'exigent.

J'ai l'honneur d'être très parfaitement et très véritablement, Monsieur, votre serviteur. »

Cette lettre ruine la légende rapportée par plusieurs historiens que Poux-Landry fût le professeur qui enseigna la serrurerie à Louis XVI.

Le roi par compassion lui a acheté deux serrures, mais il n'entend pas débourser la somme exorbitante de 33 000 livres pour dix autres serrures qu'il n'a jamais commandées, et les deux qu'il lui a achetées, lui ont paru fort incommodes. Il est clair que Guillaume Lambert et le comte d'Angiviller de La Billarderie ne veulent plus être importunés par les demandes incessantes de Poux-Landry. Le fait que Louis XVI lui ait accordé un logement au Louvre est sujet à caution car le roi n'accordait ces logements qu'aux courtisans, aux artistes célèbres ou aux plus renommés des maîtres artisans.

Les deux serrures achetées par Louis XVI font partie aujourd'hui des collections du musée du Conservatoire national des Arts et Métiers, elles sont répertoriées sous le nom de serrures à combinaison et à pompe, dédiées au roi Louis XVI et à la reine Marie-Antoinette (n°d'inventaire : 00937-001 et 00937-002).

En 1786, Poux-Landry nullement découragé d'avoir été éconduit par l'entourage de Louis XVI, présente une de ses serrures au contrôleur général des finances, Charles-Alexandre-Calonne, avec une dédicace gravée sur la face interne du volet de la serrure et la vue d'une place où se dresse un arc de triomphe sur la face externe de ce volet.

On peut lire sur le volet qui s'ouvre grâce à un petit loquet dissimulé sous la serrure, l'inscription suivante :

« L'arc de triomphe est à la gloire de Monseigneur le Contrôleur général des finances, présenté en 1786. Sous la porte est un soldat qui doit son bonheur à Monseigneur. Derrière le monument est une place publique, au milieu de laquelle est une colonne entourée de lauriers portant une renommée qui annonce à l'univers les bienfaits de Monseigneur.

D'un côté est la mer avec des vaisseaux arrivant au port, ce qui prouve que sous un ministre éclairé qui protège les arts et le commerce, tout réussit sous ses lois. »

Le mécanisme de cette serrure semble d'une facture assez grossière.

En 1789, il présente pratiquement la même serrure au duc d'Orléans, Louis-Philippe, dit Philippe Égalité, avec là aussi une dédicace gravée et la même vue d'une place. Cette serrure se trouve de nos jours exposée au musée le Secq des Tournelles de Rouen [74]. Sur la face interne du volet, on lit l'inscription :

« Dédié à S.A.S. Monseigneur le duc d'Orléans. Approuvée par l'Académie des sciences, inventée, exécutée et présentée à S.A.S. en 1789, par Ambroise Poux-Landry, de Franche-Comté, mécanicien breveté du roi et de la famille royale, ancien garde-française. »

Serrure à combinaison en fer et bronze doré, réalisée par Poux-Landry en 1789, dédiée à Louis-Philippe d'Orléans.

Cette serrure semble beaucoup plus soignée dans sa finition que celle adressée à Calonne.

Poux-Landry ne se contente pas de fabriquer des serrures à secret. Il réalise en 1788, une balance romaine de son invention, supposée corriger les défauts des balances du même genre. Il la présente à l'Académie royale des sciences, et M.M. Monge et Vandermonde sont chargés de l'examiner. Ils déclarent dans le rapport qu'ils remettent à l'Académie royale des sciences le 26 janvier 1788, que cette balance est exécutée avec soin et intelligence, mais qu'elle n'apportait rien d'assez nouveau et d'assez utile pour mériter l'approbation de l'Académie. Encouragé par ce demi succès Poux-Landry qui compte toujours faire fortune avec ses inventions, propose en 1788, au Bureau du commerce de la lui acheter pour la somme de 20 000 livres. Ce dernier décline cette offre qu'il juge exorbitante.

Pour situer les prix sans commune mesure que Poux-Landry demandait pour ses inventions, il faut savoir qu'en juin 1792 un colonel de la garde à pied du roi touchait par mois une solde de 750 livres et un garde 35 livres [(75)].

Avec l'arrivée de la Révolution, Poux-Landry trouve de nouveaux clients, il soumet les Comités d'agriculture et de commerce de l'Assemblée nationale à un flot de mémoires.

- Le 15 octobre 1790, il présente aux Comités deux serrures de sûreté et à secret (toujours les mêmes) accompagnées d'un mémoire qui est remis à M. Hell [(76a)]. Lors de la séance du 5 novembre 1790, le comte d'Angiviller déclare que ces deux serrures ne sont pas susceptibles de retenir l'attention du Comité [(76b)].
- Le 30 mars 1791, il présente différentes inventions et un mémoire qu'il remet à M. Boufflers [(76c)].
- Le 11 avril 1791, il représente sa balance romaine avec l'extrait des registres de l'Académie royale des sciences du 26 janvier 1788, décrivant son invention [(76d)].
- Les 16 floréal, an VI (5 mai 1798) [(77a)] et 11 germinal, an VII (31 mars 1799) [(77b)], il présente une nouvelle fois sa balance, ainsi qu'une nouvelle serrure, munie d'un cache-entrée, à l'Institut national des sciences et des arts qui ignorait, semble-t-il, son mémoire de 1788, présenté à l'Académie royale des sciences.

L'institut charge les citoyens Leroy et Coulomb d'examiner ces deux pièces et de montrer si elles présentent un intérêt dans l'évolution des sciences et des arts.

Après examen, ils rédigent un rapport assez élogieux pour Poux-Landry dont la conclusion est la suivante : [78].

« Nous concluons de tout ce que nous venons d'exposer sur la balance et la serrure du citoyen Pouxlandry, que, quoique cette balance ne soit pas nouvelle dans sa construction, elle prouve par sa justesse qu'elle nous a montrée dans les expériences que nous en avons faites, l'adresse et le soin que l'auteur a mis dans son exécution, que le nouveau cache-entrée de la serrure est bien imaginé, et que l'addition qu'il a faite au panneton de la clef de cette serrure, d'une pièce qu'on peut ôter et remettre à volonté est nouvelle, et peut être employée utilement. »

Le 26 germinal, an VIII (16 avril 1800), il présente à nouveau sa balance romaine au même Institut des sciences et des arts. Les citoyens Monge et Prony établissent un nouveau rapport, un peu plus critique que le précédent à l'égard de Poux-Landry notamment quant au prix trop élevé de sa balance pour intéresser un public de marchands [78].

Enfin au mois de brumaire an XI, Poux-Landry obtient du ministre de l'Intérieur que sa balance romaine soit remise au Conservatoire des Arts et Métiers et qu'il lui soit payé une somme de 300 francs pour son dépôt. On est loin des 20 000 livres demandées en 1788 [78].

Au début de l'an XI, Poux-Landry dépose une nouvelle fois sa serrure à cache-entrée au Bureau des Arts et manufactures pour qu'il en fasse l'acquisition [78] .

Le 4 brumaire, an XI (26 octobre 1802), le ministre de tutelle des Arts et manufactures lui répond que l'on ne peut pas faire l'acquisition de sa serrure à cache d'entrée [78].

Poux-Landry, le soldat perdu de la Révolution

Poux-Landry a toujours prétendu s'être engagé en 1780, dans le régiment des gardes-françaises caserné à Versailles. Lorsque le 14 juillet 1789, ce régiment, après s'être rallié quelques jours plus tôt à la cause des révolutionnaires, se joint aux assaillants de la Bastille, Poux-Landry qui fait partie des insurgés, prétend avoir été grièvement blessé lors de l'attaque.

Un document de police établi au mois de mai 1794, suite à l'arrestation d'Hébert le 14 mars 1794, et l'inculpation des militants de sa section, soupçonnés d'être ses complices, dont Poux-Landry, rétablit la vérité [79].

Renseignements utiles et très utiles dans les circonstances sur divers individus.

Ambroise Pouxlandry
« Cet homme est un intrigant, bas, rampant, craintif, bête avec malice et avec astuce, n'osant vous répondre ni vous contredire en face.

À l'époque de la Révolution, il a intrigué pour, sous le prétexte et à l'aide d'un engagement dans les ci-devant gardes-françaises dont il est porteur, signé Mathau, obtenir la médaille que la ville de Paris donne aux gardes-françaises qui avaient contribué à la Révolution, et en même temps sa part et portion dans la liquidation de leurs effets.

Il fut incorporé en cette qualité dans la compagnie, dite du Centre, du bataillon de Saint-Martin, mais l'intrigue fut reconnue, il fut renvoyé, et on voulut lui arracher sa médaille.

Il vint alors se réfugier dans la section de Bonne-Nouvelle. Il se présenta au comité comme un homme persécuté par le capitaine de la compagnie dont il avait été renvoyé. Il fit son apologie avec un air si dolent et si naïf, que le comité s'y laissa prendre et chargea un de ses membres de s'informer de ce dont il s'agissait dans cette affaire afin de lui faire rendre justice.

Ce commissaire de section s'adressa au chef de division, au commandant du bataillon, au capitaine et aux soldats de la compagnie de Saint-Martin ; tous furent d'accord, et lui dirent que Pouxlandry était un intrigant, un homme faux et dangereux, que jamais il n'aurait dû obtenir sa médaille parce qu'il n'était point garde-française à l'époque de la Révolution, qu'il l'avait bien été, mais il y avait longtemps, que l'engagement dont il était porteur lui avait été accordé pour lui faciliter les moyens d'existence, et qu'il n'était point au surplus porté sur le registre du commissaire des guerres, qu'ils lui avaient rendu justice, et ils lui ajoutèrent qu'ils regrettaient d'avoir pris les intérêts d'un pareil individu.

Le commissaire de la section craignant qu'il n'y eût de l'humeur de la part de ceux qui lui avaient parlé ainsi de Pouxlandry, prit la peine d'aller vérifier lui même le registre du commissaire des guerres, mais il se convainquit par cette vérification que l'engagement de

Pouxlandry n'y était point porté n'y enregistré. Certain de ce fait, alors il demanda à Pouxlandry, si à l'époque de la Révolution il était caserné comme les autres gardes-françaises, s'il en portait l'uniforme, enfin s'il était assujetti au service. Pouxlandry répondit que non. Il lui demanda encore, à quoi lui servait l'engagement dont il était porteur. Ce fut là que Pouxlandry convint de la vérité et qu'il dit que cet engagement lui avait été accordé pour lui faciliter les moyens de travailler sans payer maîtrise, et lui procurer quelques exemptions, mais que cela était égal, qu'il n'en n'était pas moins garde-française et que ce n'était pas sa faute si on avait négligé d'enregistrer son engagement, et qu'il n'en pouvait souffrir. Ces éclaircissements conduisirent naturellement à lui demander quel état il faisait. Il dit qu'il était serrurier mécanicien, qu'il avait travaillé pour, et avait montré à travailler au dernier tyran, qu'il lui était encore dû plus de 30 000 livres, dont les agents du tyran ne voulaient pas le payer, qu'il existait un bon signé du tyran de la somme de 6 000 livres, acompte, que ce bon était entre les mains des agents qui ne voulaient pas le lui remettre, que certainement si le tyran avec lequel il avait si souvent travaillé, le voyait, il le reconnaîtrait bien, mais que les agents lui interdisaient toutes facilités pour l'y présenter. Il ajouta qu'il allait engager le comité de Bonne-Nouvelle à lui rendre encore service dans cette affaire.

Il s'y adressa effectivement et le même commissaire fut chargé de prendre des renseignements.

Le commissaire fut droit chez le secrétaire du ci-devant comte d'Angiviller, là on lui montra un compte fort en règle d'où il résultait qu'il n'était plus rien dû à Pouxlandry, ou au moins très peu de chose, quand au bon, on lui assura que c'était un conte fait à plaisir.

Pendant que le commissaire travaillait de son côté, Pouxlandry travaillait du sien pour sa médaille, il faisait des courbettes les plus rampantes auprès de Lafayette, et il le tourmenta au point que le traître Lafayette renvoya le tout au procureur de la Commune. Il faisait toutes ces démarches sans en rien dire au commissaire de sa section.

Le commissaire de sa section ne pouvant rien obtenir de la part de la compagnie de Pouxlandry sur la médaille, s'adressa également au procureur de la Commune qui lui dit que Lafayette lui avait déjà renvoyé la réclamation de Pouxlandry. Le procureur de la Commune prit de son côté des renseignements. Il eut avec le commissaire de la section diverses conférences dont le résultat fut que Pouxlandry avait eu évoqué la médaille.

Quant à la somme due à Pouxlandry, le commissaire de la section le conduisit lui même chez le secrétaire de d'Angiviller, et il les écouta contradictoirement, et il ne put se dissimuler que Pouxlandry en imposait à lui et à son comité.

Il ne le laissa pas ignorer à Pouxlandry, qui prévoyant que le rapport du commissaire au comité la mettrait en évidence, usa d'intrigues pour parer le coup. Sans rien dire à qui que ce soit, il se rendit auprès du procureur de la Commune et lui dit qu'il était chargé par le comité de sa section de venir lui demander si le commissaire chargé de son affaire avait bien fait son devoir, qu'au surplus il le priait de ne plus correspondre avec le commissaire, et de ne lui pas remettre les pièces qui le concernaient.

Le procureur de la Commune instruisit le commissaire de la section de la démarche de Pouxlandry. Le commissaire fut chez le procureur de la Commune qui lui rendit les propres expressions de Pouxlandy et lui dit qu'il ne remettrait pas les pièces sans une invitation du comité.

Le commissaire fit à son comité le rapport de la conduite de Pouxlandry et en même temps combien il avait abusé de sa confiance en le déterminant à se charger de deux réclamations qui toutes les deux annonçaient Pouxlandry comme un intrigant, un homme faux et astucieux.

Sur ce rapport Pouxlandry fut mandé, il convint de tous les faits, à l'exception seulement qu'il dit qu'il n'avait point de plainte à porter contre le commissaire, il en fut dressé acte pour la justification du commissaire. Les pièces furent rendues à Pouxlandry, et il fut éconduit.

De ces faits, il résulte que Pouxlandry avait intrigué, d'abord pour obtenir la médaille, ensuite auprès du comité de sa section du traître Lafayette, du procureur de la Commune pour se la faire conserver, que se voyant prêt à être décelé, il avait intrigué auprès du procureur de la Commune contre le commissaire de sa section qui avait fait pour lui plus de pas et de démarches qu'il ne valait.

Il résulte encore que Pouxlandry était un ancien camarade de forge du tyran dont il aurait désiré voir renaître la puissance pour en être payé ou en gagner d'autre avec lui, c'est ce qui lui a fait dire tant de fois à cette époque, que s'il savait qu'on voulût lui toucher, il lui ferait un rempart de son corps.

Depuis le 10 août, Pouxlandry a abandonné à la section une somme de 5 000 livres si elle peut la faire payer des 30 000 en tout, de livres qui lui sont dues par le tyran.

Tous ces faits paraissent au premier abord étrangers aux circonstances, mais ils ont paru nécessaires pour faire connaître la morale de l'homme, et arriver aux faits qui suivent.

Pouxlandry fut quelque temps sans reparaître dans sa section, enfin il s'enrôla comme remplaçant dans la compagnie des grenadiers volontaires de sa section. On a remarqué que toujours il demandait avec soin d'être de la garde du château toutes les fois que sa section y fournissait, mais un jour il fut rencontré par ses camarades qui l'avaient expulsé de sa compagnie du Centre de Saint-Martin, ils lui virent avec peine son habit d'uniforme et les épaulettes de grenadier, ils les lui arrachèrent en le traitant d'intrigant, d'escroc, et qu'il n'était pas digne de porter l'uniforme national. Rien de tout cela ne put échauffer la bile de Pouxlandry. Il se retira bien paisiblement sans épaulettes, elles furent rapportées à la compagnie des grenadiers de Bonne-Nouvelle qui après avoir pris sur cette affaire les plus amples éclaircissements, pria Pouxlandry de ne plus se présenter comme remplaçant dans leur compagnie, cela ne l'empêcha pas de continuer à solliciter des gardes de remplacement dans les autres compagnies, mais toujours pour le château.

Est arrivé la mémorable journée du 10 août, alors il a joué le patriote exagéré, il n'est pas de mesures extravagantes qu'il n'ait souvent proposées en assemblée générale contre les pouvoirs constitués, les arrêter, les renouveler à tous les moments, étaient les expressions favorites, quelquefois même, il s'est élevé contre la Convention. Il dit un jour qu'il fallait en faire marcher la moitié à la tête des armées et que ceux qui ne voudraient pas marcher, il fallait les attacher aux canons. Toutes ces propositions sont ordinairement accompagnées dix fois dans une phrase de ces mots sacrés, le salut du peuple, mais en vérité ils sont profanés par une pareille bouche.

Cet homme est et a été depuis cet instant le plus zélé et le plus fidèle serviteur du conspirateur Hébert. Tous les jours il venait lui rendre compte de tout ce qu'il avait appris la veille et prendre sa *leçon* pour la conduite du jour. On ne fait pas le moindre doute qu'il ne fût payé par lui, et qu'il n'ait été un de ses agents les plus chauds dans la trame abominable que l'énergie de la Convention vient de déjouer. On ne peut presque plus en douter lorsqu'on jette les yeux sur la signature de Pouxlandry, apposée au bas d'un certificat de non accaparement délivré au monstre Hébert par le comité révolutionnaire de la section de Bonne-Nouvelle, quoiqu'il fût à sa connaissance et à celle de tout le monde qu'Hébert avait des provisions pour trois mois, on peut même le soupçonner de l'avoir prévenu de sa visite.

Mais où l'intrigue de cet homme parait le plus, et car il est clair comme le jour que l'amour de la patrie n'est pas le mobile de ses actions, c'est qu'il n'a pas manqué une occasion de s'assurer de rentes.

La première est pour une blessure reçue à la Bastille. On ne peut dire si cette blessure a été véritablement reçue par Pouxlandry dans cette journée, mais on ne peut affirmer le contraire.

La seconde est, comme ayant été blessé à la mémorable journée du 10 août. Quant à cette blessure, on est bien certain qu'elle n'est que factice et que ce n'est qu'à l'opportunité et à sa bassesse qu'il est redevable des certificats qui lui ont été accordés pour obtenir cette pension. Du moins le commandant de sa section armée qui a délivré son certificat a très souvent dit :

Je ne connais rien à cette blessure, je ne sais pas où et comment il a été blessé, le bataillon était sur la terrasse des Feuillants, le feu ne c'est pas fait sentir de ce côté et il est le seul du bataillon qui dit avoir été blessé, il ne serait point étonnant qu'il ne pût, même aujourd'hui, marquer la place de cette blessure.

Dans les circonstances présentes cet homme est nécessairement suspect, peut être même, s'il en était besoin, tirerait-on de lui des aveux précieux pour la découverte et le fil de la conspiration d'Hébert. Ses relations intimes et suivies avec lui ne permettent pas d'en douter un moment.

Il est de la même section d'Hébert et l'influence de ce dernier était telle dans cette section qu'il l'a fait nommer au comité révolutionnaire.

Le salut de la République qu'Hébert vient de compromettre exige impérieusement l'arrestation d'Ambroise Pouxlandry. »

Poux-Landry affirmait avoir obtenu un certificat d'engagement dans les gardes-françaises, mais on ne trouve nulle trace de cet engagement dans le registre du commissaire des guerres. Questionné, il avoua n'avoir jamais été assujetti au service de ce régiment ni porté son uniforme. Il reconnu qu'il avait acquit ce certificat dans le seul but de ne pas payer la maîtrise due à son métier de serrurier.

Quant à sa blessure reçue lors de la prise de la Bastille, rien ne peut affirmer qu'elle soit bien réelle. Mais Poux-Landry qui prétend avoir été grièvement blessé doit quitter peu après, à cause de cette blessure, le service de la garde nationale qu'il avait intégré après la prise de la Bastille (compagnie du Centre) pour celui moins fatigant de la compagnie des grenadiers volontaires (bataillon de Bonne-Nouvelle), qu'il abandonne également le 29 octobre 1789, en raison d'une enflure persistante à la jambe qui ne lui permet plus d'exercer son métier de soldat [80a, 80b].

Le 9 septembre 1790, il demande dans un mémoire lu à l'Assemblée nationale de se rendre à Bourbonne-les-Bains afin de prendre les eaux, susceptibles de guérir sa jambe. Ne pouvant assurer seul les frais du voyage, des traitements et de sa subsistance, il sollicite l'Assemblée de lui octroyer six mois de la solde qu'il touchait à la compagnie du Centre, et propose d'y reprendre son service à son retour, une fois guéri. L'Assemblée nationale acquiesce à sa demande par un arrêté du 21 septembre 1790 [80a].

« L'Assemblée, considérant qu'elle doit au sieur Poux-Landry, les secours qui ne lui sont devenus nécessaires que par son patriotisme et ses services pour la chose publique, et adoptant l'avis du Comité, a autorisé le département de la garde nationale à donner en faveur du sieur Poux-Landry, les ordres nécessaires pour son transport aux eaux de Bourbonne, et pour qu'elles lui soient administrées. Il a ordonné, en outre, qu'il recevrait une gratification équivalente à la solde ordinaire qu'il touchait dans la compagnie du Centre et qu'il pourra y rentrer à son retour. »

Poux-Landry toucha ses six mois de solde, mais ne se rendit jamais aux eaux de Bourbonne, l'enflure de sa jambe avait peut être miraculeusement disparu !

Le 8 décembre 1791, ayant eu connaissance tardivement d'un décret du 3 août 1790 [81], relatif aux pensions, gratifications et autres récompenses nationales accordées à tout citoyen au service de l'État, dont les blessures ou infirmités l'obligeront à quitter son service, Poux-Landry réclame une pension pour les blessures qu'il a reçues lors de la prise de la Bastille, mais il est débouté le 7 avril 1792, par le décret suivant sur les pensions, secours et gratifications [82] :

« Sur la demande du sieur Poux-Landry, ci-devant garde-française, tendant à obtenir une pension, l'Assemblée nationale considérant que, ni par la durée de ses services, ni par la gravité de la blessure qu'il prétend avoir reçue au siège de la Bastille, ce citoyen n'est dans le cas de jouir des récompenses nationales accordées par l'article 21 du titre premier de la loi du 22 août 1790 ; considérant qu'il a lui-même apprécié sa demande en gardant un silence de plus de deux années sur le fait de la blessure, malgré les invitations réitérées, faites par l'Assemblée nationale, à tous ceux qui prétendraient devoir être mis au rang des vainqueurs de la Bastille, et notamment par son décret du 16 janvier 1791, pour qu'ils eussent à se présenter à la direction générale de la liquidation, pour y apporter la preuve des faits qu'ils allégueront ; que ledit sieur Poux-Landry a déjà reçu une gratification équivalente à six mois de la solde ordinaire de la compagnie du Centre de la garde nationale parisienne, pour pouvoir se rendre aux eaux de Bourbonne, et qu'il n'a pas effectué ce voyage ; décrète qu'il n'y a lieu à délibérer sur la demande dudit sieur Poux-Landry. »

On le retrouve le 10 août 1792, comme gendarme national lors de l'attaque des Tuileries où il dit avoir reçu un coup de crosse de fusil entre les deux épaules, une blessure au côté gauche et un coup de baïonnette au mollet de la jambe gauche, blessures providentielles qui lui évitent de partir aux frontières de l'Est affronter les armées ennemies [(83)], et qui lui font obtenir un secours annuel de 325 livres, payé par le comité civil de la section Bonne-Nouvelle du bataillon des grenadiers volontaires [(84)].

Le rapport de police du mois de mai 1794 indique clairement que ses blessures sont plus que douteuses car selon le commandant de sa section il aurait été le seul à avoir été blessé et que son bataillon était ce jour là très peu exposé au feu.

Grâce au certificat que le commandant de sa section lui à signé, dans le doute, il a pu obtenir par intrigue un secours annuel de 325 livres.

On voit toute la bassesse du personnage qui n'hésite pas à multiplier les mensonges pour obtenir pensions et aides.

Enfin le 17 février 1793, il quitte définitivement la carrière militaire en remettant solennellement à la Convention nationale son uniforme complet de gendarme avec deux chemises, trois cols, deux paires de bas, une paire de guêtres avec les boucles et une paire de souliers. Pour une fois qu'il ne sollicitait rien, l'Assemblée lui accorda les honneurs de la séance [(83)].

Suite à l'arrestation d'Hébert et de ses partisans le 14 mars 1794, puis de leur exécution le 24 mars suivant, Poux-Landry qui appartient à la section Bonne-Nouvelle de la Commune de Paris animée par Hébert, est arrêté et incarcéré le 18 floréal de l'an II (7 mai 1794), ainsi que cinq autres membres de la section Bonne-Nouvelle [(79)]. Un procès verbal motivant leur arrestation fut rédigé [(85)] :

Du 18 floréal, an 2e

« Le Comité arrête que les nommés : Veron, membre de la Commune ; Pouxlandry ; Lamiral, membres de la Commune ; Seurré *(ou Sanrey)*, membre du Comité révolutionnaire ; Marquet et Guin *(ou Gain)*, tous six de la section de Bonne-Nouvelle, seront comme suspects, traduits dans une maison d'arrêt pour y être détenus jusqu'à ce qu'il en soit autrement ordonné, que les scellés seront apposés sur leurs papiers, qu'extraction sera faite de ceux qui pourraient paraître suspects. Le citoyen Duchaisne, l'un des agents du Comité demeure chargé de l'exécution du présent arrêté pour lequel il requerra si besoin est, les autorités civiles et militaires. »

Signé : M. Bayle ; Louis (D. B. R.), Amar ; Élie Lacoste ; Dubarra.

Un procès verbal motivant leur arrestation fut rédigé (85) :

Faute de preuves et bien qu'il fût le fidèle zélateur d'Hébert, il est relâché deux jours plus tard le 9 mai 1794, avec ses cinq autres compagnons.

Il est de nouveau arrêté le 30 ventôse, an III (20 mars 1795) (85).

Du 30 ventôse, an 3e

« Le Comité de sureté générale arrête que le nommé Pouxlandry, ex serrurier du tyran Capet, ex membre du Comité révolutionnaire de la section de Bonne-Nouvelle, sera sur-le-champ mis en état d'arrestation, les scellés apposés sur les papiers et effets.

Chargé de l'exécution du présent, la commission de police administrative.

Les représentants du peuple membres du Comité de sureté générale présents à la délibération. »

Signé : Rovère ; Peucartin ; Calen ; Auguère ; Clauzel ; Mathieu ; Legendre ; Lonson ; Isabeau

Le motif de son arrestation est le suivant (85) :

« Ayant perdu la confiance de la section pour s'être rendu coupable envers une foule nombreuse de citoyens, de vexations, d'actes arbitraires et de dilapidations, d'avoir usé de tous les moyens propres à terroriser les citoyens, les comprimer et arrêter leur élan naturel pour la liberté. »

Il adresse alors depuis sa prison un vibrant plaidoyer au Comité de sureté de la Convention pour défendre son honneur, injustement attaqué [85].

Après avoir passé en revue toutes les inventions qu'il a faites pour le bien de la République, il termine en rappelant dans son leitmotiv habituel qu'il a donné son sang et ses forces pour le bonheur de sa patrie.[85]

« Le citoyen Pouxlandry est très souffrant dans sa prison par suite de ses blessures qui lui nécessitent un régime suivi. Il a employé son zèle et toutes ses inventions à l'utilité comme au bonheur de sa patrie. Il a versé son sang pour sa défense. Il demande d'être rendu à une épouse intéressante qui ne peut subsister que par son industrie et ses travaux, mais ce qui le console est que vous avez agi en vrais pères en prenant sous votre protection les défenseurs de la patrie et les artistes.

En conséquence, le citoyen Pouxlandry se trouve également compris dans ces deux classes. Il espère d'après cela que vous voudrez bien lui accorder sa liberté afin qu'il puisse respirer l'air de la liberté qu'il a conquis avec vous au prix de son sang. Son espérance est dans votre justice et dans votre équité. »

Signé : Pouxlandry, aretisete mecanicien*

Sa demeure est : rue de Foi, passage Marguerite, ou rue des Filles Dieu n° 353, mon ancienne demeure où je suis très connu, section de Bone-Nouvelle.

* L'examen de son paraphe et des deux mots qu'il ajoute sous sa signature, montre que Poux-Landry ne maîtrisait pas l'écriture et à fortiori l'orthographe. Il devait vraisemblablement s'adresser à un écrivain public pour rédiger ses nombreuses missives.

Poux-Landry, l'opportuniste et le solliciteur permanent

Avec l'arrivée de Bonaparte au pouvoir, Poux-Landry qui s'est fait oublier depuis qu'il a rendu son uniforme de gendarme national en 1793, recommence à proposer ses ouvrages de mécanique aux nouveaux dignitaires.

Dans une lettre datée du 19 frimaire, an IX (10 décembre 1800), [(86)] il rappelle à Chaptal, ministre de l'Intérieur, qu'il a fourni à Lucien Bonaparte le 7 vendémiaire, an IX (29 septembre 1800), un grand portefeuille équipé d'une serrure à combinaison et d'un mécanisme d'horlogerie indiquant, l'heure, la minute, les quantièmes et les signes du zodiaque, qui ne lui a jamais été payé. Lucien Bonaparte ayant quitté ses fonctions de ministre de l'Intérieur pour celles d'ambassadeur de France à Madrid, Poux-Landry demande à Chaptal, son successeur, d'en faire l'acquisition pour financer ses nouveaux ouvrages.

On lui a répondu de s'adresser au citoyen Campi qui a ledit portefeuille

De toute évidence, Lucien Bonaparte n'était pas intéressé par l'acquisition de son portefeuille et son secrétaire lui propose de venir le récupérer dans les bureaux du ministre.

Les Archives nationales conservent sous la cote F/12/2224 une liasse qui renferme une quantité impressionnante de lettres concernant Poux-Landry. Ce sont essentiellement des demandes pour obtenir un logement ou des réclamations pour qu'on lui règle les soi-disant créances qu'il a sur Louis XVI, ou pour qu'on lui rétablisse sa pension de combattant de la Bastille et des Tuileries. Elles sont adressées à différents ministères tel que celui de la guerre ou de l'Intérieur, à diverses institutions nationales comme l'Institut des sciences et des arts ou le Bureau des arts et manufactures, pour que l'on reconnaisse la qualité de ses réalisations, et si possible les lui acheter. Cette liasse contient également les réponses qu'on lui a faites.

Sous la Révolution et l'Empire ce sont environ 80 lettres qui ont été échangées entre les bureaux des administrations nationales et Poux-Landry.

On retrouve dans ces archives une petite note qui met en lumière ce flot incessant de lettres qui inonde les bureaux des ministères [(78)].

« Voila Pouxlandry dont nous n'entendions plus parler depuis longtemps qui revient à la charge. Il conviendrait qu'une décision formelle du ministre nous autorisât à ne donner aucune suite à des demandes qui ne sont point fondées, et qu'il renouvelle souvent quoiqu'il ait obtenu le 5 novembre 1810, un secours de 150 francs.

Il existe un rapport en minute fait sur lui. On pourrait en extraire les faits principaux, rédiger avec cet extrait une simple note qu'on mettrait sous les yeux de son excellence.

Il y a quelque chose de mieux à faire, c'est de laisser les nouvelles redites sans réponse, à moins que son excellence ne demande des renseignements.

Ajourner tout travail jusque-là. »

Poux-Landry, toujours à la recherche de reconnaissance et d'honneurs, sollicite le 15 février 1807, qu'il lui soit accorder le titre de mécanicien de l'Empereur et qu'il puisse apposer ce titre sur tous les ouvrages qu'il aura réalisés.

On lui répond que sa demande ne peut être acceptée car l'administration doit assurer la même protection à toutes les entreprises industrielles, et que sa requête est contraire aux principes de la concurrence et de l'équité. (78).

Depuis la chute de la royauté, Poux-Landry n'a cessé sous tous les gouvernements qui se sont succédés de réclamer la prétendue somme de 33 000 livres que Louis XVI lui devait pour une soi-disant fourniture de dix serrures.
Le 16 germinal, an IX (6 avril 1801), le liquidateur de la dette publique l'informe qu'il entend mettre un point final à ses réclamations en lui rappelant que sa dette à été liquidée le 27 pluviôse, an III (15 février 1795), par le paiement d'une somme de 4 800 livres (78).

En mai 1811, Poux-Landry qui est sans ressources, s'adresse directement à Napoléon Ier pour quémander ses faveurs (86), vu la grande misère où les évènements de la Révolution l'on conduit. Il n'hésite pas à réclamer une nouvelle fois le paiement des sommes que Louis XVI lui devait pour la soi-disant fourniture de ses serrures de sûreté (toujours les mêmes).

Le 20 mai 1811

À sa Majesté, Napoléon le Grand

Sire,

« Poux-Landry (prénommé Ambroise), breveté artiste mécanicien de Louis XVI, de la reine et de la famille royale, ci-devant commandant de bataillon, réformé du service militaire de l'armée par suite de plusieurs blessures que j'ai reçues en activité de service, sans pension, réduit à la plus grande misère, ne pouvant pas travailler à cause de mes blessures, ayant toujours servi avec honneur et probité.

C'est pourquoi je prie en grâce, Votre Majesté, d'avoir la même bonté pour moi que vous avez eu à l'Institut national. Étant président de l'Institut à votre arrivé d'Italie, Votre Majesté m'a fait justice en faisant faire le rapport des ouvrages de ma composition, au nombre de quatre pièces, toutes différentes les unes des autres pour leur seule mécanique. L'Institut national en a reconnu la bonté et la solidité et en a recommandé l'usage pour la sûreté publique et pour celle du commerce.

Mes premiers ouvrages d'une nouvelle construction de mon invention ont été aussi approuvés de la ci-devant Académie royale des sciences qui en a recommandé l'usage pour la sûreté publique, étant tous différents les uns des autres par leur mécanique. Louis XVI et la reine les ont agréés et acceptés et m'en ont fait faire plusieurs autres.

Le roi a voulu connaître les principes de mon art, que je lui ai montré, depuis le commencement de l'année 1780, jusqu'en 1789. Louis XVI m'a ordonnancé 33 000 francs avec un logement au Louvre en qualité de son mécanicien pour me payer de mes ouvrages que je lui ai faits et fournis, ainsi qu'à la reine, et pour me payer de mon temps que j'ai passé à lui montrer les principes de mon art.

Je n'ai pas été payé, par les événements de la Révolution. Votre Majesté a eu la bonté de me faire mettre en jouissance de mon logement, mais la maison où j'étais logé a été vendue, cela fait qu'il ne me reste plus rien. Tous mes ouvrages de mécanique mentionnés ci-dessus servent journellement de modèles dans les dépôts de l'Empire à tous les artistes qui s'y présentent, comme il est prouvé par tous mes titres et la lettre ministérielle que j'ai en main.

J'ai toujours sollicité mon paiement près des ministres, sans jamais avoir pu l'obtenir. Ils m'ont déclaré qu'ils ne pouvaient pas me payer, sauf un ordre de Votre Majesté. C'est pourquoi, Sire, je prie Votre Majesté de vouloir bien m'accorder quelques commandes à titre de dédommagement ou un emploi pour pourvoir à ma subsistance et à celle de ma famille, ayant sacrifié ma jeunesse, ma fortune, ma santé et mon sang pour la prospérité et le salut de l'Empire. D'après cet acte de justice, le suppliant et ses enfants ne cesseront de bénir le règne glorieux de Votre Majesté.

J'ai l'honneur d'être avec un très profond respect, Sire, de Votre Majesté, le très humble, très obéissant serviteur, très soumis et fidèle sujet. »

Signé Poux-Landry : artiste mécanicien

Adresse du pétitionnaire :
rue des filles Dieu, n° 31
près la Porte Saint-Denis à Paris

Cette lettre a été reçue à la commission des pétitions le 21 mai 1811, et a été transmise le 29 mai, au comte de Montalivet, ministre de l'Intérieur, qui l'expédie le 17 juillet 1811, au comte Daru, intendant général de la Maison de l'Empereur. Ce dernier s'estimant incompétent en la matière la retourne le 23 juillet, au comte de Montalivet, qui répond le 3 septembre, à Poux-Landry, d'apporter des justificatifs à ses revendications [86, 87]. Le 6 septembre 1811, dans une lettre pathétique adressée au ministre de l'Intérieur, il répète les mêmes prétentions sans fournir d'arguments recevables au paiement des sommes revendiquées, se contentant une fois de plus de faire vibrer la corde sensible en rappelant qu'il a sacrifié son sang et sa fortune pour le salut de l'Empire ! [87]

N'ayant pas de réponse à sa dernière lettre, et nullement découragé, il réitère le 26 novembre 1811, ses réclamations auprès du ministre de l'Intérieur dans des termes pratiquement identiques. On y retrouve toujours les supposées promesses de Louis XVI concernant les 33 000 francs pour prix des ouvrages qu'il avait fournis ainsi que de la disposition d'un logement au Louvre.

Toujours sans réponse, il envoie encore le 7 janvier 1812, au ministre de l'Intérieur, une nouvelle lettre qui reprend point par point ses dernières missives [78].
Le ministre de l'Intérieur lui répond le 12 février 1812 [78] :

« Monsieur, son excellence le ministre de l'Intérieur m'a renvoyé la lettre que vous lui avez écrite le 26 novembre, et par laquelle vous réclamez le paiement du prix de différents ouvrages d'art que vous aviez livrés à l'ancien gouvernement.

D'après le compte qui m'a été rendu de cette affaire, elle se trouve terminée depuis longtemps d'une manière définitive.

Je ne puis donc, Monsieur, que me référer aux réponses qui ont été faites aux demandes que vous avez présentées postérieurement.

Recevez l'assurance de mes sentiments. »

Enfin le 19 août 1812, il envoie une dernière demande, toujours la même, au ministre des manufactures et du commerce [(78)].

On lui répond sèchement le 21 août 1812, que ses prétendues créances ont été liquidées et qu'il est inutile d'adresser de nouvelles réclamations qui ne seront pas examinées [(78)].
Après cette dernière lettre on ne trouve plus traces dans les Archives nationales de correspondance se référant à Poux-Landry.

Ses demandes de rétablissement de sa pension

Suite aux innombrables réclamations que Poux-Landry envoie aux différents ministères et institutions pour le rétablissement de sa pension annuelle de 365 francs, d'attaquant de la Bastille et des Tuileries, le ministre de la guerre adresse au ministre de l'Intérieur la lettre suivante qui met un terme aux revendications de Poux-Landry en précisant que sa pension a été réglée au ministère de l'Intérieur [(78)].

Paris le 3 mai 1810

Monsieur le Comte,

« j'ai l'honneur de transmettre à votre excellence une pétition par laquelle le sieur Pouxlandry réclame le rétablissement d'une pension qu'il avait obtenue comme blessé au 10 août 1792. Il résulte d'une des pièces qui accompagnent cette demande que la pension dont il s'agit, a été réglée dans les bureaux de votre ministère, et en effet, rien n'établit que le pétitionnaire ait aucun droit à la toucher sur les fonds de la guerre.

Agréez, monsieur le Comte, l'assurance de ma haute considération. »

Le Ministre de la guerre
Duc de Feltre

Malgré le non recevoir du ministre de l'Intérieur, Poux-Landry s'obstine à revendiquer le paiement de sa pension [78].

Enfin le 17 novembre 1810, à force de solliciter l'administration par des lettres pathétiques, il obtient du Bureau des arts et manufactures un secours de 150 francs [78].

Ses demandes de logement

Fort d'avoir présenté ses serrures à Louis XVI en 1789, Poux-Landry prétendait que le roi lui avait accordé un logement au Louvre, comme il pouvait le faire pour marquer sa reconnaissance aux artistes de talent.

En fait il n'a jamais obtenu de logement au Louvre et prétendra toute sa vie le contraire.

À la fin de l'an VIII, quelques artistes furent logés gratuitement dans une maison réquisitionnée par la nation, dite *La Maison de la Pologne*. Son ancien propriétaire la réclama et on la lui rendit en l'an X. Poux-Landry se trouvait être du nombre des occupants, en vertu d'un ordre du ministre, bien que suivant un avis du bureau consultatif, du 22 floréal, an VIII (12 mai 1800), il n'eut rendu aucun service aux arts qui pût lui donner des droits à bénéficier de cette faveur.

Lorsqu'ensuite il fut privé de son logement, il ne cessa d'en demander un autre, et à défaut une indemnité. Ses réclamations à cet égard se renouvelèrent fréquemment, en l'an X, en l'an XI et en l'an XII. Elles furent toutes rejetées.

Poux-Landry dans une lettre datée du 9 prairial, an VIII, refuse de quitter les lieux sous le prétexte qu'il a fait d'importants travaux dans son logement [78].

Poux-Landry s'adresse alors au citoyen Molard, créateur du Conservatoire des Arts et métiers et administrateur, pour obtenir un logement dans les bâtiments de l'ancien prieuré Saint-Martin. Le directeur du Conservatoire lui ayant fait part que pour des raisons de sécurité, il était impossible de loger des personnes dans les galeries, Poux-Landry se permis de faire des réflexions indécentes et grossières au citoyen Molard [78].

Une fiche retrouvée dans l'état civil reconstitué de la ville de Paris, nous indique que Pierre Ambroise Poux-Landry est décédé à Paris, 10e arrondissement (*ancien*) le 7 février 1814, à l'âge de 60 ans.

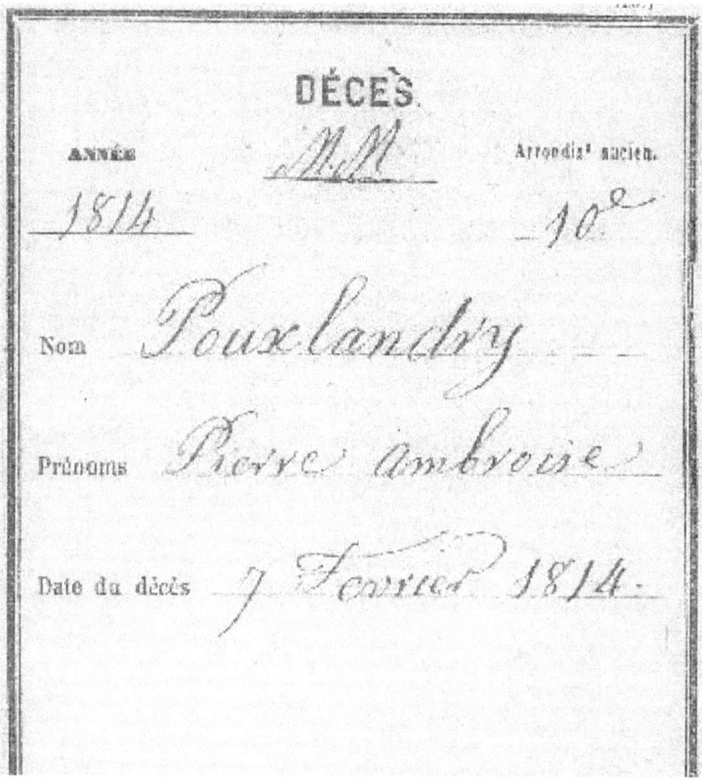

DÉCÈS

ANNÉE 1814

Arrondis^t ancien. 10e

Nom Pouxlandry

Prénoms Pierre ambroise

Date du décès 7 Février 1814.

Toute sa vie Poux-Landry aura vécu dans le mensonge et la fatuité.

Au lieu d'exercer honorablement son métier de serrurier, il a préféré vivre dans l'illusion d'être un grand artiste producteur de chefs-d'œuvre de la mécanique, injustement traité par une société qui ne reconnaissait pas ses talents.

On ne peut mieux le décrire que dans une lettre du Bureau des arts et manufactures, écrite en 1810. [78]

« Votre excellence a pu juger par la série des faits qui a été mise sous ses yeux, que c'est un de ces demi artistes, infatué de leur propre mérite, exagérant toujours leurs droits et leurs prétentions, tronquant et altérant le sens des pièces sur lesquelles ils s'appuient, imbus de l'idée que le gouvernement ne récompense jamais d'une manière assez large leurs talents et leurs découvertes, prenant le ton de gens qui ne sollicitent pas, mais qui exigent, fatiguant les administrations et les bureaux de demandes qui se multiplient à mesure qu'elles sont rejetées, et qu'il est semblable à Megerand sous ce dernier rapport. »

Louis XVI, le scientifique, l'humaniste et le progressiste

Louis XV qui s'intéressait aux sciences et à la chimie en particulier, s'était fait installer dans ses petits cabinets de la cour des cerfs un laboratoire où il passait des heures à distiller des fleurs et des plantes pour préparer des eaux parfumées et des essences odorantes. À sa mort, Louis XVI s'essaya un peu à la chimie, mais la physique l'attirait davantage depuis qu'il avait été marqué par les spectaculaires démonstrations de l'abbé Nollet sur l'électricité statique.

Il avait rassemblé dans sa galerie de géographie, qui était aussi appelée galerie de l'électricité, toute une collection d'impressionnantes machines capables de produire par frottement de violentes décharges électriques accompagnées de gerbes d'étincelles.

Dans son laboratoire de physique, étaient exposés sur des étagères des instruments de mesures tels que des baromètres ronds de 24 pouces de diamètre, dans leur cadre sculpté et doré, fabriqués par l'ingénieur Périca, et de grands thermomètres de 10 pieds de haut sur leur planche à bordure dorée.

Dans des armoires grillagées on pouvait voir les maquettes d'un corps de chaloupe sur quatre roues, d'un moulin en bois peint, d'un modèle d'imprimerie en bois d'acajou dans son châssis en verre, et un grand nombre de modèles réduits de matériel militaire, comme des canons en bronze sur leur affût, des mortiers montés sur leur crapaud en bois, des caissons sur leur train et un chariot de forge d'artillerie, ainsi qu'une cuirasse avec un casque, des ancres de vaisseaux, des pistolets, des fusils et une baïonnette.

Dans la pièce du tour pour le bois, on trouvait des modèles de grues pour décharger les vaisseaux, dont l'une à deux branches, munie de ses poulies, de sa roue en fer pour le tambour, d'une autre roue en cuivre avec ses accessoires, et montée sur des roulettes à pivot [(88)].

Grue à deux becs offerte à Louis XVI en 1786 fabriquée par François de Laval,
(CNAM n°: 00076-0000)

On ne connaît pas la nature exacte des expériences que Louis XVI pouvait réaliser avec ses machines génératrices d'électricité, par contre il semblerait qu'il ait lui-même réalisé dans ses ateliers de menuiserie, de mécanique et dans sa forge, un certain nombre de ses maquettes, d'autres lui auraient été offertes par d'habiles mécaniciens, comme François de Laval qui construisit la maquette de la grue à deux becs, exposée de nos jours au musée du Conservatoire national des arts et métiers.

Sur la terrasse qui surmontait ses ateliers, Louis XVI avait fait installer un observatoire astronomique où il contemplait avec un télescope le spectacle du ciel. Depuis l'une des fenêtres de sa bibliothèque des combles, il s'amusait à observer avec une lunette d'approche les allées et venues des personnes qui entraient ou sortaient du château. On a longtemps montré la fenêtre dont la vitre percée d'une ouverture circulaire permettait le passage du corps de sa lunette. Ce divertissement pourrait paraître excessif au vu de l'inventaire du mobilier de ses cabinets qui ne mentionne pas moins de cinq lunettes d'approche ; une dans sa grande bibliothèque, deux dans celle des combles et deux autres dans ses différents cabinets, certaines rangées dans de luxueux coffrets en acajou [(88)].

Il était un lecteur assidu des comptes rendus de l'Académie des sciences et il suivait avec intérêt les travaux de Lavoisier sur la composition de l'air et ceux des frères Montgolfier en aérostation [(89, 90)]. Il assista le 19 septembre 1783, en présence de la cour médusée et d'une foule considérable estimée à 150 000 personnes, à l'envol de leur ballon qui emmenait comme passagers, un coq, un canard et un mouton. Parti de la cour du château de Versailles le ballon s'éleva rapidement jusqu'à 500 mètres pour se poser trois kilomètres plus loin dans les bois de Vaucresson. En décembre 1783, Louis XVI donna des lettres patentes au père des aérostiers, Pierre Montgolfier, qui anoblissaient la famille [(89, 90)], et leur assigna 60 000 livres en 1786, pour développer des applications commerciales à leurs machines aérostatiques, mais ils ne reçurent que 40 000 livres du trésor royal [(91a)].

À court de finances, Jacques Étienne de Montgolfier, sollicita M. Necker, le 23 septembre 1788, de lui accorder des fonds supplémentaires pour poursuivre ses travaux [(91b)].

Les actions civiles entreprises sous le règne de Louis XVI

Louis XVI, en monarque éclairé, a toujours eu le désir d'améliorer le sort de son peuple en faisant de nombreuses réformes dans les domaines de la justice, de l'humanitaire, de la religion et de la santé.

En tant que scientifique averti, il s'est intéressé au développement des sciences et les a encouragées.

En entreprenant de grands travaux pour embellir et assainir sa capitale, il fut l'un des premiers à montrer de l'intérêt pour l'environnement, notamment en faisant fermer et vider les cimetières de Paris qui répandaient une odeur épouvantable et qui étaient vecteurs de miasmes et d'épidémies.

L'humanitaire

Sensible à la détresse des enfants sourds, Louis XVI encouragea l'abbé de l'Épée dans l'enseignement de sa méthode gestuelle en lui accordant protection et subventions. Il reconnut les bienfaits de son école par l'arrêt du 21 novembre 1778, qui proposait de créer un établissement qui prendrait en charge l'éducation des enfants sourds-muets [92a].

« Le roi étant instruit du zèle et du désintéressement avec lequel le sieur abbé de l'Épée s'est dévoué depuis plusieurs années à l'instruction des sourds et muets de naissance, et du succès presque incroyable de sa méthode, Sa Majesté auroit cru devoir prendre sous sa protection un établissement aussi utile et en assurer la perpétuité. Elle auroit résolu en conséquence d'y destiner une portion des biens que les monastères des Célestins*, situés dans le diocèse de Paris, et dont la congrégation ne doit plus avoir lieu, conformément aux lettres patentes du 5 avril dernier, tiennent de la libéralité des rois, ses prédécesseurs.

Le roi étant en son conseil, a ordonné et ordonne, que par les sieurs commissaires établis pour l'exécution de l'arrêt du 23 mai 1766, concernant les ordres réguliers, il sera incessamment proposé à l'examen des moyens les plus propres pour former dans la ville de Paris un établissement d'éducation et d'enseignement pour les sourds et muets de naissance des deux sexes. »

---

* En 1770, la commission des Réguliers ordonna à la congrégation des Célestins de ne plus recevoir de novices. Ses maisons furent fermées entre 1774 et 1780, et les dernières du royaume de Naples, disparurent en 1807.

L'arrêt du 25 mars 1785, précise les modalités de fonctionnement de cet établissement [92b].

- Les frais d'installation et de fonctionnement de cet établissement seront pris sur les revenus libres des biens des Célestins.
- La pension des élèves reconnus comme pauvres par le certificat du curé de la paroisse et par le rôle des impositions, sera gratuite. Pour les autres élèves, la pension sera fixée à la somme de 400 livres par an, et à 200 livres pour la demi-pension.
- La durée des études ne pourra pas dépasser trois ans.

- Le 26 décembre 1786, Louis XVI reçut à Versailles, Valentin Haüy venu lui présenter son ouvrage : *Essai sur l'éducation des aveugles* [93] où il exposait sa méthode qui permettait aux aveugles d'apprendre à lire grâce à des livres imprimés avec des caractères en relief.

À cette occasion, ses élèves firent devant le roi, des démonstrations de lecture, de calcul, de dictée, de composition typographique et de reconnaissance tactile de lieux et de pays sur des cartes imprimées en relief. La prestation se termina par l'exécution de morceaux de musique. Les élèves de Haüy étaient au nombre de 24, répartis entre 15 garçons et 9 filles dont les âges allaient de 8 à 30 ans.

Suite à cette visite, le roi prit l'établissement sous sa protection, il le subventionna et encouragea Valentin Haüy à développer son enseignement fondé sur la reconnaissance tactile des objets.

- Pour lutter contre l'usure qui contribuait à ruiner les plus démunis, Louis XVI créa par lettres patentes du 9 décembre 1777, des établissements de mont de piété à Paris et dans les principales villes du royaume [94].

Les sommes prêtées variaient selon la nature des objets déposés.

« Savoir, pour la vaisselle et les bijoux d'or et d'argent, à raison de quatre cinquièmes du prix de la valeur au poids, et pour tous les autres effets à raison des deux tiers de l'évaluation faite par les appréciateurs dudit bureau. »

La durée du dépôt ne pouvait excéder une année, et les intérêts étaient de deux deniers par livre et par mois, soit 10% par an. Au terme d'un an, les objets qui n'avaient pas été retirés étaient vendus publiquement aux enchères.

De nos jours les conditions du prêt sur gage du Crédit municipal sont très proches. Les sommes prêtées fluctuent entre 50 et 60% suivant la valeur estimée des objets et les intérêts entre 4 et 6%.

Les libertés et la justice

- La première décision que prît Louis XVI en montant sur le trône, fut de supprimer le droit de joyeux avènement par l'édit qu'il donna au mois de mai 1774, au château de la Muette, en dispensant ses sujets de l'impôt qui était perçu lors de l'avènement du roi (95).

« Faisons remise à nos sujets du produit du droit qui nous appartient à cause de notre avènement à la couronne. »

- Louis XVI abolit le droit de mainmorte et de servitude par l'édit donné au mois d'août 1779, à Versailles et enregistré en Parlement, le 10 août 1779 (96), dont le titre est :

Édit du roi portant la suppression du droit de mainmorte et de servitude dans les domaines du Roi et dans tous ceux tenus par engagement, et abolition générale du droit de suite sur les serfs et mainmortables.

Article 1er

« Nous éteignons et abolissons dans toute les terres et seigneuries de notre Domaine, la mainmorte, et condition servile, ensemble tous les droits qui en sont des suites et dépendances. Voulons qu'à compter du jour de la publication des présentes, ceux qui dans l'étendue desdites terres et seigneuries, sont assujettis à cette condition, sous le nom d'hommes de corps, de serfs, de mainmortables, de mortaillables, de taillables, ou sous telle autre dénomination que ce puisse être, en soient pleinement et irrévocablement affranchis ; et qu'à l'égard de la liberté de leurs personnes, de la faculté de se marier et de changer de domicile, de la propriété de leurs biens, du pouvoir de les aliéner ou hypothéquer, et d'en disposer entre vifs ou par testament, de la transmission desdits biens à leurs enfants ou autres héritiers, soit qu'ils vivent en commun avec eux ou qu'ils en soient séparés, et généralement en toutes choses, sans aucune exception ni réserve, ils jouissent des mêmes droits, facultés et prérogatives qui, suivant les lois et coutumes appartenant aux personnes franches ; notre intention étant que dans toutes lesdites terres et seigneuries il n'y ait plus désormais que des personnes et des biens de condition franche, et qu'il n'y subsiste aucun vestige de la condition servile ou mainmortable. »

Le droit de mainmorte privait les enfants d'un serf décédé de leur héritage à moins de payer au seigneur une importante contribution, hors la plupart du temps de leur possibilités pécuniaires. Le droit de suite permettait à ce dernier de récupérer un serf en fuite.

En 1779, la France comptait encore un million de serfs sur une population d'environ 24 millions d'habitants [(97)]. Ces serfs étaient principalement situés en Franche-Comté et en Nivernais.

- La question préparatoire fut abolie par l'édit du 24 août 1780 [(98)].

Lors de l'instruction d'un procès criminel, on soumettait l'accusé à la question préparatoire pour lui faire avouer, sous la torture, ses crimes.

- Au mois de janvier 1784, un édit royal exempta du droit de péage corporel tous les juifs du royaume. À l'entrée des grandes ville comme Strasbourg, Rennes ou Lille, les juifs étaient assujettis à une taxe corporelle à l'image du droit de péage perçu sur les marchandises et les animaux [(99)].

« Louis, par la grâce de Dieu, roi de France et de Navarre. À tous présents et à venir, Salut.

Par la vérification des droits de péage que nous serons continuer avec soin, dans la vue d'affranchir, aussitôt que les circonstances le permettront, le commerce des entraves qu'ils y apportent, nous avons reconnu que, suivant plusieurs tarifs et pancartes desdits droits, notamment en Alsace, et à l'entrée de la ville de Strasbourg, les juifs sont assujettis à une taxe corporelle qui les assimile aux animaux ; et comme il répugne aux sentiments que nous étendons sur tous nos sujets, de laisser subsister, à l'égard d'aucun d'eux, une imposition qui semble avilir l'humanité, nous avons cru devoir l'abolir. »

- La corvée fut supprimée par l'édit du mois de février 1776, et la construction et l'entretien des routes qui était son objet principal, furent financés par l'ensemble des propriétaires de biens [(100a)].

Les deux premiers articles de cet édit sont les suivants :

Article 1er

« Il ne sera plus exigé de nos sujets aucun travail, gratuit ni forcé, sous le nom de corvée, ou sous quelque autre dénomination que ce puisse être, soit pour la construction de chemins, soit pour tout autre ouvrage public.»

Article II

« Les ouvrages qui étaient faits ci-devant par corvée, tels que les constructions et entretiens des routes et autres ouvrages nécessaires pour la communication des provinces et des villes entre-elles, se feront à l'avenir, au moyen d'une contribution de tous les propriétaires de biens, fonds ou de droits réels, sujets aux vingtième, sur lesquels la répartition en sera faite à proportion de leur cotisation au rôle de cette imposition. Voulons que les fonds et droits réels de notre Domaine y contribuent dans la même proportion. »

L'édit du 27 juin 1787, précise que la corvée est remplacée par une simple prestation en argent [(100b)].

Article 1er

« À l'avenir, et à commencer de la présente année, tous les travaux relatifs, tant à la confection, qu'à l'entretien des grandes routes et autres ouvrages publics en dépendants, seront exécutés dans tout notre royaume, au moyen d'une prestation ou contribution en argent, représentative de la corvée, que nous avons supprimée et supprimons par ces présentes. »

- Devant la multiplicité des juridictions, qui entraînait des conflits permanents et dispendieux, Louis XVI supprima les tribunaux d'exception par l'édit du mois de mai 1788 [(101)].

« Nous avons résolu de prévenir les conflits de compétence, en réunissant, autant qu'il est possible, les juridictions d'exception à la juridiction principale et universelle, d'améliorer nos finances, de venir même au secours de nos peuples en nous déchargeant de gages, droits, frais d'entretien, et en diminuant les exemptions onéreuses aux contribuables qui supportent les charges publiques ; enfin de rendre aux offices de judicature que nous laisserons substituer, la considération qui leur est due, et que leur trop grande multiplicité ne peut qu'altérer. »

Les impositions

La taille et la capitation étaient des impositions qui touchaient le plus durement le peuple. Dans chaque généralité elles pouvaient subir des augmentations anarchiques qui pénalisaient les populations les plus défavorisées.

Louis XVI décida par l'édit du 13 février 1780, de fixer pour chaque année à partir de 1781, et pour chaque généralité, le montant de la taille et de la capitation [102].

Article 1er

« À compter du département des impositions de 1781, il ne sera plus arrêté en notre Conseil pour les 24 généralités de pays d'élection et pays conquis, qu'un seul brevet général qui comprendra avec la taille, imposition ordinaire ou subvention, suivant les différentes dénominations usitées dans les provinces, les différentes impositions qui se répartissent chaque année au marc la livre d'icelle, ainsi que la capitation, les 4 sols pour livre, additionnels, et les impositions réparties au marc la livre de ladite capitation. »

La religion

- Louis XVI rendit aux protestants leur état civil par l'édit de Versailles, dit de tolérance, du 7 novembre 1787 [103a], qui reconnaissait *« Tous ceux qui ne font pas profession de la religion catholique. »*, révoquant en partie l'édit de Fontainebleau donné par Louis XIV en octobre 1685 [103b], et ainsi formulé :

Édit du roi portant défense de faire aucun exercice public de la religion prétendue réformée dans son royaume.

Depuis la révocation de l'édit de Nantes, les protestants non convertis, n'avaient pas d'existence légale. Leur état civil n'étant pas reconnu, les héritages n'étaient plus possibles. L'édit de Versailles [103a] mettait fin à cet ostracisme en reconnaissant et en enregistrant les actes d'État civil : naissances, mariages et décès.

Article IX

« Il sera au choix des parties contractantes de faire faire lesdites publications, ou par les curés ou vicaires des lieux où elles devront être faites, ou par les officiers de justice desdits lieux, dans la forme ci-après prescrite. »

Cependant l'exercice de leur culte restait toujours interdit aux non catholiques et en particulier aux protestants.

Article III

« N'entendons néanmoins que ceux qui professeront une religion différente de la religion catholique, puissent se regarder comme formant dans notre royaume un corps, une communauté ou une société particulière, ni qu'ils puissent, à ce titre, former en nom collectif aucune demande, donner aucune procuration, prendre aucune délibération, faire aucune acquisition, ni aucun acte quelconque. »

Et il était interdit aux pasteurs d'exercer leur ministère:

Article IV

« Ne pourront non plus ceux qui se prétendraient ministres ou pasteurs d'une autre religion que la religion catholique, prendre ladite qualité dans aucun acte, porter en public un habit différent de celui des autres de ladite religion, ni s'attribuer aucune prérogative ni distinction, leur défendons spécialement de s'ingérer à délivrer aucun certificat de mariage, naissance ou décès, lesquels nous déclarons dès à présent nuls et de nul effet, sans qu'en aucun cas, nos juges ni autres puissent y avoir égard. »

L'édit reconnaissait une égalité de droits et de biens entre tous les sujets de Sa Majesté, mais certaines professions restaient fermées aux non catholiques.

Article 1er

« La religion catholique, apostolique et romaine, continuera de jouir seule, dans notre royaume, du culte public, et la naissance, le mariage et la mort de ceux de nos sujets qui le professent, ne pourront, dans aucun cas, être constatés que suivant les rites et les usages de ladite religion autorisée par nos ordonnances.

Permettons néanmoins à ceux de nos sujets qui professent une autre religion que la religion catholique, apostolique et romaine, soit qu'ils viennent s'y établir dans la suite, d'y jouir de tous les biens et droits qui peuvent ou pourront leur appartenir à titre de propriété ou à titre successif, et d'y exercer leurs commerces, arts, métiers et professions, sans que, sous prétexte de leur religion, ils puissent y être troublés ni inquiétés.

Exceptons néanmoins desdites professions, toutes les charges de judicatures ayant provision, de nous ou des seigneurs, les municipalités érigées en titre d'office et ayant fonctions de judicature et toutes les places qui donnent le droit d'enseignement public. »

La santé

- Les hôpitaux

- *L'hôtel Dieu de Paris*

Suite à l'incendie du 30 décembre 1772, qui détruisit en grande partie l'hôtel Dieu de Paris, il fut décidé par lettres patentes royales données à Versailles au mois de mai 1773, d'agrandir l'hôpital Saint-Louis et de construire une maison de santé en attendant la reconstruction de l'hôtel Dieu au centre de Paris [(104)].

Cette reconstruction fut ordonnée par lettres patentes du 22 avril 1781. Le nouvel édifice était conçu pour accueillir 3 000 malades dans de bonnes conditions d'hygiène [(105)].

« Nous nous sommes donc bornés à faire disposer cet hôpital, de manière qu'il pût contenir au moins 3 000 malades, seuls dans un lit, et placés dans des salles séparées, suivant les principaux genres de maladies, et en observant encore, que les hommes et les femmes soient mis dans des corps de logis distincts, et qu'il y ait des promenades et des salles particulières pour les convalescents ; et nous avons vu avec satisfaction, à la suite d'un travail que nous avions ordonné, que toutes ces dispositions pouvaient être parfaitement remplies ; mais notre intention est qu'on ne procède que graduellement à leur exécution, afin de ne point gêner ni arrêter le service. »

- *Les infirmeries dans les asiles de pauvres*

Il fut décidé par l'édit du 22 juillet 1780, [(106a)] d'entreprendre la construction d'infirmeries dans les maisons d'asile pour pauvres de la Salpêtrière, de Bicêtre et de la Pitié pour soigner sur place les malades qui étaient auparavant envoyés à l'hôtel Dieu.

Des loges pour accueillir les aliénés et les épileptiques furent aussi édifiées à la Salpêtrière.

Le financement de ces nouvelles constructions fut assuré par des droits d'octroi sur les vins, liqueurs et bois, entrant dans Paris, par la déclaration du roi du 13 juillet 1786. Ces droits étaient de 20 sols par muid de vins et liqueurs, et 6 sols par voie de bois [(106b)].

Cette nouvelle imposition qui finançait aussi l'hôpital général et celui des enfants trouvés perdura jusqu'à la Révolution.

- *La maison royale de santé pour les militaires et les ecclésiastiques*

Par lettres patentes du mois de mars 1781, il fut acquis une maison royale de santé en faveur des militaires et des ecclésiastiques (107) :

Article 1er

« Nous avons permis et permettons auxdits religieux de l'ordre de la Charité, établis dans notre bonne ville de Paris, d'acquérir une maison et jardin en dépendant, situés au petit Mont-rouge, ainsi que deux pièces de terre attenant au mur de clôture de ladite maison ; le tout contenant sept arpents et demi, et demi quartier de terre, ou environ, et de construire sur ledit terrain les bâtiments nécessaires pour former un établissement qui sera dénommé Maison royale de santé, le tout suivant le plan dressé par le sieur Antoine, notre architecte, et ci-attaché sous le contre scel de notre chancellerie. »

Cette maison de santé était tenue par les religieux de l'ordre de la Charité et avait été dotée par le trésor royal d'un capital de 250 000 livres qui produisait, au taux de 4%, 10 000 livres de rente par an. Ces revenus permettaient de soigner gratuitement 12 malades, 6 ecclésiastiques et 6 militaires, ainsi que de pourvoir à l'entretien de la maison.

- *L'hôpital Necker* (108)

En prenant conscience que l'hôpital général était loin d'apporter une réponse satisfaisante à la prise en charge des malades par manque de places, de financement et de soins de qualité, l'épouse de Jacques Necker, Suzanne Curchod, demanda à son mari d'user de son influence pour proposer au roi la construction et le financement d'un nouvel hôpital où les malades seraient accueillis selon les nouveaux concepts d'hygiène qui commençaient à voir le jour (108).

Cette proposition fut bien reçue par Louis XVI qui accorda le 5 septembre 1778, une somme de 42 000 livres pour établir un nouvel hôpital.

Un montant identique serait dégagé chaque année sur les fonds de la loterie royale pour assurer l'établissement de 120 lits où les malades devraient être seuls par lit.

En 1778, l'hôpital pris place dans la grande maison des sœurs bénédictines, de la communauté de Notre-Dame-de-Liesse, qui possédaient près du village de Vaugirard, un terrain connu sous le nom de Jardin de l'Olivet. L'hôpital accueillit les premiers malades le 27 septembre 1778, et Mme Necker en assura la direction jusqu'en 1788 [108].

Cet hôpital reçut les noms successifs de :

- Hospice de charité des paroisses Saint-Sulpice et du Gros Caillou.
- Hospice de l'Ouest.
- Hôpital Necker.

- *Les hospices pour personnes atteintes de maladies vénériennes ou contagieuses*

- Par lettres patentes, données au mois de mai 1781, Louis XVI ordonna la création d'un hospice pour soigner les nouveau-nés atteints à leur naissance de maladies vénériennes ou contagieuses [109].

« Autorisons lesdits directeurs et administrateurs à acquérir incessamment, pour et au nom de l'hôpital des enfants trouvés, dans la proximité de notre bonne ville de Paris, un lieu, qui par les bâtiments et emplacements, puisse être rendu propre à recevoir tous les enfants qui, à mesure qu'ils seront amenés audit hôpital, seront reconnus, soit par la visite et inspection, soit par les témoignages des accoucheurs et sages-femmes, pouvoir être atteint de maladies communicables, à l'effet d'y être nourris et élevés sans nourrices et avec du lait, en employant toutes les précautions nécessaires pour leur conserver la vie et prévenir toute contagion. ».

- Par celles données au mois d'août 1785[110], il déclara.

Article 1er

« Voulons que dans l'un des faubourgs de notre bonne ville de Paris, il soit incessamment formé un établissement public, dans lequel seront admis et traités gratuitement, à l'avenir, les pauvres de tout âge, de l'un et de l'autre sexe, attaqué du mal vénérien, et qui sont présentement admis et traités, tant dans la maison de Bicêtre, qu'en l'hospice établi à Vaugirard, en exécution de nos lettres patentes du mois de mai 1781. Voulons que ledit hospice soit et demeure réuni et incorporé audit établissement. »

- *L'hôpital royal des Quinze-vingt*

Louis XVI décida par l'édit qu'il donna au mois de décembre 1779, de transférer l'hôpital des Quinze-vingt, situé rue Saint-Honoré, en un lieu plus vaste, occupé autrefois par l'hôtel de la compagnie des mousquetaires noirs, rue de Charenton [111].

- Création de la société royale de médecine

Par lettres patentes données au mois d'août 1778, Louis XVI fonda la société royale de médecine [112], et par celles du 1er février 1780, lui donna un règlement [113].

Joseph Lieutaud fut nommé président de la Société, et François de Lassone, vice-président et inspecteur général. Tous deux étaient les premiers médecins de Louis XVI.

Félix Vicq d'Azir en était le secrétaire perpétuel.

L'hygiène et la salubrité

Par l'acte royal du 1er janvier 1786, Louis XVI ordonna un règlement sur l'ordre, la propreté et la salubrité à maintenir à bord des vaisseaux afin de prévenir les épidémies qui décimaient les équipages de la marine royale et notamment le scorbut [114].

Dans l'article 14, il donne la composition du breuvage antiscorbutique de Colbert.

Article 14

« On embarquera aussi un supplément de rafraîchissements outre ce qui compose les coffres de médicaments, du vinaigre, de l'eau-de-vie, de la cassonade et de l'extrait de citron, tant pour la composition du breuvage de Colbert que pour celle du punch antiscorbutique, indiqué dans les formules. »

- Toxicité des métaux comme le plomb et le cuivre

Louis XVI qui avait de bonnes connaissances en chimie, a été à même de reconnaître la toxicité de certains composés, et notamment des métaux et des sels métalliques chez l'homme. Il a ordonné par ses déclarations du 13 juin 1777 et du 5 février 1787, d'interdire le plomb et le cuivre qui pourraient se trouver au contact des denrées alimentaires [115a, 115b].

La déclaration de 1777, a pour titre [115a] :

Déclaration qui ordonne les comptoirs des marchands de vin, revêtu de plomb ainsi que les vaisseaux de cuivre dont se servent les laitières et les balances de même métal qu'emploient les régatiers de sel et les débitants de tabac, seront supprimés.

Et celle de 1787 [115b] :

Lettres patentes portant défense d'introduire dans les vins, cidres et autres boissons quelconques, la céruse, la litharge ou toutes autres préparations de plomb et de cuivre.

On sait que l'ingestion de plomb conduit au saturnisme, maladie grave qui attaque le système nerveux central, et que le cuivre provoque de sévères intoxications.

La céruse est le carbonate basique de plomb de formule : $Pb(OH)_2$, $2PbCO_3$, et la litharge, l'oxyde de plomb : PbO. Ces deux sels ont une saveur légèrement sucrée et servaient à corriger l'acidité des vins et des cidres. À noter que l'acétate de plomb était appelé *sucre de Saturne* par les anciens chimistes.

- *La fermeture du cimetière des innocents* [116]

Devant les réclamations incessantes des riverains du cimetière des innocents qui se plaignaient de respirer un air putride, propre au développement des épidémies, un arrêt du parlement décida le 4 septembre 1780, la fermeture du cimetière et de ne plus inhumer à partir du 1er novembre suivant. Au mois d'octobre 1785, le lieutenant-général de police, M. de Crosne, demanda à la société royale de Médecine de réfléchir sur les moyens à prendre pour procéder aux exhumations, et de trouver un lieu convenable pour recueillir les innombrable dépouilles qui remplissaient les fosses depuis des centaines d'années. L'emplacement libéré devait recevoir le marché aux herbes et aux légumes.

Les carrières de pierre de la plaine de Montrouge, près de la Tombe Issoire, reçurent dans leurs galeries souterraines les millions d'ossements exhumés pendant deux ans, de 1785 à 1787.

- *L'épizootie de 1774-1776 chez les bovins*

Au mois de mai 1774, une maladie contagieuse se répandit dans les élevages de bovins du sud-ouest de la France. Cette maladie que l'on appela *peste bovine* décima une grande partie des troupeaux, entraînant la perte de 150 000 têtes de bétail, jusqu'à son extinction en avril 1776 [117].

Le 18 décembre 1774, un arrêt du conseil du roi ordonna pour enrayer cette maladie d'abattre dans tous les villes et villages, les dix premières bêtes qui seront reconnues malades par les vétérinaires agréés, et d'enterrer les carcasses avec de la chaux vive [118]. Un arrêt du 30 janvier 1775, étendit cette décision à tous les animaux malades, avec interdiction de prélever leurs peaux [(119a)].

L'ordonnance du 1er novembre 1775 donnait à la troupe le pouvoir d'intervenir pour faire respecter les précédents arrêts [(119b)].

« Les troupes du roi, feront dans les métairies, étables, écuries, granges et autres lieux où les bestiaux pourraient être renfermés, toutes visites et perquisitions qui seront jugées nécessaires, ainsi qu'il leur sera ordonné par les commandants en chef, ou officiers qu'ils en auront chargés. Il est ordonné aux troupes, d'employer la force en cas de résistance, et ceux qui auraient fait résistance, seront jugés selon la rigueur des ordonnances, par l'intendant et commissaire départi, conformément à l'arrêt du Conseil d'État du roi, de ce jour. »

Vicq d'Azir, à qui fut confié par l'Académie des sciences la mission de trouver les moyens de lutter contre cette épizootie, préconisa de désinfecter les étables par des fumigations d'acide chlorhydrique gazeux, obtenu par la réaction de l'acide sulfurique sur le sel marin.

Par ces arrêts le trésor royal s'engageait à payer aux éleveurs, le tiers de la valeur du cheptel abattu.

L'enseignement

- Création de l'école des mines

Pour pallier le manque de formation des personnes dirigeant les mines, et leurs collaborateurs, Louis XVI créa l'école des mines par l'arrêt du Conseil d'État, donné le 19 mars 1783 [(120)]. En préambule, l'arrêt déclare que :

« Sa Majesté a reconnu que ce n'était pas assez de donner des encouragements à ceux qui voudraient se livrer à la recherche et exploitation des minéraux, qu'il fallait encore former des sujets pour conduire les ouvrages avec autant de sûreté que d'économie. C'est par ces motifs que Sa Majesté a résolu d'établir une école des mines, à l'instar de celle qui a été établie avec tant de succès, sous le règne du feu roi, pour les ponts et chaussées. »

Article Ier

« Il sera incessamment nommé deux professeurs pour enseigner les sciences relatives aux mines et à l'art de les exploiter. »

Article II

« L'un des professeurs sera chargé d'enseigner la chimie, la minéralogie et la docimasie. L'autre professeur engeignera la physique, la géométrie souterraine, l'hydraulique, et la manière de faire avec le plus de sûreté et d'économie les percements, et de renouveler l'air dans les mines, pour y entretenir la salubrité. Il fera aussi connaître les machines nécessaires à leur exploitation, et la construction des fourneaux. »

Article III

« Le cours d'étude sera de trois années, les leçons seront de trois heure, et chacun des professeurs en donnera trois par semaine, depuis le 1er novembre jusqu'au 1er juin. »

- *Création d'un corps d'ingénieurs en instruments d'optique, de physique et de mathématique*

Par lettres patentes données le 7 février 1787, Louis XVI créa un corps d'ingénieurs capables de concevoir et de construire de nouveaux instruments d'optique, de physique et de mathématique [(121)].

Article Ier

« Il sera par nous, fait choix parmi les artistes qui nous seront présentés par l'Académie des sciences, comme s'étant le plus distingués dans la fabrication des instruments d'optique, de mathématique, de physique, et autres ouvrages à l'usage des sciences, du nombre de 24 sujets au plus, lesquels formeront entre eux un corps, et jouiront des droits, privilèges et facultés ci-après énoncés, sous la dénomination d'ingénieurs en instruments d'optique, de mathématique, de physique et autres ouvrages à l'usage des sciences. »

Article IV

« Lesdits ingénieurs jouiront de la faculté de faire fabriquer et vendre librement tous les instruments d'optique, de mathématique et de physique, ainsi que les diverses pièces dont lesdits ouvrages sont composés, pour la fabrication desquels ils pourront employer toutes sortes de matières, et se servir de toute espèce d'outils sans aucune exception. »

L'économie

- Suppression des jurandes et communautés de commerce, arts et métiers.

L'exercice des différents métiers était entièrement sous la dépendance des maîtres réunis en communauté. Nul, s'il n'était maître, pouvait fabriquer ou vendre des objets d'art ou de nécessité ainsi que toutes autres sortes de marchandises.

Louis XVI abolit cet état par l'édit qu'il donna au mois de février 1776 (122).

Article Ier

« Il sera libre à toutes personnes, de quelques qualité et condition qu'elles soient, même à tous les étrangers, encore qu'ils n'eussent point obtenu de nous des Lettres de naturalité, d'embrasser et d'exercer dans tout notre royaume, et notamment dans notre bonne ville de Paris, telle espèce de commerce, et telle profession d'arts et métiers que bon leur semblera, même d'en réunir plusieurs. À l'effet de quoi nous avons éteint et supprimé, éteignons et supprimons tous les corps et communautés de marchands et artisans, ainsi que les maîtrises et jurandes.

Abrogeons tous privilèges, statuts et règlements donnés aux dits corps et communautés, pour raison desquels nul de nos sujets ne pourra être troublé dans l'exercice de son commerce et de sa profession, pour quelque cause et sous quelque prétexte que ce puisse être. »

- Création d'une manufacture royale d'horlogerie.

Le 17 janvier 1787, Louis XVI donna au sieur François Jean Bralle des lettres patentes lui permettant d'ouvrir à Paris, une manufacture royale d'horlogerie, avec pour mission la formation d'ouvriers horlogers capables de faire progresser l'art de l'horlogerie dans ses application scientifiques avec notamment la fabrication de montres de marine destinées à déterminer avec précision la longitude, suite aux travaux de Ferdinand Berthoud et de Pierre Leroy. Le trésor royal s'engageait à prendre à sa charge l'instruction et l'éducation des apprentis (123).

« Ordonnons qu'il soit payé au sieur Bralle, tous les quatre ans, pendant l'espace de vingt années, par forme de gratification et encouragement, une somme de 4 000 livres, pour l'indemniser des frais et dépenses que lui occasionneront l'instruction et l'éducation de ses apprentis, et à la charge pour lui d'en présenter à l'expiration du délai ci-dessus, quatre parfaitement instruits dans toutes les parties de l'horlogerie. »

- Libéralisation du commerce des grains

Par l'arrêt du 13 septembre 1774, Louis XVI, sur le conseil de Turgot, libéra le commerce des grains et des farines dans tout le royaume [(124)]. La spéculation qui s'en suivit et la mauvaise récolte de l'été 1774, provoqua une hausse du prix du pain. La disette s'installa et provoqua de nombreuses émeutes populaires en avril et mai 1775, que l'on nomma, *guerre des farines*. Louis XVI dut faire intervenir l'armée pour rétablir l'ordre, et fut contraint de retirer son édit.

Contre toute attente, et sans tenir compte des conséquences désastreuses de son édit de 1774, Louis XVI, libéra à nouveau le commerce des grains, le 17 juin 1787 [(125)]. La hausse du prix des grains fut immédiate, et les très mauvaises conditions climatiques des années, 1787 et 1788, firent s'envoler le prix du pain qui subit une hausse spectaculaire de 40% entre les mois d'août 1788 et février 1789.

L'agriculture

- Introduction de la pomme de terre en France

En agronomie, Louis XVI favorisa les travaux de Parmentier [(126)] qui préconisait la consommation de pommes de terre pour palier les disettes. Il mit à sa disposition deux arpents de terrain[*] dans la plaine des Sablons, réputée peu fertile, pour faire une culture expérimentale. La récolte dépassa les espérances, et Louis XVI pour honorer son découvreur et pour vaincre les préjugés liés à ce tubercule, alla même jusqu'à en faire servir à sa table et à en porter les fleurs à sa boutonnière.

L'urbanisme

- Travaux d'urbanisme à Paris

Louis XVI, par l'édit qu'il donna au mois de septembre 1786, ordonna de grands travaux pour embellir et assainir la capitale en démolissant notamment les maisons qui encombraient les ponts [(127)]. L'édit donne en préambule les actions à mener:

---

[*] Environ 5 000 m^2

« Édit du roi, qui ordonne la démolition des maisons construites sur les ponts de la ville de Paris (pont-au-change), sur les quais et rues de Gêvres, de la Pelleterie, et autre rues adjacentes des deux côtés de la rivière, conformément au projet arrêté en 1769. La construction d'un pont en face de la place Louis XV, celle d'une nouvelle salle d'opéra, le parachèvement du quai d'Orsay, et autres objets relatifs à l'utilité publique, à la salubrité et à l'embellissement de la capitale.

Autorise en conséquence les prévôts des marchands et échevins de ladite ville de Paris, à constituer douze cents mille livres de rentes perpétuelles à 4%, avec tirage de primes de dix mille lots. »

Il était prévu que l'indemnisation des propriétaires expropriés, et le financement des travaux serait assuré par un emprunt de 30 millions de livres

Article XVII

« Pour subvenir à l'exécution des dispositions ci-dessus, ainsi qu'à la construction d'une nouvelle salle d'Opéra, suivant ce qui sera par nous déterminé, lesdits prévôt des marchands et échevins de la ville de Paris, seront et demeureront autorisés, par notre présent édit, à emprunter la somme de trente millions en constitutions de rentes perpétuelles au denier vingt-cinq, faisant douze cents mille livres de rentes, qui seront exemptes de toutes retenues présentes ou à venir, et spécialement affectées sur la somme annuelle de douze cents mille livres que nous déléguons à ladite ville, sur le produit de nos fermes générales, ainsi qu'il sera dit ci-après. »

Article XVIII

« Sur ladite somme de trente millions formant le montant dudit emprunt, il sera gardé dès à présent, trois millions dans la caisse de la ville, pour être employés : savoir :

- Douze cents mille livres à l'acquisition et à la démolition des maisons du pont-au-change et autres objets, suivant l'ordre dans lequel ils sont rappelés à l'article 1er.
- Douze cents mille livres pour commencer la construction du pont vis-à-vis la place Louis XV, et,
- Six cents mille livres pour l'acquisition des maisons nécessaires à l'établissement du marché de détail, vis-à-vis la nouvelle halle à la marée. »

- Par lettres patentes données au mois de mai 1784[(128)], Louis XVI ordonna la démolition des échoppes, construites de façon anarchique sur les rues, les quais, les places, les marchés et les ponts de la ville et faubourgs de Paris, et qui nuisaient à la circulation des voitures et des gens de pied.

- La déclaration royale du 10 avril 1783, règlementait l'alignement et les ouvertures des rues de Paris [(129)].

Article Ier

« Ordonnons qu'à l'avenir, et à compter du jour de l'enregistrement de la présente déclaration, il ne puisse être, sous quelque prétexte que ce soit, ouvert et formé en la ville et faubourgs de Paris aucune rue nouvelle, qu'en vertu des lettres patentes que nous aurons accordées à cet effet, et que lesdites rues nouvelles ne puissent avoir moins de trente pieds de largeur. Ordonnons pareillement que toutes les rues dont la largeur est au-dessous de trente pieds, soient élargies successivement à fur et à mesure des reconstructions des maisons et bâtiments situés sur lesdites rues. »

- Par lettres patentes du 25 août 1784, Louis XVI ordonna de fixer la hauteur des maisons et bâtiments de la ville et des faubourg de Paris [(130)].

Article Ier

« Ordonnons qu'à l'avenir, la hauteur des façades des maisons et bâtiments, en la ville et faubourgs de Paris, autres que celles des édifices publics, sera et demeurera fixée à raison de la largeur des différentes rues ; savoir, dans les rues de trente pieds de largeur et au-dessus, à cinquante-quatre pieds ; dans les rues depuis vingt-quatre jusques et y compris vingt-neuf pieds de largeur, à quarante-cinq pieds, et dans toutes celles au-dessous de vingt-trois pieds de largeur, à trente six pieds ; le tout mesuré du pavé des rues, jusques et y compris les corniches ou entablements, même les corniches des attiques, ainsi que la hauteur des étages en mansarde, qui tiendraient lieu desdits attiques. Voulons que les façades, ci-dessus fixées, ne puissent jamais être surmontées que d'un comble, lequel aura dix pieds d'élévation, du dessus des corniches ou entablement jusqu'à son faîte, pour les corps de logis simples en profondeur ; de quinze pieds pour les corps de logis doubles ; défendons d'y contrevenir, sous quelque prétexte que ce soit, sous les peines portées par notre déclaration du 10 avril 1783. »

Louis XVI, l'artiste et le savant.

En 1791, Louis XVI fit le portrait de son fils, le futur Louis XVII. Ce dessin à la mine de plomb rehaussé de gouache blanche, sur papier ocre, de 16 cm sur 14, est signé en bas à droite ; *Louis patre regeque (Louis père et roi).*

Louis XVII en 1791, à l'âge de six ans

Il aurait été enlevé de son cadre le 10 août 1792, lors de l'attaque des Tuileries, et conservé dans la famille d'un défenseur du château jusqu'au 2 juin 1999, date à laquelle il a été vendu à l'Hôtel Drouot de Paris pour la somme de 60 000 francs [132].

Alors qu'il était encore dauphin, il avait dessiné à l'encre de chine, une scène représentant un lion et une lionne. Exposé dans un cadre doré de 10 pieds sur 9, ce dessin décorait l'ancienne pièce du café de Louis XV, devenue cabinet de menuiserie sous Louis XVI [14].

Le bibliophile

Louis XVI avait une véritable passion pour les livres et la lecture. L'un des premiers travaux qu'il fit entreprendre sous son règne fut la création d'une bibliothèque dans l'ancien salon des jeux de Louis XV. Gabriel conçut un décor élégant et raffiné et Antoine Rousseau le réalisa. Adossées aux murs, de grandes armoires vitrées étaient garnies de livres précieux reliés en maroquin rouge aux armes du roi et les portes, dissimulées par de faux dos de livres, dûs au libraire Fournier, contribuaient à l'unité de l'ensemble [12]. De nos jours cette pièce a retrouvé la plus grande partie de ses meubles, et on peut toujours admirer la magnifique table ronde en acajou de Sainte-Lucie, œuvre de Riesener, au plateau d'un seul tenant d'un diamètre de 2,10 m, ainsi que le secrétaire à cylindre attribué à Rœntgen et la somptueuse commode due à Riesener, acquise en 1999 dans une vente publique chez Christie's à Londres pour la somme de 64 millions de francs (ou 10 millions d'euros) [133]. Louis XVI aimait recevoir ses hôtes de marque dans cette bibliothèque qui lui servait plus de pièce d'apparat, que de salle de lecture.

La bibliothèque d'apparat de Louis XVI, au 1er étage du palais. (Photo RMN)

L'inventaire révolutionnaire de 1792, [134] donne une description précise des meubles et notamment de la table ronde, de la commode de Reisener, du superbe lustre en cristal de roche et d'autres objets de décoration tels qu'un biscuit de Sèvres représentant la descente de croix et six biscuits de porcelaine de Sèvres, représentant Lafontaine, Molière, Daguesseau, Montesquiou, le président Molet et Corneille.

- Une commode de forme antique à dessus de marbre sarrancolin de 5 pieds de long, 23 pouces de profondeur sur 25 pouces de hauteur, à 5 tiroirs à panneaux renfoncés dont trois petits pris dans la frise et les faces d'érable vert. Les deux autres tiroirs, placés l'un au-dessus de l'autre sont égaux, régnants sur toute la longueur de la commode. Les faces forment 3 panneaux et celui du milieu représente un socle de forme antique dont le fond de bois gris est orné d'un vase et d'une corbeille de fleurs et de fruits, les deux autres panneaux contigus à ceux des côtés de ladite commode ont les fonds aussi de bois gris à quadrille ou losanges de bois satiné. Tous les panneaux, les faces des pieds à pans coupés et les ressauts plaqués de bois d'amarante. Ladite commode ornée de quarts de rond dont un ciselé d'ornements, l'autre à moulure unie, d'une frise composée d'enroulements et entrelacs de feuilles, genre arabesque en trois parties : de cinq cadres à deux ornements, deux guirlandes de feuilles de laurier, 4 anneaux mobiles à rosaces, un grand rinceau, deux bouts de baguettes ciselées d'ornements aux deux côtés du dit rinceau, 4 chutes et 4 forts chaussons. Ces 8 pièces à feuilles d'ornements et 4 petits cadres oblongs sur les faces des pieds. Le tout de bronze doré d'or moulu 3 600 livres.

La commode de Riesener, dans la bibliothèque de Louis XVI. (Photo RMN)

- Une table ronde de bois d'acajou de 6 pieds, 4 pouces de diamètre (2,06 m) portée sur 6 pieds ronds à gaine cannelée avec ornements de cuivre ciselés et dorés, le pourtour orné d'un cercle de cuivre, la frise en cinq parties formant cinq panneaux, encadré chacun d'une moulure de cuivre avec chausson en rosaces de cuivre doré, ladite table de 28 pouces de haut (76 cm) 4 000 livres

- Un lustre de cristal de roche, monture argentée, à 12 lumières, bassin et bobèche en cristal de roche, 6 pyramides d'un pied, 6 obélisques de 10 pouces, 3 obélisques de 7 pouces ½. Les pièces de cristal de roche et poires depuis 4 jusqu'à 7 pouces de hauteur, une poire de dessus de 7 pouces de haut sur 6 pouces de diamètre, une poire en dedans de 3 pouces ½ de diamètre sur 6 pouces de haut. Ledit lustre de 5 pieds (1,62 m) de haut, tout monté, sur 34 pouces de diamètre (92 cm) 30 000 livres

On peut comparer le prix de la commode de Riesener qui fut estimée à 3 600 livres en 1792, avec celui de 64 millions de francs (ou environ 10 millions d'euros), atteint lors de la vente de 1999.

Pour situer les prix, il faut savoir qu'en juin 1792 un colonel de la garde à pied du roi touchait par mois une solde de 750 livres et un garde, 35 livres [(75)]. En 1792 la commode de Riesener représentait environ cinq mois de solde d'un colonel de la garde. De nos jours le salaire d'un colonel de l'armée de terre ne dépasse pas 5 000 euros par mois en fin de carrière [(135)], ce qui correspond, aujourd'hui à 2 000 mois (ou 167 ans) de solde, pour la commode de Riesener

Par contre le lustre, en cristal de roche fut estimé à 30 000 livres, soit huit fois plus que la commode.

De nombreuses porcelaines décoraient cette bibliothèque :

Sur la commode

- Un groupe biscuit de Sèvres représentant la descente de croix de 22 pouces de haut à 1 200 livres
- Un pot à l'eau et sa cuvette de porcelaine de Sèvres avec charnière en vermeil 72 livres

Sur la grande table

- Un grand vase de porcelaine de Sèvres, fond blanc et or, rempli de fleurs en porcelaine blanche, les anses du vase formées par deux têtes de satyre en or et guirlandes de fleurs dans son châssis en glace, garni de son pied, montant et traverses de cuivre doré de 33 pouces de haut sur 18 pouces carré. 3 000 livres

- Six biscuits de porcelaine de Sèvres, représentant, savoir :
Lafontaine, Molière, Daguesseau, Montesquiou, le président Molet et Corneille, sur leur pied, savoir :
Celui de Lafontaine, en cuivre doré, or moulu.
Celui de Daguesseau, en bronze verdâtre avec ornements dorés.
Les quatre autres, de bois peint en marbre à 480 livres pièce 2 880 livres

Sur l'appui de la bibliothèque

- 3 biscuits représentant des guerriers dessus leur pied de bois peint en marbre de 21 pouces de hauteur totale à 480 livres 1 440 livres

2 corbeilles à fleurs en deux parties de forme ovale, fond blanc et en porcelaine de Sèvres de 7 pouces de haut sur 7 pouces de large à 480 livres 960 livres

- Et d'autres pièces de décoration

Deux globes, l'un céleste et l'autre terrestre sur lesquels sont gravés en relief les signes du zodiaque et différents sujets de la fable, soutenus par deux hercules de plâtre, couleur de bronze sur leur pied de bois noirci à 4 pieds ½ de haut. Les cercles en horizon en cuivre. 3 000 livres

Deux petites pendules à sphères dont une à 3 cadrans d'émail, sous verre, dans leur pied de marbre bleu turquoise avec un rang de perles autour.

Un marchepied en bois d'acajou à 2 rampes, ayant 9 marches, au haut duquel est un fauteuil dont le fond est en canne, ayant un crochet à chaque côté.

Une grande lunette d'approche couverte en chagrin.

En fait la véritable bibliothèque où Louis XVI étudiait était celle qui est située sous les combles, au-dessus de la salle du Conseil, et qui s'ouvre sur les cours de marbre et des cerfs. Réalisée sous Louis XV en 1764, elle était sobrement décorée. Les rayonnages peints en blanc étaient fermés par de simples portes grillagées sans aucun vitrage. Rapidement elle devint insuffisante et fut agrandie en 1783, en la réunissant à l'ancien cabinet de Louis XV qui occupait l'angle nord-ouest de la pièce, puis en 1785, la pièce attenante, qui était en 1751 une salle de bains, fut transformée en premier supplément de bibliothèque et enfin en 1787, devant l'afflux toujours constant de livres, le cabinet de physique de Louis XVI devint le second supplément de bibliothèque

Cette grande bibliothèque était la pièce où Louis XVI aimait se retirer, là, loin du bruit et du monde de la Cour, il pouvait s'adonner seul, à sa passion des livres et de la géographie.

Les trois grandes fenêtres donnant sur la cour de marbre et celle ouverte sur la cour des cerfs, rendent cette pièce très lumineuse et permettaient au roi, une lecture aisée et confortable.

Le meuble le plus emblématique de cette bibliothèque, est le grande table à six pieds que Louis XVI avait spécialement commandé en 1785, à l'ébéniste Jean-Baptiste Limone, pour pouvoir déployer et consulter ses grandes cartes de marine.

L'inventaire de 1792, [134] nous en donne la description suivante :

- Un grand bureau de bois d'acajou, le dessus couvert de maroquin vert à dentelle d'or imprimée, porté sur six pieds carrés à gaine avec 4 tiroirs sur la longueur de chaque côté, avec un grand à chaque bout, orné de sabots et chapiteaux à moulures unies. Entrées et anneaux de bronze, dorés d'or moulu. Long de 12 pieds (3,90 m) sur 5 pieds, 8 pouces, 6 lignes de large (1,85 m) sur 26 pouces de haut (70,4 cm) 1 260 livres

Et un magnifique bureau de bois violet
- Un bureau de bois violet, cintré, couvert de maroquin vert, encastré, avec quart de rond de bronze, doré d'or moulu uni, ornements et moulures contournés de branches de palmiers et ayant à chaque bout les chiffres du roi sur cartouche, accompagnée de feuilles et graines d'olivier, le tout aussi de bronze d'or moulu ainsi que les entrées des 3 serrures et les chaussons des pieds. Ledit bureau de 4 pieds de long sur 26 pouces ½ de profondeur et 28 pouces de haut. 240 livres

La bibliothèque des combles de Louis XVI. (Photo RMN)

L'histoire de cette table et de son retour au château de Versailles est remarquable. Lors de la saisie et la vente du mobilier royal sous la

Révolution, elle aurait été affectée au Comité de salut public qui siégeait dans l'ancien collège des Quatre Nations, devenu par la suite, l'Institut de France, et n'en aurait plus bougé.

En 2011, la direction du château de Versailles proposa à l'Institut de France, d'échanger cette table contre un bureau plat, commandé en 1715, par le prince de Condé, pour son château de Chantilly, à l'ébéniste André Charles Boulle. l'Institut de France étant aujourd'hui propriétaire du Château de Chantilly [(136)].

En 2016, cette table retrouva son lieu d'origine [(136)].

Cette bibliothèque renfermait des milliers d'ouvrages, certains étaient anciens, mais la plus grande partie provenait d'achats que Louis XVI faisait régulièrement auprès de ses libraires François Ambroise Didot et Pierre Blaizot, le *libraire ordinaire du roi* qui avait sa boutique au n° 5 de la rue de Satory à Versailles (aujourd'hui n° 9) [*]. Pierre Blaizot fournissait au roi non seulement tous les nouveaux livres qui l'intéressait, mais aussi, à sa demande, tous les pamphlets et libelles que l'on publiait sur lui [(137a)].

François Ambroise Didot, dit Didot l'aîné, avait été le premier imprimeur à utiliser le papier vélin pour des ouvrages précieux tels que la bible en huit volumes quc Louis XVI lui avait achetée en 1787, pour 1 600 livres et en 1788, les quatre volumes de l'histoire naturelle pour 1 000 livres [(137b)].

En 1795, suite à la confiscation des biens des émigrés et de la famille royale, la Convention procéda à un inventaire complet de leurs bibliothèques. Pour le district de Versailles, le citoyen Buffy, membre de la commission des arts du département de la Seine-et-Oise, rédigea le catalogue en dix-neuf volumes des bibliothèques des châteaux de Versailles, de Trianon et de Bellevue ainsi que celles de riches particuliers qui avaient émigré.

La Bibliothèque nationale de Versailles (aujourd'hui municipale) fut créée à partir de ce fond, mais les ouvrages les plus rares furent remis à la Bibliothèque nationale qui avait succédé à la Bibliothèque royale.

La bibliothèque de l'Arsenal conserve les inventaires manuscrits des bibliothèques de Louis XVI à Versailles (Ms 5389 et Ms 5391) et de Marie-Antoinette à Trianon et à Versailles (Ms 5391) ainsi que celles de certains membres de la famille royale (le comte de Provence,

---

[*] En février 1779, Louis XVI règle à Blaizot une note de 2 350 livres pour neuf mois d'achat de livres, en avril 1780, il lui paye 1 780 livres pour une période d'un an [(17)].

Ms 5385 ; Madame Victoire, Ms 5390 ; Madame Élisabeth et la comtesse de Provence, Ms 5391 ; Madame Adélaïde, Ms 5392).

En ce qui concerne la bibliothèque de Louis XVI, le premier manuscrit à pour titre : Catalogue des livres provenant de chez Louis Capet, condamné, district et commune de Versailles ; dépôt C. Le second contient les inventaires ayant pour titres :

1. Catalogue des livres provenant de chez Louis Capet, district et commune de Versailles ; dépôt B.
2. Catalogue des livres provenant de chez la femme Capet, au petit Trianon.
3. Catalogue des livres provenant de chez la femme Capet, à Versailles.
4. Catalogue des livres provenant de chez les pages.
5. Catalogue des livres provenant de chez la fille Élisabeth.
6. Catalogue des livres provenant de chez la femme L-S-X Capet [*], émigré.

Le premier catalogue des livres des bibliothèques de Louis XVI fait mention de 7 862 volumes (Ms 5389) et le second (Ms 5391) de 3 652 volumes, soit un total de 11 514 volumes. Ces livres ont été classés selon l'habitude de l'époque en différentes rubriques, à savoir :

1. Ouvrages classés par ordre alphabétique d'auteurs :	6 082 volumes
2. Théologie :	182 volumes
3. Histoire :	1931 volumes
4. Jurisprudence :	431 volumes
5. Sciences et arts :	1376 volumes
6. Belles lettres :	465 volumes
7. Ouvrages en allemand :	8 volumes
8. Ouvrages en anglais :	419 volumes
9. Ouvrages en espagnol :	81 volumes
10. Ouvrages en italien :	87 volumes
11. Manuscrits :	452 volumes

À titre de comparaison la bibliothèque de Voltaire à Ferney ne comprenait qu'environ 7 500 volumes [(138)].

[*] Marie Joséphine de Savoie, épouse de **L**ouis **S**tanislas **X**avier, comte de Provence.

L'inventaire fait également mention de liasses de journaux et de périodiques dont un certain nombre en anglais.

La plus grande partie des ouvrages classés par auteurs se rapporte aux sciences, à la médecine, à l'histoire et à la géographie ainsi qu'aux voyages et aux expéditions lointaines, maritimes ou terrestres.

Buffy, l'auteur de cet inventaire à la calligraphie parfaite manquait visiblement d'érudition et ne devait pas pratiquer l'anglais car on relève dans sa liste de savoureuses erreurs, tant sur les auteurs, que sur les titres ; par exemple le *Pantagruel* de Rabelais est attribué à *Alcofibras. The aventures of Telemachus* seraient l'œuvre de *Cambray* ! (Fénelon était archevêque de Cambrai) et Shakespeare est estropié en *Shakspere* !

*Analyse des livres des bibliothèques de Louis XVI**

La bibliothèque de Louis XVI était surtout une bibliothèque scientifique bien qu'elle possédât tous les ouvrages des plus célèbres auteurs grecs et latins, témoins d'une éducation classique, tels que ceux de Cicéron, Dante, Homère, Ovide, Platon, Plutarque, Sénèque, Tacite, Tite-Live ou Virgile.

La formation de Louis XVI en mathématiques était attestée par la présence des *Traités élémentaires d'algèbre et d'arithmétique* de l'abbé Charles Bossut, du *Cours de mathématiques* de Camus, de Bezout, (*à l'usage du corps royal d'artillerie)*, d'Ozanam et de Le Blond qui fut son professeur de mathématiques. On remarque aussi la présence d'une table de données trigonométriques : sinus, tangente et sécantes.

La physique était représentée par les ouvrages de l'abbé Nollet tels que : *Leçons de physique expérimentale*, *Lettres sur l'électricité*, *Essai sur l'électricité des corps*, *Recherches sur les causes particulières des phénomènes électriques*, l'*Histoire de l'électricité* de Priestley, le *Recueil de mémoires sur la mécanique et la physique* de l'abbé Rochon.

En chimie on trouve le *Traité élémentaire de chimie* de Lavoisier, les *Mémoires de chimie* de Chaptal et de Sage, l'*Essai d'une théorie sur la structure des cristaux* de Haüy ainsi qu'un traité de *Chimie médicinale concernant la manière de préparer les remèdes* de Malouin.

En botanique on peut signaler de nombreux ouvrages de Duhamel du Monceau tels que *La physique des arbres* et le *Traité des arbres fruitiers*, un *Traité historique des plantes* de Buchoz ainsi que son

---

* Voir annexe 2

Histoire universelle des végétaux, la *Flore française* de Lamarck et la célèbre *Histoire naturelle* de Buffon.

En astronomie, on peut citer la *Physique des comètes*, de Bertier ; l'*Abrégé d'astronomie* de Lalande, ainsi que son *Éphémérides des mouvements célestes*, la *Cométographie ou traité historique et théorique des comètes de Pingré* ainsi que son *État du ciel pour l'an de grâce 1757,* et sa *Chronologie des éclipses*, *l'Histoire du ciel* et *Le spectacle de la nature* de Pluche et la *Cosmographie élémentaire* de Mentelle.

En médecine figurent le *Précis de la médecine pratique* de Lieutaud, qui était son premier médecin, le *Traité d'anatomie* de Vic d'Azir, un *Traité des maladies des gens de mer* de Poissonnier, l'*Histoire de la petite vérole* de Paulet, le *Traité des fièvres continues* de Quesnay ainsi que *Le chirurgien dentiste ou traité des dents* de Fauchard.

Louis XVI possédait aussi la collection complète des travaux de l'Académie royale des sciences publiés depuis 1666, jusqu'en 1788, sous le titre : *Histoire de l'Académie royale des sciences*, soit 105 volumes, et les mémoires de l'Académie royale de chirurgie pour les années de 1753 à 1774 (4 volumes).

Au mois de février 1777, Il avait acheté à Pierre Blaizot, pour 3 220 livres, les 33 volumes de l'*Encyclopédie* de Diderot et d'Alembert, levant ainsi l'interdit de Louis XV sur cet ouvrage [(17)].

En géographie on relève le *Grand dictionnaire géographique* de Bruzen de la Martinière en dix volumes et la *Géographie comparée* de Mentelle en sept volumes. En histoire figurent l'*Histoire de France* du père Daniel en dix-sept volumes, celle de l'abbé Velly en quinze volumes, un *Abrégé chronologique de l'histoire de France* de Mezeray ainsi que les mémoires de personnages célèbres tels que ceux de Pierre de Brantôme, du duc de Choiseul, de l'abbé de Choisy, du chevalier d'Éon, de Mademoiselle de Montpensier, du cardinal de Retz, de Madame de Staal de Launay, de Marguerite de Valois, et les fameuses lettres de la marquise de Sévigné et celles de Madame de Maintenon.

L'histoire de l'Angleterre était abordée avec les ouvrages de David Hume sur les Maisons des Stuart, des Tudor et des Plantagenêt. On remarquera tout particulièrement deux ouvrages d'Honoré Gabriel Riqueti de Mirabeau (le tribun) ayant pour titre : *De la monarchie prussienne sous Frédéric le Grand* et *Aux Bataves sur le Stathoudérat*.

Bien que surtout tourné vers les sciences, Louis XVI ne délaissait pas les lettres classiques ou modernes, ni les romans.

Parmi les classiques, on trouve *Le Décaméron* de Boccace, en français et en italien, le *Don Quichotte* de Cervantès, *La divine comédie* de Dante, *L'éloge de la folie* d'Érasme, *Les essais* de Montaigne, *Les pensées* de Pascal, le *Discours de la méthode* de Descartes, les œuvres de Rabelais, dont une édition de 1542, intitulée : *Pantagruel Roy des Dipsodes restitué à son naturel avec des faictz et prouesses espouvantables.*

Pour les modernes, figurent *Le mariage de Figaro* de Beaumarchais, *La princesse de Clèves* de Madame de Lafayette, *Le diable boiteux* de Le Sage, *Manon Lescaut* de l'abbé Prévost, *L'Émile* de Rousseau, *Les voyages de Gulliver* de Swift, en anglais et en français, ainsi que les œuvres complètes de Voltaire en trente-huit volumes.

De son éducation religieuse très rigoureuse, Louis XVI conservait les sermons des grands prélats et prédicateurs des XVIIe et XVIIIe siècles tels que : Bossuet, Bourdaloue, Fénelon, Fleury ou Massillon.

Passionné par les voyages des grands navigateurs et des explorateurs qui avaient sillonné les mers et les contrées lointaines depuis le XVIe siècle, mais surtout depuis la seconde moitié du XVIIIe siècle, il s'était constitué une importante collection de livres relatant leurs exploits. Parmi les plus célèbres, on remarque le récit des trois voyages autour du monde du capitaine Cook de 1772 à 1780, dans leur version originale en anglais, puis dans leur traduction en français ; le Voyage autour du monde d'Anson de 1740 à 1744, celui de Pagès de 1767 à 1776, et celui de Dixon de 1785 à 1788 ; l'*Histoire générale des voyages*, œuvre colossale en soixante-quatre volumes, fruit de la collaboration de plusieurs auteurs, tant anglais, que français, dont la première partie rédigée en anglais par John Green fut traduite en français par l'abbé Prévost ; la *Relation des îles Pelew, situées dans la partie occidentale de l'océan Pacifique* de Keate, traduit de l'anglais par Honoré Gabriel de Mirabeau ; la *Relation des voyages entrepris pour faire des découvertes dans l'hémisphère méridional* d'Hawkesworth ; le *Nouveau voyage à la mer du Sud* de Crozet ; le *Journal du voyage fait par ordre du Roy à l'équateur* de La Condamine, le *Recueil des voyages et découvertes dans l'océan Pacifique Sud* par Dalrymple, en anglais ; les Mémoires de Duguay-Trouin ; la *Relation d'un voyage dans la mer du Nord* de Kerguelen ; le *Journal historique du voyage de M. de Lesseps* qui rapporta le journal et les papiers de La Pérouse de la presqu'île du Kamtchatka à Versailles, en effectuant un voyage de plus de 12 mois à travers la Sibérie, la Russie et l'Europe ;

l'*Histoire des avanturiers qui se sont signalez dans les Indes contenant ce qu'ils ont fait de plus remarquable depuis vingt années avec la vie, les mœurs des habitans de Saint-Domingue et de la Tortue,* d'Exquemelin (ou Œxmelin) qui fut le chirurgien des flibustiers des Caraïbes dans la seconde moitié du XVIIe siècle.

Curieusement on ne trouve pas trace du *Voyage autour du monde de 1766 à 1769,* de Bougainville, bien qu'il soit présent dans l'inventaire des livres de la bibliothèque de la comtesse de Provence.

À cette liste de livres concernant les voyages, il faudrait ajouter les ouvrages sur la navigation en mer et notamment ceux ayant trait à la mesure des latitudes et longitudes tels : le *Voyage fait par ordre du Roy pour vérifier en 1771 et 1772, l'utilité de plusieurs méthodes et instrumens servans à déterminer la latitude et la longitude*, de Verdun de La Crenne celui fait par Fleurieu en 1768 et 1769, *pour éprouver en mer les horloges marines inventées par M. Ferdinand Berthoud* et celui de Cassini en 1768, *pour éprouver les montres marines inventées par M. Le Roy.*

Parmi les manuscrits on remarquera le testament politique du maréchal de Richelieu et le traité de la chasse de Gaston Phébus, manuscrit richement enluminé datant du XIVe siècle et qui se transmettait de génération en génération.

Louis XVI était aussi un lecteur assidu de la presse politique ou scientifique, il recevait régulièrement des journaux tels que : le *Mercure de France*, le *Journal de Physique* ou le *Journal de littérature, des sciences et des arts* ainsi que des journaux anglais comme le *London Chronicle* ou le *Spectator.*

Cette passion pour les livres s'illustra pleinement quand Louis XVI et sa famille furent enfermés dans le donjon du Temple après la prise des Tuileries le 10 août 1792. Ayant un libre accès au cabinet de livres de l'archiviste, M. Berthélémy, la lecture fut son réconfort et meubla ses longues journées de prisonnier. Pendant les vingt-trois semaines que dura son emprisonnement (du 13 août 1792 au 21 janvier 1793), il lut plus de 250 livres sur les 1 500 volumes qui composaient cette bibliothèque, soit une moyenne de 11 livres par semaine [11, 138].

L'angliciste

Louis XVI fut l'un des rares souverains français qui pouvait aussi bien lire une dépêche rédigée en anglais que s'entretenir dans leur langue avec des ministres ou des diplomates d'outre-manche ou d'outre-atlantique. Bien que Marie Josèphe de Saxe se soit très vite opposée à l'enseignement de cette langue dispensée à son fils par l'abbé de Radonvilliers, pour des raisons plus épidermiques que rationnelles.

À sa mort en 1767, le dauphin reprit seul l'étude de l'anglais. Il aurait confié à Malesherbes lors d'un entretien [(138)] :

« J'ai senti au sortir de mon éducation que j'étais loin encore de l'avoir complétée. Je formai le plan d'acquérir l'instruction qui me manquait. Je voulus savoir les langues anglaise, italienne et espagnole ; je les appris seul. »

Sa bibliothèque ne renfermait pas moins de 419 volumes écrits en anglais et une grande quantité de journaux auxquels il était abonné tels que le *Spectator* ou le *London Chronicle* ainsi que les journaux relatant les débats aux Chambres des Communes et des Lords : *Journal of the House of Commons* et *Journal of the House of Lords*. Sa formation en anglais était attestée par la présence de quelques ouvrages de base comme le *Traité analytique, étymologique et raisonné de l'accent et de la prononciation de la langue anglaise* de Carré ou du *General dictionary of the english language* de Sheridan, sans oublier le *Dictionnaire royal français-anglais et anglais-français* de Boyer.

En février 1788, il avait acheté au sieur Morin, libraire, les 50 volumes du petit atlas anglais pour la somme de 3 824 livres [(137b)].

On sait qu'il avait traduit le livre d'Horace Walpole intitulé : *Historic doubts on the life and reign of King Richard the third* [(11)].

En 1792, Pierre Joseph Alexis Roussel, dit Roussel d'Épinal, qui faisait partie de la commission chargée de recueillir et d'examiner les papiers laissés par Louis XVI aux Tuileries, reconnut sur l'un des documents que l'on s'apprêtait à brûler, l'écriture du roi. Bien qu'il ne possédât pas l'anglais, il s'aperçut bien vite qu'il avait mis la main sur la traduction effectuée par Louis XVI du livre d'Horace Walpole.

Il l'emporta, le recopia et le fit éditer chez Debray en 1800 (139a), sous le titre : *Règne de Richard III, ou doutes historiques sur les crimes qui lui sont imputés,* par Monsieur Horace Walpole, traduit de l'anglais par Louis XVI, imprimé sur le manuscrit écrit en entier de sa main.

Mais à quelle époque Louis XVI a-t-il traduit ce livre et de quel niveau était sa traduction ? La plupart des historiens datent ce travail de 1768, année même de la parution de cet ouvrage, Louis XVI n'a alors que quatorze ans et n'a repris l'anglais que depuis un an.

En fait cette traduction aurait été faite beaucoup plus tard, en 1781 ou en 1782, suite à la représentation de la tragédie Richard III qui fut donnée à la Comédie Française le 6 juillet 1781, par Durosoy. Louis XVI mécontent de son interprétation, due à un livret médiocre, aurait décidé de traduire lui-même le texte pour rétablir l'œuvre dans son authenticité. Lors de son séjour aux Tuileries de 1789 à 1792, il est possible qu'il ait revu sa traduction, car Roussel fait remarquer que les corrections sont d'une encre plus récente que celle du manuscrit initial (139a).

L'angliciste Georges Lambin (138) a examiné la traduction de Louis XVI ; il la trouve assez médiocre et relève quelques contresens, dont certains peuvent être attribués à Roussel qui dit avoir du mal à déchiffrer l'écriture du roi et ne peut se référer au texte de Walpole qu'en faisant, avec un dictionnaire, une traduction littérale, ignorant complètement l'anglais. Mais il faut dire que Georges Lambin n'a jamais eu accès au manuscrit de Louis XVI et c'est contenté de la copie très imparfaite de Roussel.

Ce manuscrit que l'on croyait perdu est réapparu, en 1949, dans une vente publique chez Sotheby's.

Après Roussel, il fut acquis par la comtesse Louise de Ponthon, mariée à Henri Seymour, et resta dans la famille Seymour, jusqu'en 1949, date à laquelle il fut vendu chez Sotheby's à James Hasson of Berkshire qui l'obtint pour 300 livres. En 1950, il fut revendu par la société Maggs Bros Ltd, spécialiste de livres rares et de manuscrits, à Wilmarth Sheldon Lewis pour la somme de 350 livres (139b).

W.S. Lewis était un richissime américain, collectionneur de livres, et notamment de tous les écrits et documents de l'écrivain anglais Horace Walpole, qu'il avait réunis pour former sa *Lewis Walpole Library,* située à Farmington dans l'état du Connecticut aux États-unis (139b).

À sa mort, en 1979, sa bibliothèque fut mise à la disposition des étudiants de l'université de Yale. Le manuscrit de Louis XVI y figure sous la cote 24 19 800 (Ms) [(140)].

Il comporte 82 pages au format *in octavo.*

Il est avéré, d'après l'article suivant, écrit suite à la célébration du 300e anniversaire de la naissance d'Horace Walpole par l'université de Yale [(139b)], que le manuscrit de W.S. Lewis est bien le manuscrit authentique écrit par Louis XVI, et diffère notamment de la copie de Roussel publiée en 1800 chez Debray.

« Many years ago, Mr. Lewis told me the following anecdote, which I have not been able to confirm. Not long after his purchase of the manuscript, authorities at the *Bibliothèque nationale* informed him that his manuscript was only a copy of the original, which was housed there in Paris. "Not at all," Mr. Lewis rebutted. "You have the copy. The original manuscript in the king's hand is here in Farmington. Come and see it for yourself!" No doubt annoyed by this pesky American millionaire, the French national library sent two experts to examine the manuscript. "Quite supercilious they were, too!" Lewis testified, until they held his copy in hand, whereupon one of the men had to sit down, quite faint. There was no question who had the original, and who the copy. »

Pour étayer cette affirmation nous avons comparé des lettres en majuscules ou des mots identiques, que l'on retrouve à la fois dans le manuscrit de Louis XVI, propriété de l'Université de Yale, et dans son testament.

Dans les deux cas, l'écriture présente de grandes similitudes, et permet d'affirmer que le manuscrit de Yale est bien le manuscrit de Louis XVI, et non une copie, ce qui remet en cause le fait que les époux Coursac attribuent cette traduction au frère de Louis XVI, le comte de Provence.

Manuscrit Louis XVI

Testament Louis XVI

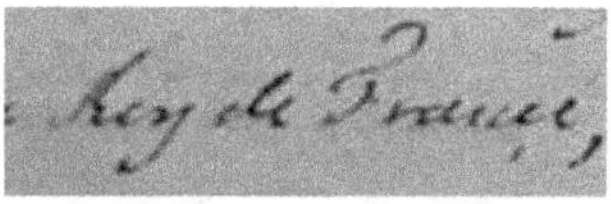

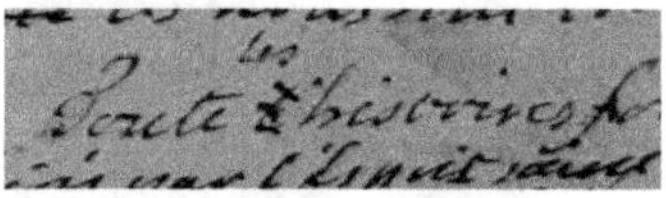

T majuscule (Toute)

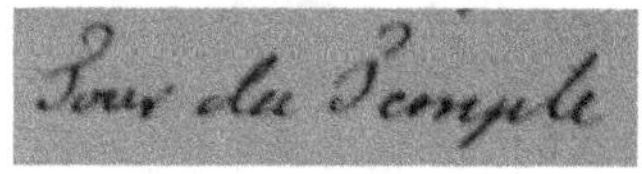

T majuscule (Tour et Temple)

J majuscule (Jules)

J majuscule (Jésus)

E majuscule (Empire)

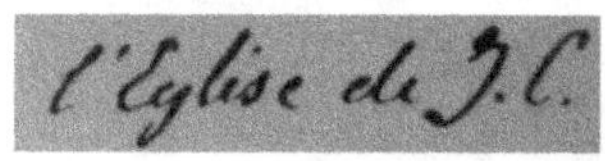

E majuscule (Église)

D majuscule (Dans)

D majuscule (Dieu)

Ci-dessous la traduction manuscrite de Louis XVI des cinq premières pages du livre d'Horace Walpole :

Historic doubts on the life and reign of the king Richard the third (139b, 139c).

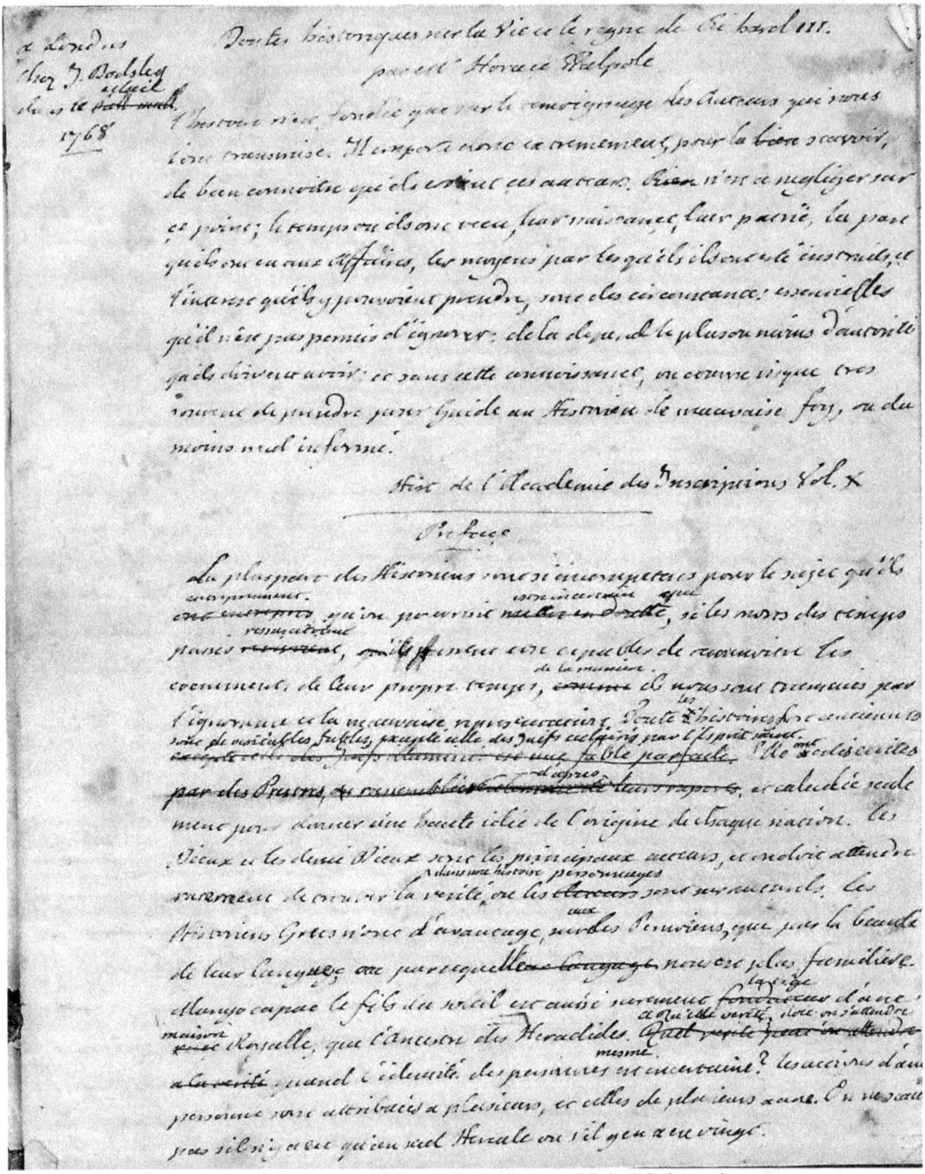

a Londres chez J. Dodsley … 1768

Doutes historiques sur la vie et le règne de Richard III.
par M. Horace Walpole

L'histoire n'est fondée que sur le témoignage des auteurs qui nous l'ont transmise. Il importe donc extrêmement, pour la bien savoir, de bien connoître quels étoient ces auteurs. Rien n'est à negliger sur ce point; le temps où ils ont vécu, leur naissance, leur patrie, la part qu'ils ont eu aux affaires, les moyens par lesquels ils ont été instruits, et l'interêt qu'ils y pouvoient prendre, sont des circonstances essentielles qu'il n'est pas permis d'ignorer: de là dépend le plus ou moins d'autorité qu'ils doivent avoir: et sans cette connoissance, on court risque très souvent de prendre pour guide un Historien de mauvaise foy, ou du moins mal informé.

Hist. de l'Academie des Inscriptions Vol. X

Preface

La plupart des Historiens sont si incompetents pour le sujet qu'ils entreprennent … si les morts des temps passés ressuscitoient, qu'ils fussent être capables de reconnoître les événements de leur propre temps, de la manière dont nous sont transmis par l'ignorance et la mauvaise representation. … les Grecs … les Heraclides … [illegible]

Courtesy of the Lewis Walpole Library, Yale University

A mesure que les nations se polissent l'histoire devient plus authentique; la Grece elle meme apprit a lire quelque chose de vrai. Rome aux temps de sa chute eut la consolation de voir publier les crimes de ses usurpateurs. les vaincus infligoient des blessures eternelles sur leurs vainqueurs. Mais qui ose qui peut repondre si Pompée eut reussi, si Jules Cesar n'auroit pas eté regardé comme un martir de la liberté publique? 2 Il y a ~~dans~~ des temps où c'est les criminels qui souffrent qui ~~[illegible]~~ tous les coeurs, dans d'autres c'est le tyran qui triomphe. Auguste qui baigna ses mains ~~[illegible]~~ dans le sang de ses concitoyens, et Charles Stuart qui fut convaincu de ~~[illegible]~~ son propre sang, sont regardés tous deux avec admiration. On ne discute pas pour trouver la verité, ~~la verité n'est jamais discutée~~ & les Odes et les sermons anniversaires donnent la Loi a l'Histoire et instruisent la credulité.

Mais si les crimes de Rome sont prouvés d'une maniere authentique, ses vertus ne le sont pas de meme. Un critique habile a prouvé que rien n'est plus problematique que l'histoire des cinq ou quatre premiers siecles de ~~la Republique~~ cette ville. Autant que les troubles ~~[illegible]~~ de l'Eglise augmentoient, autant l'histoire est elle plus confuse. l'Empire Romain a eu des maitres dont ~~[illegible]~~ on ne connoit les noms que ~~[illegible]~~ par les medailles. Il est incertain de quel prince differentes Imperatrices ont eté les femmes. Si la jalousie de deux antiquaires savoient, le point devient inexplicable. Dans les medailles de Carausius, on trouve ~~[illegible]~~ couronne, de prendre Oriuna pour la Lune, ~~[illegible] Oriuna dans les medailles de Carausius~~ mais depuis quelques temps, il est devenu incertain si c'etoit la Lune ou sa femme. Il importe peu de scavoir laquelle des deux c'etoit, mais cela ~~[illegible]~~ prouve combien peu nous devons scavoir de l'histoire de ces temps la, puisque nous ~~[illegible]~~ ne pouvons pas prendre confiance dans des medailles qui servent a faire connoitre les ~~[illegible]~~ noms des Rois. ~~[illegible]~~ dans le cabinet du Roy de France, il y a differentes medailles de souverains, dont on ne peut deviner le pays.

Le manque d'Annales, de lettres, d'Imprimerie, et de Critiques, ~~[illegible]~~ les guerres, les revolutions, les factions ecclesiastiques ont ~~[illegible]~~ occasionnés ces defauts dans l'histoire ancienne.

Courtesy of the Lewis Walpole Library, Yale University

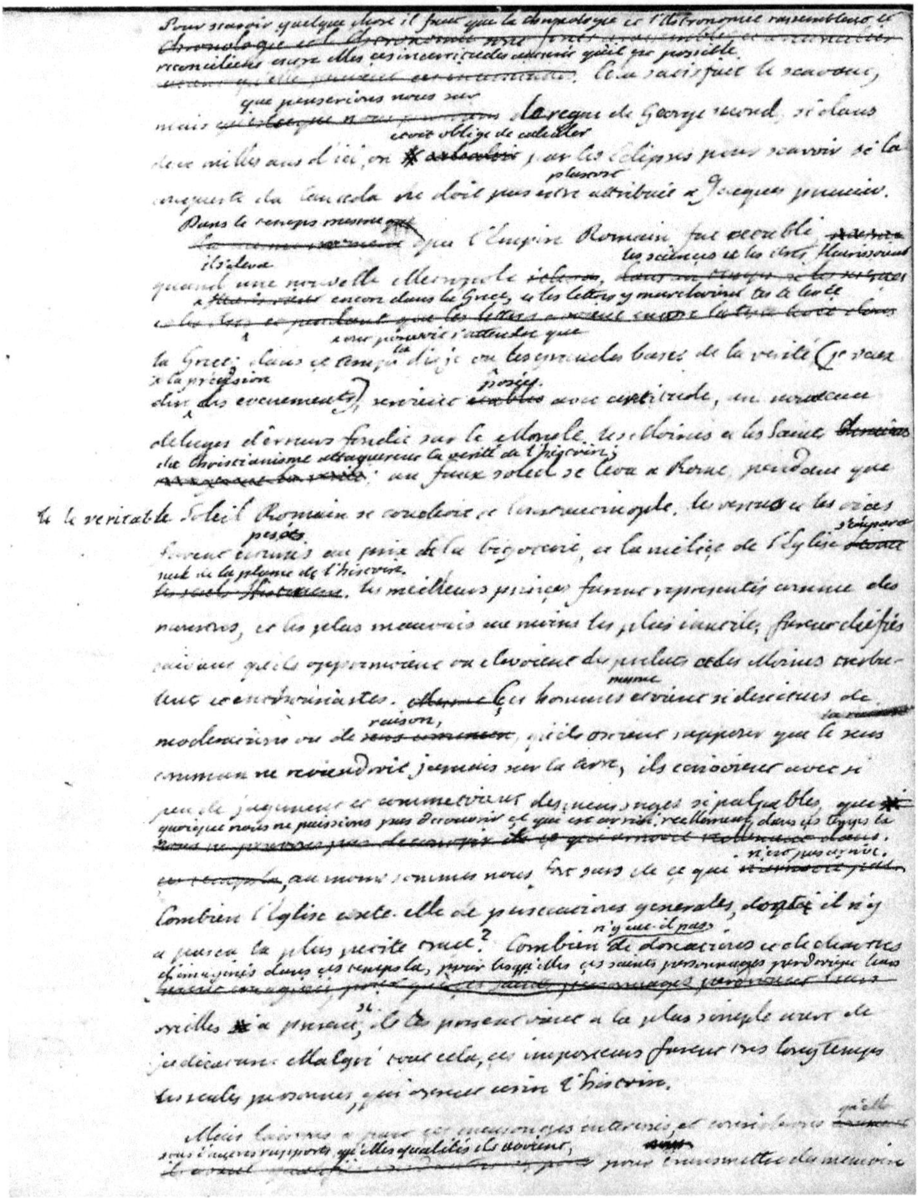
Pour scavoir quelque chose il faut que la chronologie et l'Astronomie rassemblent et reconcilient entre elles ces incertitudes autant qu'il est possible. Cela satisfait le scavant, mais que penserions nous sur le regne de George second, si dans deux milles ans d'ici, on etoit obligé de calculer par les eclipses pour scavoir si la conquete du Canada ne doit pas plustôt etre attribuée a Jacques premier.

Dans le temps meme que l'Empire Romain fut accablé [illegible] quand une nouvelle [illegible] il s'eleva [illegible] les sciences et les arts fleurissoient encor dans la Grece, et les lettres y [illegible] [illegible] que la Grece; dans ce temps là dis je où les grandes bases de la verité (je veux dire la precision des evenements) etoient posées avec certitude, un nouveau deluge d'erreurs fondit sur le Monde. Les Moines et les Saints du Christianisme attaquerent la verité de l'histoire; un faux soleil se leva a Rome, pendant que le veritable Soleil Romain se couchoit a Constantinople. Les vertus et les vices furent pesés au poids de la bigoterie, et la malice de l'Eglise s'empara seule de la plume de l'histoire. Les meilleurs princes furent representés comme des monstres, et les plus mechants ou meme les plus inutiles furent deifiés suivant qu'ils opprimoient ou elevoient des prelats et des moines turbulents et contrariantes. Ces hommes etoient si denués de moderation ou de raison, qu'ils osoient supposer que le sens commun ne reviendroit jamais sur la terre, ils ecrivoient avec si peu de jugement et commettoient des mensonges si palpables, que quoique nous ne puissions pas decouvrir ce qui est arrivé reellement dans ces temps là, au moins sommes nous surs de ce qui n'est pas arrivé. Combien l'Eglise conte-t-elle de persecutions generales, dont il n'y a pas eu la plus petite trace? Combien n'y eut-il pas de donations et de chartres imaginées dans ces temps là, pour lesquelles ces saints personnages perdroient leurs oreilles a present, si ils posoient vis a vis la plus simple cour de judicature. Malgré tout cela, ces imposteurs furent très longtemps les seules personnes qui osoient ecrire l'histoire.

Mais laissons a part ces mensonges interessés, et considerons sous d'autres rapports quelles qualités ils avoient, pour transmettre la memoire

Courtesy of the Lewis Walpole Library, Yale University

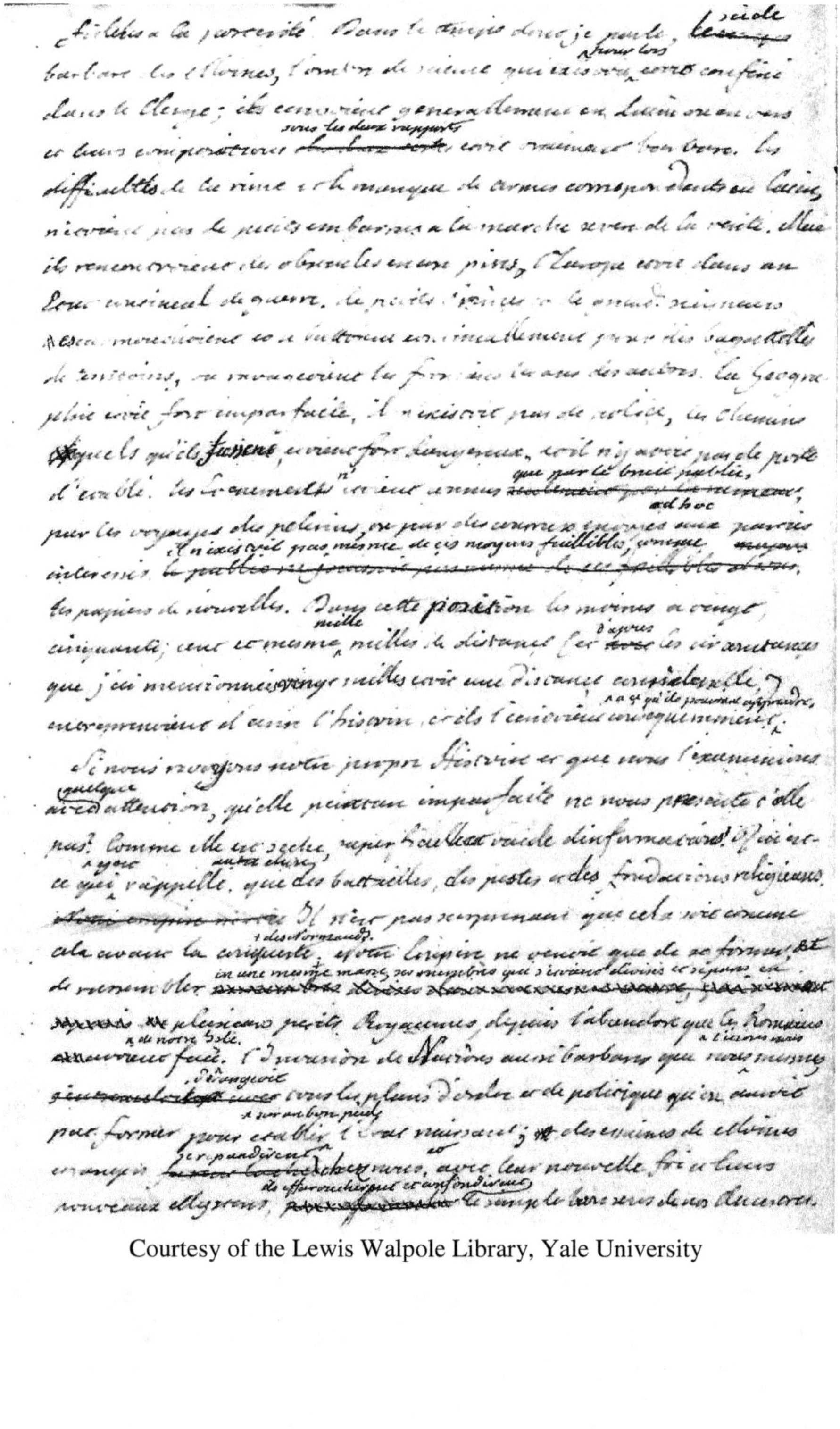

fidèles à la postérité. Dans le temps dont je parle, le siècle barbare des Normans, l'ombre de science qui existoit pour lors étoit confinée dans le Clergé ; ils écrivoient généralement en Latin et au sens et leurs compositions sous les deux rapports étoit [illegible] barbare. Les difficultés de la rime et le manque de termes correspondants en Latin n'étoient pas de petits embarras à la marche [illegible] de la vérité. Mais ils rencontroient des obstacles encore pires, l'Europe étoit dans un état continuel de guerre. Les petits Princes et les grands Seigneurs [illegible] se battoient continuellement pour des bagatelles de terroirs, ou renversoient les frontières les uns des autres. La Géographie étoit fort imparfaite, il n'existoit pas de police, les chemins quels qu'ils fussent étoient fort dangereux, et il n'y avoit pas de poste d'établie. Les évènements n'étoient connus que par le bruit public, par les voyages des pélerins, ou par des courriers envoyés ad hoc aux parties intéressées. Il n'existoit pas même de ces moyens faillibles, comme les papiers de nouvelles. Dans cette position les moines à vingt, cinquante, cent et même mille milles de distance (et d'après les circonstances que j'ai mentionnées vingt milles étoit une distance considérable), entreprenoient d'écrire l'histoire, et ils l'écrivoient conséquemment à ce qu'ils pouvoient apprendre.

Si nous prenons notre propre Histoire et que nous l'examinions avec quelque attention, quelle peinture imparfaite ne nous présente-t-elle pas ! Comme elle est sèche, [illegible] vuide d'informations ! Il n'y a presque autre chose que des batailles, des pestes et des fondations religieuses. Il n'est pas surprenant que cela soit comme cela avant la conquête des Normands. Notre Empire ne venoit que de se former, et de rassembler en une même masse ses membres qui s'étoient divisés et séparés en plusieurs petits Royaumes, depuis l'abandon que les Romains avoient fait de notre Isle. L'invasion de Nations aussi barbares que nous-mêmes à l'heure qu'il est dérangeoit tous les plans d'ordre et de politique qu'on auroit pu former pour établir l'état naissant, et à son bon plaisir ; des essaims de Nations étrangères se répandirent au dehors, avec leur nouvelle foi et leurs nouveaux religions, les effarouchèrent et confondirent le simple barbarisme de nos Ancêtres.

Courtesy of the Lewis Walpole Library, Yale University

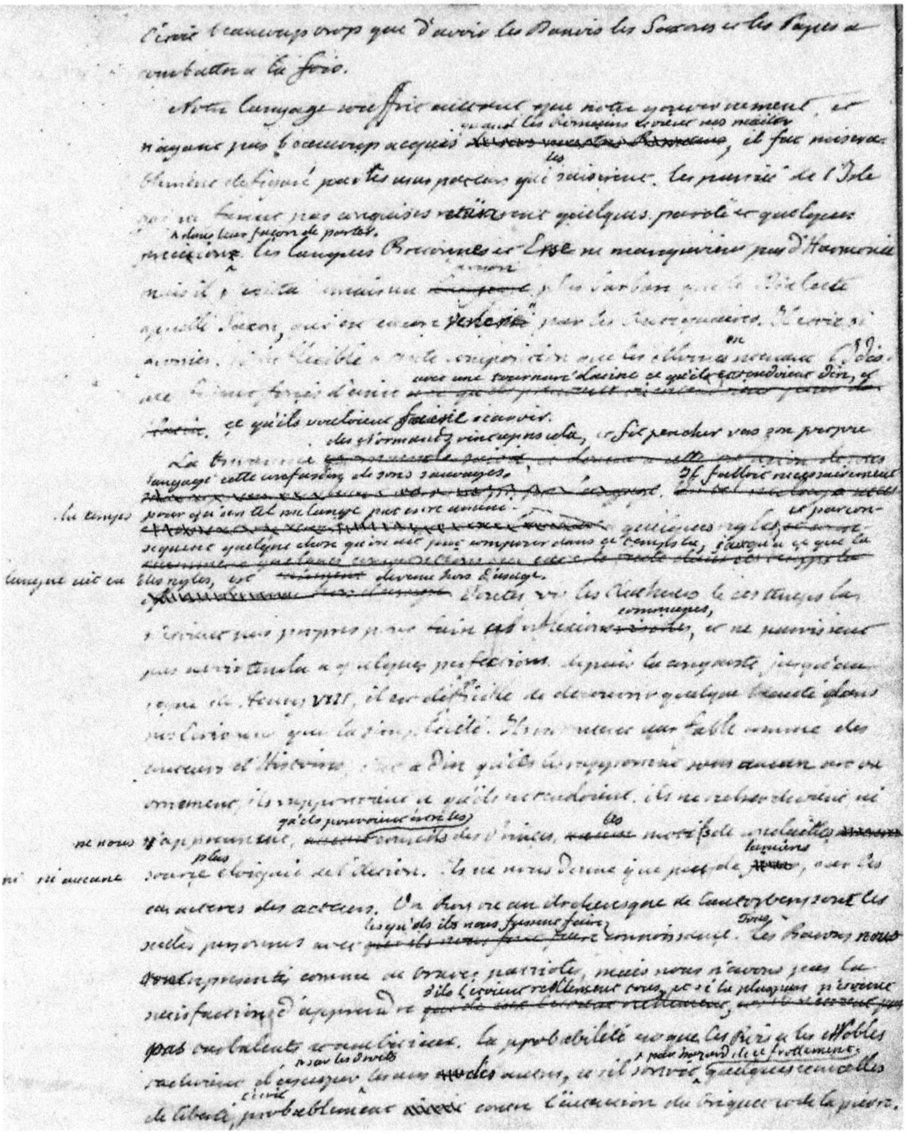

Courtesy of the Lewis Walpole Library, Yale University

Transcription de la traduction de Louis XVI.

Doutes historiques sur la vie et le règne de Richard III
par M. Horace Walpole

L'histoire n'est fondée que par le témoignage des auteurs qui nous l'ont transmise.

Il importe donc extrêmement pour la savoir, de bien connaître quels étaient ces auteurs. Rien n'est à négliger sur ce point ; le temps où ils ont vécu, leur naissance, leur patrie, la part qu'ils ont eu aux affaires, les moyens par lesquels ils ont été instruits, et l'intérêt qu'ils y pouvaient prendre, sont des circonstances essentielles qu'il n'est pas permis d'ignorer. De là dépend le plus ou moins d'autorité qu'ils doivent avoir, et sans cette connaissance, on court risque très souvent de prendre pour guide un historien de mauvaise foi, ou de moins mal informé.

Histoire de l'Académie des Inscriptions, volume X.

Préface

« La plupart des historiens sont si incompétents pour le sujet qu'ils entreprennent qu'on pourrait être incertain que si les morts des temps passés ressuscitaient, qu'ils pussent être capables de reconnaître les évènements de leur propre temps, de la manière dont ils nous sont transmis par l'ignorance et la mauvaise représentation.

Toutes les histoires fort anciennes sont de véritables fables, exceptée celle des Juifs éclairés par l'Esprit saint. Elles ont été écrites et calculées seulement pour donner une haute idée de l'origine de chaque nation.

Les dieux et les demi-dieux sont les principaux acteurs, et on doit attendre rarement de trouver la vérité dans une histoire où les personnages sont surnaturels.

Les historiens grecs n'ont d'avantage sur ceux des Péruviens que par la beauté de leur langue, ou par ce quelle nous est plus familière. Mango Capac, le fils du soleil est aussi sûrement la tige d'une maison royale que l'ancêtre des Héraclides, et quelle vérité doit-on s'attendre quand l'identité des personnes même est incertaine ? Les actions d'une personne sont attribuées à plusieurs, et celles de plusieurs à une. On ne sait pas s'il n'y a eu qu'un seul Hercule ou s'il y en a eu vingt.

À mesure que les nations se polissent, l'histoire devient plus authentique. La Grèce elle même apprit à dire quelque chose de vrai. Rome au temps de sa chute eut la consolation de voir publier les crimes de ses usurpateurs. Les vaincus affligeaient des blessures éternelles sur leurs vainqueurs. Mais qui est-ce qui peut répondre, si Pompée eut réussi, si Jules César n'aurait pas été regardé comme un martyr de la liberté publique. Il y a des temps où c'est les criminels qui souffrent, qui captivent tous les cœurs, dans d'autres, c'est le tyran qui triomphe. Auguste qui baigna ses mains dans le sang de ses concitoyens, et Charles Stuart qui fut couvert de son propre sang, sont regardés tous deux avec admiration. On ne discute pas pour trouver la vérité. Les odes et les sermons anniversaires donnent la loi à l'histoire, et entraînent la crédulité.

Mais si les crimes de Rome sont prouvés d'une manière authentique, ses vertus ne le sont pas de même. Un critique habile a prouvé que rien n'est plus problématique que l'histoire des trois ou quatre premiers siècles de cette ville. Autant que les troubles de l'État augmentaient, autant l'histoire est-elle plus confuse. L'Empire romain a eu des maîtres dont on ne connaît les noms que par les médailles. Il est incertain de quels princes, différentes impératrices ont été les femmes. Si la jalousie de deux antiquaires survient, le point devient inexplicable. Dans les médailles de Carausius, on avait coutume de prendre Orinna pour la lune, mais depuis quelque temps on est devenu incertain, si c'était la lune ou sa femme.

Il importe peu de savoir laquelle des deux c'était, mais cela prouve combien peu nous devons savoir de l'histoire de ces temps-là, puisque nous ne pouvons pas prendre confiance dans nos médailles qui servent à faire connaître les noms des rois.

Dans le cabinet du roi de France, il y a différentes médailles de souverains, dont on ne peut deviner le pays.

Le manque d'annales, de lettres, d'imprimerie et de critiques, les guerres, les révolutions, les factions et d'autres causes ont occasionné ces défauts dans l'histoire ancienne.

Pour savoir quelque chose, il faut que la chronologie et l'astronomie rassemblent et réconcilient entre elles ces incertitudes autant qu'il est possible. Cela satisfait le savant, mais que penserions nous sur le règne de Georges second, si dans deux mille ans d'ici on était obligé de calculer par les éclipses pour savoir si la conquête du Canada ne doit pas plutôt être attribuée à Jacques premier.

Dans le temps même que l'empire romain fut rétabli, quand il s'éleva une nouvelle métropole, les sciences et les arts fleurissaient encore dans la Grèce, et les lettres y marchaient tête levée, et on pouvait s'attendre que la Grèce dans ce temps-là dis-je, où les grandes bases de la vérité (je veux à la précision dire des événements) seraient posées avec certitude, un nouveau déluge d'erreurs fondit sur le monde. Les moines et les saints du christianisme attaquèrent la vérité de l'histoire. Un faux soleil se leva à Rome, pendant que le véritable soleil romain se couchait à Constantinople.

Les vertus et les vices furent pesés au prix de la bigoterie et la milice de l'Église s'empara seul de la plume de l'histoire.

Les meilleurs princes furent représentés comme des monstres, et les plus mauvais, au moins, les plus inutiles, furent déifiés suivant qu'ils opprimaient ou élevaient des prélats et des moines turbulents et enthousiastes. Ces hommes mêmes étaient si destitués de modération ou de raison, qu'ils osèrent supposer que le sens commun ne reviendrait jamais sur la terre. Ils écrivaient avec si peu de jugement et commettaient des mensonges si palpables, que, quoique nous ne puissions pas découvrir ce qui est arrivé réellement dans ces temps-là, au moins sommes nous fort sûrs de ce qui n'est pas arrivé.

Combien l'Église compte-t-elle de persécutions générales dont il n'y a pas eu la plus petite trace ? Combien n'y eut-il pas de donations et de chartres d'imaginées dans ces temps-là, pour lesquelles ces saints personnages perdraient leurs oreilles à présent s'ils les présentaient à la plus simple cour de judicature.

Malgré tout cela, ces imposteurs furent très longtemps les seules personnes qui osèrent écrire l'histoire.

Mais laissons à part ces mensonges intéressés et considérons sous d'autres rapports, quelles qualités ils avaient pour transmettre des mémoires fidèles à la postérité. Dans le temps dont je parle, le siècle barbare des moines, l'ombre de science qui existait pour lors, était confinée dans le clergé. Ils écrivaient généralement en latin ou en vers, et leurs compositions sous les deux rapports étaient vraiment barbares. Les difficultés de la rime et le manque de termes correspondant au latin, n'étaient pas de petits embarras à la marche sévère de la vérité. Mais ils rencontraient des obstacles encore pires. L'Europe était dans un état continuel de guerre. De petits princes et de grands seigneurs escarmouchaient, combattaient continuellement pour des bagatelles de territoires, ou ravageaient les frontières, les uns des autres. La géographie était fort imparfaite, il n'existait pas de police, les chemins quels qu'ils fussent étaient fort dangereux et il n'y avait pas de poste d'établi. Les événements n'étaient connus que par le bruit public, par les voyages des pèlerins, ou par des courriers envoyés *ad hoc* aux parties intéressées. Il n'existait pas même de ces moyens faillibles, comme les papiers de nouvelles.

Dans cette position les moines à vingt, cinquante, cent, et même mille milles de distance (et d'après les circonstances que j'ai mentionnées, vingt milles était une distance considérable) entreprenaient d'écrire l'histoire, et ils l'écrivaient conséquemment à ce qu'ils pouvaient apprendre.

Si nous revoyons notre propre histoire et que nous l'examinions avec quelque attention, quelle peinture imparfaite ne nous présente-t-elle pas ? Comme elle est sèche, superficielle et vide d'informations !

Qui est ce qui y est rappelé, autre chose que des batailles, des pestes et des fondations religieuses. Il n'est pas surprenant que cela soit comme cela avant la conquête des Normands. Notre empire ne venait que de se former et de rassembler en une même masse ses membres qui s'étaient divisés et séparés en plusieurs petits royaumes, depuis l'abandon que les Romains avaient fait de notre île. L'invasion de nations aussi barbares que nous l'étions nous mêmes, dérangeait tous les plans d'ordre et de politique qu'on aurait pu former pour établir sur un bon pied l'État naissant. Des essaims de moines étrangers se répandirent chez nous et avec leur nouvelle foi et leurs nouveaux mystères, ils effarouchèrent et confondirent le simple bon sens de nos ancêtres

C'était beaucoup trop que d'avoir les Danois, les Saxons, et les Papes à combattre à la fois.

Notre langage souffrit autant que notre gouvernement, et n'ayant pas beaucoup acquis quand les Romains étaient nos maîtres, il fut misérablement défiguré par les usurpateurs qui les suivirent. Les parties de l'île qui ne furent pas conquises, retinrent quelques paroles et quelques précisions dans leur façon de parler. Les langues bretonne et erse ne manquaient pas d'harmonie, mais il n'exista jamais un jargon plus barbare que le dialecte appelé saxon, qui est encore vénéré par les antiquaires. Il était si grossier, si inflexible à toute composition, que les moines retenant l'idiome furent forcés d'écrire avec une tournure latine ce qu'ils entendaient dire et ce qu'ils voulaient faire savoir. La tyrannie des Normands vint après cela, et fit pencher vers son propre langage, cette confusion de sons sauvages. Il fallait nécessairement du temps pour qu'un tel mélange pût être asservi à quelques règles, et par conséquent quelque chose qu'on ait pu composer dans ce temps là jusqu'à ce que la langue ait eu des règles, est devenu hors d'usage. Toutes fois, les auteurs de ces temps-là n'étaient pas propres pour faire ces réflexions communes et ne paraissaient pas avoir tendu à quelques perfections.

Depuis la conquête, jusqu'au règne de Henry VIII, il est difficile de découvrir quelque beauté dans nos écrivains, que la simplicité. Ils racontent leurs fables comme des conteurs d'histoire, c'est-à-dire, qu'ils les rapportent sans aucun art ou ornement. Ils rapportaient ce qu'ils entendaient. Ils ne recherchaient ni ne nous apprenaient quels pouvaient être les conseils des princes, les motifs de conduite ni aucune source plus éloignée de l'action.

Ils ne nous donnent que peu de lumières sur les caractères des acteurs. Un roi ou un archevêque de Cantorbery, sont les seules personnes avec lesquelles ils nous fassent faire connaissance. Tous les barons nous sont représentés comme de braves patriotes, mais nous n'avons pas la satisfaction d'apprendre s'ils l'étaient réellement tous, et si la plupart n'étaient pas turbulents et ambitieux. La probabilité est que les rois et les nobles tâchaient d'usurper sur les droits, les uns des autres, et s'il sortait par hasard de ce frottement quelques étincelles de liberté, c'était probablement contre l'intention du briquet et de la pierre. »

En 1782, Pierre Letourneur, célèbre traducteur des œuvres de Shakespeare, effectua celle du livre d'Horace Walpole* :

Historic doubts on the life and reign of King Richard the third, Dodsley, London, 1768.

Doutes historiques sur la vie et le règne de Richard III
par M. Horace Walpole.

L'histoire n'est fondée que sur le témoignage des auteurs qui nous l'ont transmise.

Il importe donc extrêmement pour la savoir, de bien connaître quels étaient ces auteurs. Rien n'est à négliger en ce point ; le temps où ils ont vécu, leur naissance, leur patrie, la part qu'ils ont eue aux affaires,

* Pierre le Tourneur entreprit en 1782, cette traduction à la demande de la marquise du Deffand, grande admiratrice et correspondante d'Horace Walpole (139e).

les moyens par lesquels ils ont été instruits, et l'intérêt qu'ils y pouvaient prendre, sont des circonstances essentielles qu'il n'est pas permis d'ignorer. De là dépend le plus ou le moins d'autorité qu'ils doivent avoir, et sans cette connaissance, on courra le risque très souvent de prendre pour guide un historien de mauvaise foi, ou du moins, mal informé.

Histoire de l'Académie des Inscriptions, volume X.

Préface

La plupart des historiens ont si peu connu les pays dont ils ont entrepris de faire l'histoire que c'est presque une question de savoir au cas que les morts des siècles passés revinssent au monde, s'ils pourraient reconnaître les événements de leur propre temps de la manière dont l'ignorance et l'erreur nous les ont transmis. Toute l'histoire ancienne, excepté celle des Juifs éclairés des lumières divines, n'est qu'une fable, elle a été écrite par les prêtres ou recueillie d'après leurs rapports, et n'avait d'autre objet que de donner une haute idée du peuple dont elle parle.

Les dieux et les demi-dieux étaient les principaux acteurs et rarement doit-on attendre la vérité, où les personnages sont surnaturels. Les historiens Grecs n'ont d'autre avantage sur les Péruviens que celui qui résulte de la beauté de leur langue et de ce que cette langue nous est plus familière.

Mango-Capac, le fils du soleil, peut aussi bien passer pour le fondateur d'une race royale que le père des Héraclides. Peut-on espérer la vérité, quand l'existence même des personnages est incertaine ? Les actions d'un seul homme furent attribuées à plusieurs, et celles de plusieurs, à un seul. On ne sait pas s'il y a eu un seul Hercule, ou s'il y en a eu vingt.

À mesure que les nations se policèrent, l'histoire devint plus authentique. La Grèce elle-même apprit à dire un peu la vérité. Rome au moment de sa chute eut la consolation de voir les crimes de ses usurpateurs publiés. Les vaincus firent d'éternelles blessures à leurs vainqueurs, mais qui sait si Pompée avait triomphé, si Jules César n'eut pas été honoré comme un martyr de la liberté. Tantôt les criminels malheureux ont gagné tous les cœurs, tantôt les tyrans triomphent. Auguste baigne dans le sang de ses concitoyens, et Charles Stuart expirant dans le sien propre sont également les objets de notre admiration. La vérité est écartée de la discussion, les odes et les sermons annuels donnent la loi à l'histoire et à la crédulité.

Mais si les crimes de Rome sont prouvés, il n'en est pas de même de ses vertus. Un habile critique a fait voir qu'il n'y a rien de plus problématique que les trois ou quatre premiers siècles de cette ville. À mesure que les troubles de l'État augmentaient, la confusion de l'histoire augmentait, aussi l'Empire eut des maîtres dont les noms ne sont connus que par les médailles. On ne sait pas de quels princes, certaines impératrices furent les femmes

Si la jalousie de deux antiquaires s'en mêle, le point devient inexplicable. Orinna, une des médailles de Carausius, passait pour la lune. Depuis quelques années on commence à douter si elle n'était pas la femme de ce prince. Il est peu important de savoir si elle était la lune, ou bien une impératrice, mais combien peu connaissons-nous ces temps puisque les noms des rois, ces limites de la certitude ne servent pas même à cet objet ? Il y a dans le cabinet du roi de France plusieurs coins de souverains, dont on ne peut pas aujourd'hui deviner le pays. Le manque de monument, de lettres, d'imprimerie, de critiques ; les guerres, les révolutions, les factions et d'autres causes ont occasionné ces défauts dans l'histoire ancienne. La chronologie et l'astronomie sont forcées de replâtrer et de raccommoder ces incertitudes aussi bien qu'elles le peuvent, cela satisfait les savants, mais que penserions-nous du règne de Georges II, calculé dans deux mille ans d'ici par les éclipses de peur que la conquête du Canada ne fût attribué à Jacques Ier.

Au moment même où l'empire romain fut rétabli, quand une nouvelle capitale fut fondée, dans un temps de sciences et d'arts, où les lettres levaient encore la tête, en Grèce, par conséquent, quand les grands traits de la vérité, c'est à dire les événements pouvaient être bien établis. À ce période dis-je, un nouveau déluge d'erreurs vint fondre sur le monde. Les moines et les saints du christianisme ravagèrent la vérité, et un soleil faux se leva à Rome quand le soleil romain s'éteignit à Constantinople. Les vertus et les vices ne furent plus pesés qu'à la balance de la bigoterie et les soldats de l'Église devinrent les seuls historiens. Les meilleurs princes furent peints comme des monstres, et les plus mauvais, ou du moins les plus inutiles, furent déifiés selon qu'ils continrent ou qu'ils élevèrent des prélats et des moines turbulents et enthousiastes. Ces hommes étaient si dépourvus de sens commun qu'ils osèrent supposer que jamais la raison ne reviendrait habiter la terre, et en conséquence ils écrivirent avec si peu de jugement et commirent des mensonges si palpables que si nous ne pouvons pas découvrir ce qui arriva dans ces temps, nous pouvons au moins être bien surs de ce qui n'arriva pas, de combien de persécutions générales l'Église se souvient-elle dont il ne reste pas la moindre trace ?

Combien de donations et de chartres furent fabriquées pour lesquelles ces saints personnages perdraient leurs oreilles s'ils osaient maintenant les présenter à la moindre cour de justice ? Et cependant combien longtemps ces imposteurs ont-ils été les seuls qui aient essayé d'écrire l'histoire ?

Mais laissons de côté ces mensonges intéressés, et considérons combien peu sous d'autres rapports leurs auteurs étaient capables de transmettre fidèlement les faits à la postérité. Dans les siècles dont je parle, dans ces siècles barbares du monachisme, le peu d'instruction qui existait était confiné dans le clergé qui écrivait ordinairement en latin ou en vers et dont les compositions de l'une et de l'autre façon étaient vraiment barbares. La difficulté de la rime et le manque de termes correspondant en latin n'étaient pas de petits obstacles à la marche sérieuse de la vérité, mais il y avait encore de plus grandes difficultés à surmonter. L'Europe était dans un état de guerre continuel. De petits princes et de grands seigneurs étaient continuellement occupés à se guetter et à escarmoucher pour de misérables augmentations de territoire ou pour ravager mutuellement leurs frontières. La géographie était très imparfaite, il n'existait point de police, les routes telles qu'elles étaient, étaient dangereuses, et les postes n'étaient pas établies. Les événements n'étaient sus que par le bruit public, par des pèlerins ou par des lettres que des courriers portaient aux parties intéressées. Le public ne jouissait pas même des gazettes, ces porteurs de nouvelles, si souvent trompeurs. Dans cet état, les moines à vingt milles, à cinquante, à cent, quelquefois à mille de distance (et alors vingt milles faisaient un objet considérable), les moines, dis-je, entreprirent d'écrire l'histoire et ils l'écrivirent en conséquence. Si nous jetons les yeux sur notre propre histoire et que nous l'examinions avec quelque attention, combien peu satisfaisant est le tableau qu'elle nous présente ! Qu'il est aride, superficiel et vide d'instruction ! Combien peu de faits rapportés, excepté des batailles, des pestes et des fondations religieuses, que cela ait été ainsi, avant la conquête, il n'y a rien de surprenant, notre Empire se formait, ou plutôt il rassemblait en une seule masse ses membres divisés qui à la retraite des Romains s'étaient partagés en petits royaumes. L'invasion de nations aussi barbares que nous mêmes avait renversé tout plan politique et tout ordre qui aurait pu être établi pour assurer l'État renaissant ; et des essaims de moines étrangers qui fondirent sur nous, renversèrent et confondirent le simple bon sens de nos ancêtres. C'était en vérité, trop d'avoir à la fois, à combattre les Danois, les Saxons et les Papes !

Notre langage souffrit autant que notre gouvernement, et n'ayant pas acquis beaucoup de nos maîtres les Romains, il fut misérablement défiguré par les usurpateurs qui les suivirent. Les parties de l'île qui n'avaient pas été conquises conservèrent quelque pureté et quelque précision. Les langues Welsh et Erse ne manquaient pas d'harmonie, mais jamais il n'exista un jargon plus barbare que le dialecte appelé saxon, malgré la vénération des antiquaires pour lui. Il était si grossier, si dur pour la composition que les moines qui le parlaient, furent réduits à écrire en latin pour leurs moindres usages.

La tyrannie des Normands succéda et donna à cette confusion de sons sauvages, une pente vers leur propre langue. Un tel mélange exigeait plusieurs siècles pour rassembler tous ces jargons sous une forme raisonnable, et en conséquence les ouvrages écrits durant ces progrès de la langue devaient nécessairement vieillir, cependant les auteurs n'ont point paru faire cette réflexion si naturelle, au contraire ils semblent avoir aimé leur imperfection. Depuis la conquête jusqu'au règne d'Henri VIII, il est difficile de découvrir dans nos écrivains aucune autre beauté que leur simplicité. Ils racontent leur histoire comme des faiseurs de contes, c'est à dire qu'ils rapportent sans art ni ornement, tout ce qu'ils ont entendu. Jamais ils ne recherchent ni les conseils des princes, ni les motifs de leur conduite, ni les sources d'une action. Nous en tirons même peu de lumière sur le caractère des personnages. Un roi ou un archevêque de Cantorbery sont les seuls qu'ils nous fassent un peu mieux connaître. Les barons sont tous représentés comme de braves patriotes, mais nous n'avons pas la satisfaction de savoir s'il y en a eut qui le furent véritablement, ou s'ils ne furent pas tous turbulents et ambitieux. Il est vraisemblable que les rois et les nobles désiraient d'empiéter les uns sur les autres, et si quelques étincelles de liberté parurent, il est de toute vraisemblance que ce fut contre l'intention des uns et des autres.

Quand on fait l'examen de la traduction de Louis XVI, et si on la compare à celle de Pierre Letourneur, on est d'accord avec Georges Lambin pour affirmer que la traduction de Louis XVI est trop littérale et manque d'aisance, bien qu'elle fût reprise comme l'atteste les nombreuses corrections effectuées vraisemblablement lors de son séjour aux Tuileries.

Nous donnons ci-dessous le texte des premières pages du livre d'Horace Walpole :

Historic doubts on the life and reign of the king Richard the third, paru à Londres en 1768 chez Dodsley [(139d)]

Préface

So incompetent has the generality of historians; been for the province they have undertaken, that it is almost a question, whether, if the dead of past ages could revive, they would be able to reconnoitre the events of their own times, as transmitted to us by ignorance and misrepresentation.

All very ancient history, except that of the illuminated Jews, is a perfect fable. It was written by priests, or collected from their reports; and calculated solely to raise lofty ideas of the origin of each nation. Gods and demi gods were the principal actors: and truth is seldom to be expected where the personages are supernatural. The Greek historians have no advantage over the Peruvian, but in the beauty of their language, or from that language being more familiar to us. Mango Capac, the son of the sun, is as authentic a founder of a royal race, as the progenitor of the Heraclidæ. What truth indeed could be expected, when even the identity of person is uncertain? The actions of one were ascribed to many, and of many to one. It is not kown whether there was a single Hercules or many.

As nations grew polished, History became better authenticated. Greece itself learned to speak a little truth. Rome, at the hour of its fall, had the consolation of seeing the crimes of its usurpers published. The vanquished inflicted eternal wounds on their conquerors but who knows, if Pompey had succeeded, whether Julius Cæsar would not have been decorated as a martyr to public liberty? At some periods the suffering criminal captivates all hearts; at others, the triumphant tyrant. Augustus, drenched in the blood of his fellow-citizens, and Charles Stuart, falling in his own blood, are held up to admiration.

Truth is left out of the discussion; and odes and anniversary sermons give the law to history and credulity.

But if the crimes of Rome are authenticated, the case is not the same with its virtues. An able critic has shown that nothing is more problematic than the history or the three or four first ages of that city.

As the confusions of the state increased, so do the confusions in its story. The empire had masters, whose names are only known from medals. It is uncertain of what princes several empresses were the wives. If the jealousy of two antiquaries intervenes, the point becomes inexplicable. Oriuna, on the medals of Carausius, used to pass for the moon: of late years it is become a doubt whether she was not is consort. It is of little importance whether she was moon or empress: but how little must we know of those times, when those land-marks to certainty, royal names, do not serve even that purpose! In the cabinet of the king of France are several coins of sovereigns, whose country cannot now be guessed at.

The want of records, of letters, of printing, of critics; wars, revolutions, factions, and other causes, occasioned these defects in ancient history. Chronology and astronomy are forced to tinker up and reconcile, as well as they can, those uncertainties. This satisfies the learned but what should we think of the reign of George the second, to be calculated two thousand years hence by eclipses, left the conquest of Canada should be ascribed to James the First?

At the very moment that the Roman empire was resettled, nay, when a new metropolis was erected, in an age of science and arts, while letters still held up their heads in Greece; consequently, when the great outlines of truth, I mean events, might be expected to be established; at that very period a new deluge of error burst upon the world. Christian monks and saints laid truth waste; and a mock sun rose at Rome, when the Roman sun sunk at Constantinople. Virtues and vices were rated by the standard of bigotry; and the militia of the church became the only historians. The best princes were represented as monsters; the worst, at least the most useless, were deified, according as they depressed or exalted turbulent and enthusiastic prelates and friars. Nay, these men were so destitute of temper and common sense, that they dared to suppose that common sense would never revisit the earth: and accordingly wrote with so little judgment, and committed such palpable forgeries, that if we cannot discover what really happened in those ages, we can at lest be very sure what did not. How many general persecutions does the church record, of which there is not the smallest trace? What donations and charters were forged, for which those holy persons would lose their ears, if they were in this age to present them in the most common court of judicature? Yet how long were these impostors the only persons who attempted to write history.

But let us lay aside their interested lies, and consider how far they were qualified in other respects to transmit faithful memorials to posterity. In the ages I speak of, the barbarous monkish ages, the shadow of learning that existed was confined to the clergy: they generally wrote in Latin, or in verse, and their compositions in both were truly barbarous. The difficulties of rime, and the want of correspondent terms in Latin, were no small impediments to the severe march of truth. But there were worse obstacles to encounter. Europe was in continual state of warfare. Little princes and great lords were constantly skirmishing and scrambling for trifling additions of territory, or wasting each others borders. Geography was very imperfect; no police existed; roads, such as they were, were dangerous; and posts were not established. Events were only known by rumour, for pilgrims, or by letters carried by couriers to the parties interested: the public did not enjoy even those sallible vehicles of intelligence, news papers. In this situation did monks, at twenty, fifty, and hundred, nay, a thousand miles distance (and under the circumstances I have mentioned even twenty miles were considerable) undertake to write history and they wrote it accordingly.

If we take a survey of our own history, and examine it with any attention, what an unsatisfactory picture does it present to us! How dry, how superficial, how void of information! How little is recorded besides battles, plagues and religious foundations! That this should be the case, before the Conquest, is not surprising. Our Empire was but forming itself, or re-collecting its divided members into one mass, which, from the desertion of the Romans, had split into petty kingdoms. The invasions of nations as barbarous as ourselves, interfered with every plan of policy and order that might have been formed to settle the emerging state, and swarms of foreign monks were turned loose upon us with their new faith and mysteries, to bewilder and confound the plain good sense of our ancestors. It was too much to have Danes, Saxons, and Popes to combat at once.

Our language suffered as much as our government; and not having acquired much from our Roman masters, was miserably disfigured by the subsequent invaders. The unconquered parts of the island retained some purity and some precision. The Welsh and Erse tongues wanted not harmony: but never did exist a more barbarous jargon than the dialect, still venerated by antiquaries, and called *Saxon*. It was so uncouth, so inflexible to all composition, that the monks, retaining the idiom, were reduced to write in what they took or meant for Latin.

The Norman tyranny succeeded, and gave this Babel of savage sounds a wrench towards their own language. Such a mixture necessarily required ages to bring it to some standard: and, consequently, whatever compositions were formed during its progress, were sure of growing obsolete. However, the authors of those days were not likely to make these obvious reflections; and indeed seem to have aimed at no one perfection. From the Conquest to the reign of Henry the Eight it is difficult to discover any one beauty in our writers, but their simplicity. They told their tale, like story-tellers; that is, they related without art or ornament; and they related whatever they heard. No councils of princes, no motives of conduct, no remoter springs of action, did they investigate or learn. We have even little light into the characters of the actors. A king or an archbishop of Canterbury are the only persons with whom we are made much acquainted. The barons are all represented as brave patriots; but we have not satisfaction of knowing which of them were really so; nor whether they were not all turbulent and ambitious. The probability is, that both kings and nobles wished to encroach on each other: and if any sparks of liberty were struck out; in all likelihood it was contrary to the intention of either the flint or the steel.

Même si ses traductions n'étaient pas parfaites, Louis XVI était considéré par ses contemporains comme un grand amateur de livres anglais. Dans ses mémoires, l'historien Gibbon écrit en 1780 :

« It may not be generally known that Louis XVI the sixteenth is a great reader and a reader of english books. »

Grâce à sa maîtrise de l'Anglais, Louis XVI sauva la vie du jeune capitaine Asgill âgé de seulement dix-neuf ans. Pierre Nougaret [(141)] rapporte que lors de la guerre d'indépendance d'Amérique, le capitaine anglais Asgill, prisonnier des Américains devait être pendu, en représailles à l'exécution du capitaine américain Huddy par les Anglais. Sa mère, Lady Asgill, malgré l'état de guerre entre la France et l'Angleterre, adressa le 18 juillet 1782, au comte de Vergennes, ministre des Affaires étrangères, une lettre pathétique le priant d'user de toute son influence auprès de l'État major américain pour épargner son fils. Mis au courant de ce courrier, Louis XVI traduisit cette lettre et donna l'ordre à Vergennes d'écrire au plus vite à Washington pour le conjurer de sauver le jeune Asgill.

Le généralissime fit part au congrès des vœux de la France et le capitaine Asgill retrouva la liberté le 7 novembre suivant.

Roussel d'Épinal nous livre le témoignage de Roland, ministre de l'Intérieur en 1792, qui s'étonne de la facilité avec laquelle Louis XVI lit et traduit des dépêches rédigées en anglais.

« J'ai entendu dire au ministre Roland, sur la fin de 1792, que Louis XVI était tellement versé dans la connaissance de cette langue, que lorsqu'il recevait une lettre écrite en anglais, après y avoir jeté un coup d'œil fort rapide, il la lisait en Conseil, en français, avec autant de facilité que si elle eût été écrite dans cette langue. »

Cette assertion est reproduite pratiquement mot pour mot par l'auteur anonyme de l'ouvrage : Vie publique et privée de Louis XVI [(8)].

« Lorsqu'il recevait une dépêche du gouvernement anglais, il ne faisait que jeter dessus un coup d'œil, et la lisait ensuite en français à son Conseil, comme si elle eût été écrite en sa propre langue. »

Le géographe

Louis XVI qui avait été initié par Philippe Buache dans l'art de lever les cartes, réalisa à quinze ans une carte des environs de Versailles [(131)], qui supposait de posséder parfaitement les techniques d'arpentage, de visée et de trigonométrie, nécessaires au calcul des angles et des distances. On lui doit aussi une carte du port de Cherbourg et de ses environs [(146)], ainsi que la description de la forêt de Compiègne qu'il effectua en 1765, à l'âge de onze ans [(147)].

Devenu roi, Louis XVI confia à Jean Antoine Croisey qui était graveur de cartes de marine [(148)], le soin de lever, graver et laver ses cartes. Il le rétribuait sur sa cassette personnelle par quart ou trimestre qui étaient de 450 livres en 1787, et 600 livres en 1789 et 1790. Louis XVI mettait parfois sa touche personnelle en finissant de laver les cartes de Croisey. Il eut aussi recours aux talents de Nicolas Ozanne et d'Edme Mentelle pour établir des cartes de villes, de ports et de forêts françaises. Ozanne dessina en 1788 le plan de la forêt de Fontainebleau qui lui fut payé 1 805 livres [(144b, 144d2)].

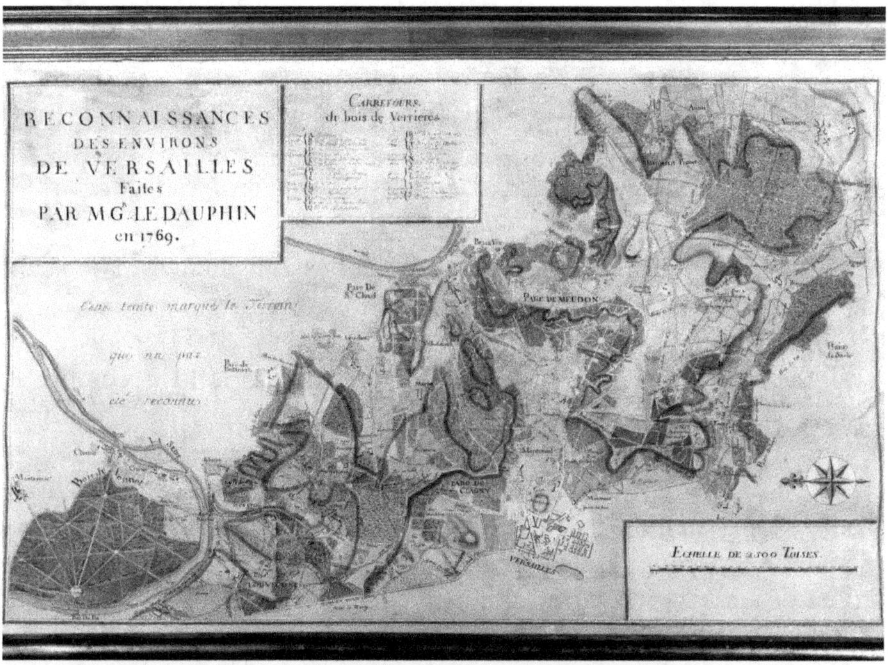

Carte des environs de Versailles réalisée par le duc de Berry en 1769 (Photo Bnf).

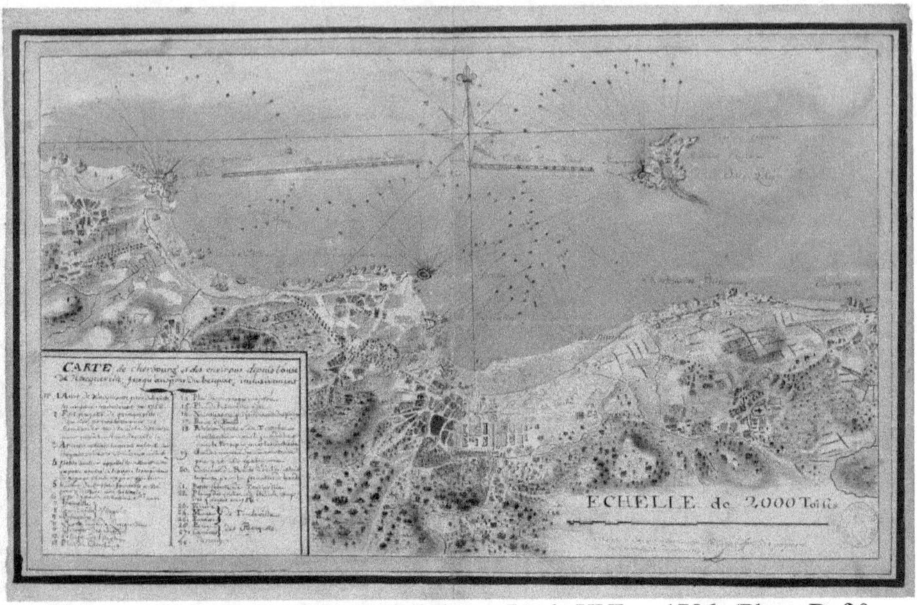

Carte de la rade de Cherbourg, réalisée par Louis XVI en 1786. (Photo Bnf)°
Louis XVI a mis de sa main l'apostille suivante au bas de la carte :
«Monsieur Cassini sera consulté sur l'effet des paysages et sur celui des teintes. »

Signé *L*.

Une note écrite par un certain Delamare en 1790, indique que cette carte a été trouvée dans les papiers de Cassini.

« Cette carte a été trouvée dans les papiers de Cassini, elle est portée sur un catalogue écrit de sa main, comme étant faite par Louis XVI qui la lui avait envoyée pour qu'il donne son avis sur l'effet des paysages et sur celui des teintes.

Les mots soulignés qui se trouvent au dessous du dessin de l'échelle de la carte sont d'ailleurs de la main de louis XVI. »

Donné caution le 11 décembre 1790
Delamare

Louis XVI qui n'a passé que quelques jours à Cherbourg lors de son voyage en juin 1786, ne peut avoir réalisé seul cette carte qui demande de longs repérages topographiques. Il c'est certainement contenté de laver l'épure, comme il le faisait parfois avec les cartes que Croisey lui dessinait. Il demande à Cassini son avis sur le rendu des teintes de la carte de la rade de Cherbourg qu'il a seulement coloriée.

Le chasseur

Sous l'Ancien Régime la chasse, plus qu'un sport ou un divertissement, était le signe distinctif de l'aristocratie. Fondée sur des principes ancestraux, elle maintenait les traditions de la noblesse en lui permettant d'affirmer sa prééminence sur le reste de la société.

Chaque seigneur, petit ou grand, se devait d'entretenir un ou plusieurs équipages pour tenir son rang. Ceux de la maison du roi étaient évidemment les plus importants et les plus prestigieux.

Depuis l'avènement de la monarchie, tous les souverains se sont adonnés à la chasse qu'ils considéraient comme l'exercice le plus noble. Les Bourbons ne faisaient pas exception à la règle, et ils ont pratiqué cette activité de façon de plus en plus intense de Henri IV à Louis XVI.

Les dépenses de la vénerie royale qui se montaient à cent mille livres par an sous Henri IV, passent sous Louis XIII à cent soixante mille livres puis à trois cent mille livres sous Louis XIV, pour atteindre un million six cent mille livres avec Louis XV et un million de livres au début du règne de Louis XVI [(142)].

Louis XV fut certainement le roi chasseur par excellence. De caractère timide et *ennuyé*, il trouvait dans la chasse un réconfort à son mal-être. Il chassait toutes les fois qu'il le pouvait, et les comptes du grand veneur nous rapportent qu'il pouvait en une semaine chasser jusqu'à cinq ou six fois.

Pour Louis XVI la chasse était une nécessité physique où il pouvait libérer toute son énergie. C'était aussi pour lui le moyen de s'affirmer et de paraître en rompant l'isolement qu'il s'imposait dans ses cabinets particuliers.

La vénerie royale sous Louis XVI [(142, 143)]

À son avènement en 1774, Louis XVI, conscient du déficit chronique des finances royales, réduisit considérablement les dépenses de la vénerie et des capitaineries qui avaient atteint des sommets sous le règne de Louis XV. Elles furent ramenées à environ un million de livres par an soit à peu près, un trentième des dépenses de la Maison du roi qui se montait alors à trente-deux millions de livres par an, soit 12% des revenus de l'État [(143)].

En 1774, le duc de Penthièvre qui avait la charge de grand veneur, ne comptait plus sous ses ordres qu'un lieutenant ordinaire et quatre lieutenants par quartiers, quatre sous-lieutenants et six gentilshommes.

Les lieutenants par quartiers furent supprimés en 1787, et le personnel subalterne considérablement réduit, néanmoins les équipages des différentes chasses se composaient encore en 1781, de 226 chevaux qu'entretenait une armée de 50 palefreniers. La vénerie était l'appellation générale qui regroupait les différents types de chasses à courre, chaque chasse demandait un équipage et des chiens différents selon l'animal chassé.

La plus prestigieuse et la plus importante était celle du cerf que l'on appelait la courre du cerf. Louis XVI dès 1774 ne garda qu'un seul équipage qui se montait encore à 154 chevaux en 1777. La petite meute fut destinée à chasser le chevreuil avec seulement 20 chevaux par souci d'économie. À ces deux chasses il faut rajouter la courre du sanglier et du lièvre ainsi que la courre du loup et celle du daim.

La chasse au sanglier pouvait se pratiquer de deux façons, soit à courre ; c'était le vautrait, soit à pied ; c'était la chasse dans les toiles. Après avoir fermé l'espace où se trouvait le sanglier par des toiles, l'animal était conduit par les rabatteurs, à grands cris, dans un enclos où il était assommé à coup de gourdin puis servi à la dague par le roi ou par une personne que le roi voulait distinguer. La chasse du vautrait avait un effectif de 55 chevaux, la meute des chiens était composée de solides mâtins et de chiens courants. Le vautrait était la chasse la plus appréciée après celle du cerf, la chasse dans les toiles qui s'apparentait plus aux jeux du cirque qu'à la cynégétique fut supprimée en 1787 [143].

La courre du lièvre se faisait avec des lévriers ou des chiens courants, mais Louis XVI ne la pratiqua que fort peu et la supprima en 1786.

La courre du loup était réservée au lieutenant de louveterie et n'avait pour but que d'empêcher la prolifération de cette espèce.

La courre du daim fut supprimée en 1774, et son équipage réformé.

À ces différentes chasses, à courre ou à pied, il faut ajouter les tirés qui consistaient à tirer au fusil tout gibier à plumes, du faisan à l'hirondelle !

Les chasses de Louis XVI

Dès l'âge de quinze ans, le jeune duc de Berry, jugé digne de chasser à courre, pratiqua cette chasse avec passion et assiduité à l'image de son grand-père, Louis XV. Devenu roi, ce fut pour lui l'occasion d'échapper à l'étiquette oppressante de la Cour. Pendant les heures qu'il passait à courir le cerf, le chevreuil ou le sanglier il se sentait libéré de toutes les contraintes que lui imposaient ses fonctions.

Il avait pris l'habitude, quand il commença à chasser, de noter dans son journal tous les détails de ses chasses : les dates, les lieux, les espèces courues et le nombre d'animaux tués. Ces notes lui permettaient de dresser en fin d'année des tableaux qui classaient par rubriques toutes les données de ses sorties. Il était d'usage de lui remettre le 1er janvier de chaque année la liste calligraphiée de ses chasses, présentée sous verre dans un cadre doré et sculpté de 29 pieds sur 32. Ces tableaux ornaient les murs de l'escalier conduisant à sa bibliothèque [(14)].

Dauphin, il pouvait librement s'adonner à sa passion. En octobre 1772, on relève 14 chasses au cerf, 2 au sanglier et 6 tirés, soit une moyenne de 5 sorties de chasse par semaine. Devenu roi la fréquence de ses sorties diminua. Pour le même mois d'octobre, en 1788, on ne note plus que 8 chasses au cerf et 8 tirés, soit un peu moins de 4 sorties par semaine.

Si l'on fait le bilan par année ; en 1785, Louis XVI a chassé 162 fois, soit une moyenne d'un peu plus de deux fois par semaine, avec 77 chasses au cerf, 22 au chevreuil, 9 au sanglier et 54 tirés [(144a à 144d1)].

La chasse à courre du cerf était la plus prestigieuse et la plus appréciée de la noblesse. Louis XVI la préférait à toutes les autres. Elle faisait l'objet d'un cérémonial particulier où toutes les traditions de la vénerie s'exprimaient. Le moment le plus rituel était l'hallali. Après avoir été traqué pendant des heures par les chiens, le cerf s'arrête épuisé, la meute se jette sur lui pour le mettre à mort tandis que les veneurs sonnent l'hallali. Un des gentilshommes de l'équipage s'approche et sert l'animal au couteau de chasse. Un piqueur découpe alors le pied droit du cerf, au-dessus de la jointure, en retire l'os, et confectionne une tresse avec la peau dénudée. Il remet le pied au commandant qui le présente au grand veneur, celui-ci le remet avec déférence au roi. Vient ensuite la curée où les entrailles fumantes du cerf sont livrées à l'appétit des chiens [(143)].

En dehors de la chasse à courre du cerf, Louis XVI appréciait la chasse à tir ou tiré. Louis XVI, très bon tireur, avait toute une collection de fusils précieux que l'on appelait l'artillerie du roi. Par un caprice de l'histoire, Napoléon Ier en hérita, et la vue de ces fusils l'amenait souvent à évoquer le tragique destin de Louis XVI. Selon Constant, son premier valet de chambre, l'empereur lui aurait déclaré [(145)] :

« Cet infortuné prince était bon, sage et instruit. À une autre époque c'eût été un excellent roi, mais il ne valait rien pour un temps de

Révolution. Il manquait de résolution et de fermeté, et ne sut résister, ni aux sottises de la Cour, ni à l'insolence des Jacobins. Les courtisans l'ont jeté aux Jacobins, qui l'on conduit à l'échafaud. À sa place je serais monté à cheval, et, avec quelques concessions d'un côté, quelques coups de cravache de l'autre, j'aurais tout fait rentrer dans l'ordre. »

Ces tirés faisaient l'objet de tableaux de chasses impressionnants. Le vendredi 6 octobre 1775, Louis XVI note dans son journal [144a à 144d1] : « tiré à la plaine de Créteil, tué 282 pièces » ; et pour le mois d'octobre 1775 : « tiré du mois, tué 1 453 pièces. » En décembre 1774 : « tué 933 pièces » ; et pour l'année 1774 : « tué : 6 757 pièces. » Le bilan de 1774 à 1787, donne le vertige, on a tué en l'espace de quatorze ans, 1 274 cerfs et tiré 189 251 pièces de gibier !

Les principaux espaces où Louis XVI chassait le cerf et le sanglier s'étendaient aux domaines de Versailles, de Saint-Germain, de Rambouillet, de Fontainebleau et de Compiègne. Avec son souci des récapitulations, il note pour l'année 1785, 26 chasses au cerf à Rambouillet, 11 à Saint-Germain, 11 à Versailles et 8 à Fontainebleau, et pour le sanglier dans la même année : 6 à Fontainebleau, 2 à Saint-Germain et une à Compiègne.

Son domaine préféré était Rambouillet où il chassait le plus souvent. Il l'acquit le 29 décembre 1783 de son cousin le duc de Penthièvre pour la somme de 16 millions de livres. Ce dernier qui hésitait à se séparer de la demeure qui l'avait vu naître, céda, quand Louis XVI lui confia qu'il y allait de son bonheur [142, 143].

C'est à Rambouillet que Louis XVI créa en 1785, une ferme expérimentale où il introduisit en 1786, l'élevage du mouton de race Mérinos, provenant d'Espagne, pour limiter l'importation de laines anglaises.

Les retours de chasses

Les soupers de retour de chasse étaient pour Louis XVI l'occasion de montrer un autre aspect de sa personnalité. D'un naturel réservé et par habitude peu bavard, il pouvait se montrer lors de ces soupers, très disert et donner par le menu tous les détails de ses exploits cynégétiques. M. de Séguret raconte dans ses mémoires qu'à la fin de ces soupers au moment de prendre le café [10] :

« Si la conversation était tombée avec le seigneur qui était placé à ses côtés sur la chasse du jour, et surtout s'il s'y était passé quelque chose d'extraordinaire, le roi la continuait en se levant. Alors, adieu le café ; le plaisir de parler chasse, qui avait tant d'attraits pour lui, le lui faisait oublier facilement. Il faisait beau nous voir le suivant dans les coins de la salle à manger, où il poussait son interlocuteur, lui racontant tous les accidents de la journée. S'il se retournait pour prendre sa tasse, c'était encore pis ; il n'y avait plus de raison pour qu'il nous la rendît, la conversation reprenait de plus belle et elle ne se terminait que lorsque le roi avait conduit son homme dans tous les lieux que le cerf lui avait fait parcourir, nommé les villages et fermes par où il avait passé, les rivières qu'il avait traversées et comment il les avait traversées, toutes les ruses que l'animal avait employées pour se soustraire à la poursuite des chiens, décrit tous les accidents du terrain, etc., Je puis certifier que Sa Majesté prenait souvent son café bien plus froid que vous et moi, et que le seigneur qu'il avait ainsi dire traqué avait probablement plus d'impatience de sortir de cet état de gêne que nous, de nous tenir sur nos jambes. »

Le journal de Louis XVI

Louis XVI a tenu régulièrement son journal du 1er janvier 1766 au 31 juillet 1792. Il est entièrement écrit de sa main et comprend 344 pages au format *in quarto* [(144a à 144d1)].

Il relate les faits les plus importants de ses journées. Il est conservé aux Archives nationales dans l'armoire de fer ; véritable coffre-fort qui renferme les documents les plus importants de l'histoire de France. La plupart des historiens qui se sont penchés sur le contenu de son journal n'y voient qu'un journal relatant ses chasses avec quelques brèves et laconiques informations sur son quotidien. Tous se sont étonnés ou ont glosé sur son fameux rien du mardi 14 juillet 1789. À l'évidence ce journal peut être considéré comme un agenda où Louis XVI nous livre de façon succincte ses relations de chasse. Les notes qu'il prend lui serviront plus tard pour établir ses tableaux de récapitulations annuelles, mais il nous livre aussi quelques informations sur sa vie qui révèlent en fait sa véritable personnalité.

En plus de ce journal personnel, Louis XVI rédigeait le journal de ses dépenses particulières, pensions et gratifications tirées sur sa cassette [(144d2)].

Dans ce journal Louis XVI donne le détail de toutes ses dépenses, des plus importantes aux plus insignifiantes, rien n'échappe à ses comptes de petit boutiquier qui semblent complètement décalés face à son statut de monarque le plus puissant du monde occidental.

Il rédigeait aussi un troisième journal où il donnait un compte rendu détaillé de ses chasses où l'on pouvait suivre la courre du cerf depuis son débuché jusqu'à son hallali avec tous les noms des lieux que la chasse avait traversés [(144d3)].

De son éducation religieuse rigoriste, Louis XVI a conservé le goût de la réserve, de la pudeur et du secret. Exprimer ses sentiments est pour lui une chose inconvenante qui ne sied pas à sa grandeur. Aussi n'est-il pas étonnant de ne trouver aucune réaction affective dans les évènements douloureux qu'il relate. Ceux-ci tombent avec la brièveté et la froideur des dépêches d'agences de presse.

En juillet 1789, il écrit :

- Dimanche 12 : vêpres et salut, départ de MM. de Montmorin, Saint-Priest et La Luzerne.
- Lundi 13 : rien.

- Mardi 14 : rien.
- Mercredi 15 : séance à la salle des États et retour à pied.
- Vendredi 17 : voyage à Paris à l'Hôtel de Ville.
- Samedi 18 : rien.
  Et en octobre 1789 :
- Lundi 5 : tiré à la porte de Châtillon, tué 81 pièces, interrompu par les événements, aller et revenir à cheval.
- Mardi 6 : départ pour Paris à midi et demie, visite à l'Hôtel de Ville, soupé et couché aux Tuileries.

Ainsi pendant les heures tragiques des mois de juillet et octobre 1789, on ne perçoit aucun signe d'inquiétude. On a l'impression que rien ne s'est passé, ni la prise de la Bastille, ni le départ de Versailles le 6 octobre, où le peuple l'emmène comme otage. À le lire, on pourrait croire à une simple promenade d'agrément, il est reçu à l'Hôtel de Ville et il soupe et couche aux Tuileries comme s'il était en visite.

En fait Louis XVI jette un voile pudique sur des événements qu'il ne contrôle plus et qui lui échappent. Son rien du 14 juillet ne signifie pas qu'il ne s'est rien passé ou qu'il n'a pas chassé, mais plutôt qu'il minimise les conséquences de la prise de la Bastille. Pour lui ce n'est rien, comme l'on dit d'un problème que l'on veut évacuer sans en mesurer toutes les implications. Bien qu'il ait été tenu au courant de l'insurrection populaire dans la soirée du 14 par une délégation de l'Assemblée nationale qui lui demande d'éloigner les troupes massées près de la capitale, il pense au matin du 15, quant-il questionne le duc de La Rochefoucauld-Liancourt sur les événements de la veille, n'avoir à faire qu'à une simple révolte. Ce dernier le dissuade par son fameux : « non, Sire c'est une révolution. »

Inconscient ou poussant les récapitulations jusqu'à l'absurde par souci du détail, il note dans le bilan qu'il fait de l'année 1789, à la rubrique voyage : Paris du 6 octobre au 31 décembre, 86 jours. Avait-il le fol espoir de revenir à Versailles ou ne se rendait-il pas compte que la Révolution était inexorablement en marche et que la royauté était menacée ?

Les riens

Plus déroutant sont les riens qui accolés à la relation d'événements tragiques provoquent un sentiment de malaise chez le lecteur non averti.

- Mercredi 21 novembre 1781 : rien, mort de M. de Maurepas à dix heures et demie du matin.
- Lundi 12 février 1787 : rien, l'extrémité de M. de Vergennes m'a empêcher de chasser aux Loges.
- Mardi 13 février 1787 : rien, mort de M. de Vergennes à 3 heures du matin.
- Vendredi 15 juin 1787 : rien, la maladie de ma fille cadette m'a empêché de chasser.

Louis XVI qui ne veut pas et ne peut pas exprimer ses sentiments, utilise ce simple mot, rien, comme d'un code pour marquer son ennui ou sa douleur, voire son désespoir. On pourrait le traduire par rien de bien, ou rien d'intéressant.

Certains ont prétendus que ces riens signifiaient uniquement l'absence de chasse. Mais après le 6 octobre 1789, alors qu'il est retenu au château des Tuileries et qu'il ne peut plus chasser, ses déplacements étant réduits à de rares promenades dans le jardin des Tuileries, il n'a plus lieu de mentionner le mot rien dans son journal, or dans les jours qui suivent, on peut lire :

- Mercredi 7 octobre : rien, mes tantes sont venues dîner.
- Lundi 12 : rien, le cerf chassait à Port Royal.
- Mardi 13 : rien.
- Jeudi 15 : rien.
- Vendredi 16 : rien.
- Lundi 19 : rien, le cerf chassait au Butard.

L'emploi de l'imparfait *chassait* trahit la tristesse qui l'envahit quand la chasse qu'il aimait tant continue sans lui.

Après le 14 juillet 1790, célébré par la fête de la Fédération, où l'on assiste à une certaine réconciliation entre le peuple et la monarchie, Louis XVI peut faire de longues promenades à cheval autour de Paris et notamment dans les forêts de Saint-Germain et de Marly ou dans les parcs de Saint-Cloud et de Meudon.

Il peut même, au cours de ses promenades, pratiquer le tir.

- 24 juillet 1790 : Promenade à cheval par le clos Toutain, et tué 6 pièces aux Hubies.

- 23 août 1790 : Promenade à cheval à 9h au Trou d'enfer et tué 93 pièces.
- 16 octobre 1790 : Promenade à cheval à 9h ½ au parc de Meudon, tué 48 pièces.

Il peut aussi chasser avec des chiens.

- 28 septembre 1790 : Promenade à cheval à 9h ½ au Butard, rien tué avec les bassets.

Mais rapidement la situation se tend et on lui retire ses fusils. Il continue cependant ses promenades qui le conduise, selon les jours, à Paris, au bois de Boulogne, ou au sud-ouest de la capitale : à Fausse-repose, le Butard, Ville d'Avray, Garches, le Vésinet, Villacoublay, Igny, Jouy, Verrières, Clamart, Meudon, Sèvres, où au Nord de Paris, à Ménilmontant, Noisy, Asnières, Gennevilliers, Clichy, Saint-Ouen. Mais lors de ses promenades, il ne pourra jamais approcher son cher Versailles.

Après le 6 octobre 1789, les équipages de la chasse royale continueront la courre du cerf sans le roi, jusqu'au 14 septembre 1790, date à laquelle les équipages seront réformés. Ce jour là Louis XVI écrit dans son journal :

« Le cerf chassait pour la dernière fois, à la croix de Saint Herem (forêt de Fontainebleau). »

En 1791, son désenchantement grandit, on note pour le mois de janvier 17 jours où figure seulement le mot rien, en février, 18 et en mai, 19.

En juillet 1791, à son retour de Varennes, alors qu'il ne chasse plus depuis près de deux ans, il écrit d'une plume rageuse, en travers de la page :

« Rien de tout le mois. » et le mois suivant : « Tout le mois a été comme celui de juillet. »

Manifestement après son évasion manquée, il est en plein désarroi et plus rien ne l'intéresse. Comme Louis XV, Louis XVI était sujet à la dépression. En 1787, après l'échec du plan Calonne, dû à l'opposition de la Cour, de la haute aristocratie et des parlements, il tombe dans une profonde crise qui marquera durablement son attitude pendant les heures difficiles de la Révolution et expliquera en partie son indécision et ses erreurs de jugement face à une situation qu'il ne contrôle plus.

Le 26 mai 1792, il fera sa dernière promenade à cheval au bois de Boulogne, quelques semaines avant la prise des Tuileries le 10 août 1792.

L'expédition La Pérouse (3, 149, 150)

Le traité de Paris signé le 10 février 1763, mettait fin à la guerre de sept ans (1756-1763). La France en sortait vaincue et humiliée, son empire colonial était démantelé au profit de l'Angleterre, grande bénéficiaire de ce traité. Elle lui cédait en Amérique du Nord, le Canada, l'Acadie, le golf du Saint-Laurent et tous les territoires de la Louisiane situés à l'est du Mississipi. Dans les Indes orientales elle devait lui abandonner toutes ses possessions, à l'exception des cinq comptoirs. Ne restait de son immense empire en Amérique du Nord que les îles de Saint-Pierre-et-Miquelon, et dans les Antilles, les îles de la Guadeloupe, de Marie-Galante, de la Désirade, de la Martinique et de Sainte-Lucie. En Afrique elle ne possédait plus que l'île de Gorée, restituée par l'Angleterre. L'Espagne cédait à l'Angleterre la Floride en échange de la partie occidentale de la Louisiane située à l'ouest du Mississipi, enlevée à la France.

Son économie était ruinée et sa Marine quasiment anéantie. Pourtant Choiseul tenta de restaurer la flotte française pour lutter contre la toute-puissance maritime anglaise. Mais ses efforts furent insuffisants. Au moment de sa disgrâce en 1770, la Marine française ne disposait que de 64 navires de ligne contre 142 pour son homologue anglaise. Par manque de crédits les bâtiments n'étaient plus correctement entretenus. À la mort de Louis XV en 1774, il n'y avait plus que 43 navires de lignes en service.

Dès son avènement, Louis XVI qui voulait reconstruire sa Marine et l'amener au niveau de la Marine anglaise, voire la surpasser, nomma le 24 août 1774, Antoine de Sartine, secrétaire d'État à la Marine et aux Colonies pour réaliser son projet. Sartine s'attela à la tâche avec zèle et efficacité. Il leva tout d'abord un emprunt de 15 millions de livres pour rembourser les dettes de son département et réforma complètement l'administration maritime par les sept ordonnances du 27 septembre 1776. Louis XVI suivait attentivement cette réorganisation et donnait des instructions détaillées. Malgré des finances constamment déficitaires, le budget de la Marine passa de 17,7 millions de livres en 1774, à 74 millions en 1778.

Pendant le ministère de Sartine de 1774 à 1780, on construisit 22 vaisseaux de ligne, 33 frégates, et l'on rénova une trentaine de bâtiments.

Le maréchal de Castries qui succéda à Sartine s'efforça pendant tout son ministère de 1780 à 1787, de continuer et de parachever l'œuvre de son prédécesseur. Au moment de la guerre d'Indépendance d'Amérique, la France était capable d'affronter victorieusement la marine anglaise.

Le 23 juillet 1778, la flotte du Ponant aux ordres du comte d'Orvilliers, forte de vingt-neuf navires affronta au large d'Ouessant la flotte anglaise de l'amiral Auguste Keppel composée de 30 bâtiments. L'engagement fut d'une grande violence et bien qu'indécis au début, tourna par la suite à l'avantage des français. La nuit venue, l'Amiral Keppel en profita pour prendre la fuite. On déplora 127 morts du côté français et 407 du côté britannique. Cette première victoire remportée sur la Marine anglaise depuis de nombreuses années consacra les efforts entrepris par Louis XVI et ses ministres Sartine et Castries pour rétablir la Marine royale. Après la victoire de Yorktown, remportée le 29 septembre 1781, par l'amiral de Grasse et les armées de Rochambeau et de Washington sur l'armée du général anglais Cornwallis, l'Angleterre fut contrainte de négocier et de reconnaître l'indépendance des treize colonies américaines. L'armistice fut signé le 20 janvier 1783, à Versailles et le traité de paix ratifié le 3 septembre 1783, à l'hôtel d'York à Paris. La France n'en tirait que peu d'avantages territoriaux ; on lui cédait l'île de Tobago aux Antilles et on lui reconnaissait la pleine souveraineté de Dunkerque, mais elle avait retrouvé la maîtrise des mers [3].

Il était de tradition à la fin d'une guerre de désarmer une grande partie des bâtiments de la Marine et de renvoyer sur leurs terres les officiers qui les commandaient.

Louis XVI, après la fin de la guerre d'Indépendance d'Amérique, voulut utiliser une partie de ce potentiel technique et humain pour monter une expédition dans une optique scientifique, commerciale et politique. Passionné de géographie, il avait étudié tous les voyages des grands marins qui avaient sillonné les océans, surtout depuis la seconde moitié du XVIIIe siècle, et lu tous les récits qu'ils avaient publiés.

Parmi ceux-ci, on peut citer les voyages de John Byron (1764-1766) qui découvrit les îles Ellice et prouva que la terre de Davis n'existait pas ; de Samuel Wallis (1766-1768) qui aborda le premier dans l'île de Tahiti (île du roi Georges) ; de Philip Carteret qui retrouva en 1767, les îles Salomon, découvertes deux cents ans plus tôt en 1568, par le navigateur espagnol Álvaro de Mendaña y Neira ;

de Louis Antoine de Bougainville (1766-1769) qui découvrit les archipels des Tuamotu, des Samoa, des Grandes Cyclades et de la Société ; de Yves Joseph de Kerguelen de Trémarec (1771-1774) qui découvrit les terres australes qui portent aujourd'hui son nom, et surtout les trois voyages de James Cook. Le premier (1768-1771) lui permit d'explorer l'archipel néo-zélandais et de prendre possession de la côte est de l'Australie ; le second (1772-1775) lui fit découvrir la Nouvelle-Calédonie, l'île de Pâques, et en allant jusqu'à une latitude de 71°, aux limites de la banquise, montra qu'il n'existait pas de continent austral à des latitudes tempérées ; enfin le troisième (1776-1780) avait pour but d'explorer la partie inconnue du Pacifique, de l'Alaska russe à la Californie espagnole et d'essayer de trouver le passage mythique du Nord-Ouest permettant la jonction directe des océans Pacifique et Atlantique. Au cours de ce voyage il découvrit les îles Christmas et l'archipel des Hawaï.

Après avoir lu l'édition du troisième voyage de Cook qui parut en 1784, Louis XVI avait fait le constat qu'il restait encore beaucoup de zones d'ombre dans la cartographie du Pacifique et qu'il pouvait y avoir d'autres terres à découvrir et d'autres routes maritimes à explorer pour développer le commerce avec des pays lointains comme la Chine ou le Japon. Il confia son projet à son ministre de la Marine, le maréchal de Castries, ce dernier lui indiqua Fleurieu comme l'homme le plus compétent pour le réaliser. Charles Pierre de Claret, comte de Fleurieu, ancien capitaine de vaisseau, était depuis 1776, directeur des ports et arsenaux, poste clé où il eut la charge de préparer les plans des opérations de la guerre d'Amérique. Mis au courant par Castries du projet de Louis XVI, Fleurieu accepta d'être le principal promoteur d'un voyage autour du monde dans la ligne de ceux du capitaine Cook qui avaient rapporté gloire et prestige à l'Angleterre.

Les préparatifs de ce voyage durèrent environ un an, de 1784 à l'été 1785. Dès le début Fleurieu avait pressenti Jean-François de Galaup, comte de La Pérouse, pour commander l'expédition en raison de sa remarquable navigation, en 1782, dans les eaux glacées de la baie d'Hudson.

Afin de ne pas éveiller la concurrence anglaise, les deux hommes se rencontraient dans le plus grand secret pour élaborer les phases préparatoires du projet. Fleurieu tenait Louis XVI régulièrement informé et le rôle du ministre de la Marine, le maréchal de Castries, se bornait à superviser et à donner les autorisations nécessaires à la bonne marche des préparatifs.

Le 9 mars 1785, Louis XVI confia officiellement à La Pérouse le commandement en chef de l'expédition et Paul Antoine Fleuriot de Langle fut nommé commandant en second, début avril.

Le 15 mars, on choisit deux navires Le Portefaix et L'Autruche comme vaisseaux de l'expédition. Ces deux bâtiments, des flûtes de 450 tonneaux, furent armés à Brest et qualifiés de frégates sous les noms respectifs de La Boussole et L'Astrolabe.

La Pérouse commanderait La Boussole et Fleuriot L'Astrolabe.

L'itinéraire fut établi à partir des cartes réalisées par le directeur du dépôt des cartes, le chef d'escadre de Chabert-Cogolin et par le géographe Jean Nicolas Buache de la Neuville, neveu de Philippe Buache qui avait enseigné la géographie à Louis XVI et à ses frères. Ils disposaient des données cartographiques fournies par les précédents navigateurs au cours de leurs expéditions autour du monde, qu'ils durent minutieusement dépouiller et analyser. L'un des buts de ce voyage était de compléter et d'affiner ces données qui étaient bien souvent approximatives. La cause principale d'erreurs dans ces cartes était l'imprécision sur la détermination de la longitude ; en effet pour calculer exactement la longitude il fallait disposer de montres de marine très précises, capables de conserver l'heure du méridien de référence sans aucune variation sur de grandes durées. La longitude étant mesurée à partir du décalage horaire entre l'heure locale et l'heure du méridien de référence. À l'époque ces montres de marine faisaient l'objet d'une intense recherche, notamment de la part des horlogers français, Ferdinand Berthoud et Pierre Le Roy, suite aux travaux de l'Anglais John Harrison qui fut le premier à réaliser en 1734, un mécanisme doté d'un ressort à spirale fabriqué à partir d'un alliage de laiton et d'acier à très faible coefficient de dilatation. L'heure donnée par ces chronomètres ne variait que de quelques secondes sur de longues périodes. Louis XVI suivait de très près les recherches de ces deux horlogers pour obtenir des horloges toujours plus précises et notamment les travaux de Pierre Le Roy qui avait été son professeur d'horlogerie.

Le plan de navigation devait combler les lacunes laissées par Cook lors de ses trois voyages. On opta pour un voyage de quatre ans en faisant des escales tous les quatre mois pour éviter les attaques de scorbut des très longs séjours en mer.

Ce projet d'expédition répondait à trois grands objectifs.

Le premier devait avant tout faire progresser les connaissances scientifiques dans tous les domaines. Condorcet, secrétaire perpétuel de l'Académie des sciences, rédigea lui-même les programmes d'études qui intéressaient aussi bien la géographie, que l'astronomie, la météorologie, la physique, la chimie, la botanique, la zoologie, la minéralogie ou la médecine. Condorcet, Buffon et Jussieu furent chargés de recruter les meilleurs spécialistes dans ces différentes disciplines. Au total 17 savants participèrent à cette expédition, qui furent :

Sur La Boussole :

- Jean Honoré Robert de Paul, chevalier de La Manon ; physicien, minéralogiste, météorologiste et botaniste. Massacré par les indigènes à Tutuila le 11 décembre 1787.
- Joseph Lepaute d'Agelet ; astronome en chef de l'expédition, membre de l'Académie royale des sciences, professeur à l'école royale militaire.
- Gérault Sébastien Bernizet ; ingénieur géographe, professeur à l'école royale militaire.
- Gaspard Duché de Vancy ; dessinateur en figures et paysages.
- Jean Louis Robert Prévost, dit le jeune, neveu de Guillaume Prévost, embarqué sur L'Astrolabe ; dessinateur pour la botanique.
- Paul Mérault de Monneron ; capitaine au corps royal du génie, embarqué en qualité d'ingénieur en chef et chargé d'expérimenter de nouveaux remèdes pour lutter contre le scorbut.
- Jean Nicolas Collignon ; jardinier-botaniste, embarqué comme surnuméraire et recruté par le botaniste André Thouin.
- Pierre Guéry ; armurier-horloger, embarqué comme surnuméraire.
- Claude Nicolas Rollin ; chirurgien major ; chargé d'études de botanique et de sciences naturelles.
- L'abbé Jean André Mongez ; chanoine régulier de la congrégation de France ; physicien et minéralogiste. Chargé des fonctions d'aumônier.

Et sur L'Astrolabe :

- Louis Monge (frère de Gaspard Monge qui sera ministre de la marine en 1792 et l'un des fondateurs de l'école polytechnique) ; astronome et professeur à l'école royale militaire, débarqué à Ténériffe le 29 août 1785 pour raison de santé.
- Joseph Hugues Boissieu de La Martinière ; médecin et botaniste
- Jean Nicolas Dufresne ; naturaliste et physicien, débarqué à Macao le 1er février 1787 pour inadaptation à la vie à bord.
- Guillaume Prévost (oncle de Prévost le jeune) ; dessinateur pour la botanique.
- Jean Baptiste Barthélemy de Lesseps (oncle de Ferdinand de Lesseps), vice-consul de Russie, secrétaire-interprète du Roi en langue russe, débarqué à Pétropavlovsk au Kamtchaka, le 29 septembre 1787, pour porter au roi, à travers la Sibérie et la Russie, les rapports, les lettres et le journal de bord de La Pérouse. De Lesseps arrivera à Versailles le 17 octobre 1788 et publiera en 1790 le journal historique de son voyage à travers l'empire russe [(151)]. Le journal de La Pérouse sera publié en 1797, par un décret de l'assemblée nationale du 22 avril 1791 [(152)].
- Simon Pierre Lavaux ; chirurgien ordinaire de la Marine, botaniste et naturaliste, chargé d'études de botanique et de sciences naturelles.
- Le R.P. Claude François Joseph Receveur ; cordelier du grand couvent de Paris, faisant les fonctions d'aumônier et chargé d'études de sciences naturelles. Blessé le 11 décembre 1787 lors de l'attaque d'indigènes à Tutuila, il mourut le 17 février 1788 à Botany Bay des suites de ses blessures.

Napoléon Bonaparte aurait postulé pour faire partie de l'expédition en tant que scientifique, mais il ne fut pas retenu, vraisemblablement en raison de son jeune âge, il n'avait que seize ans.

Au départ de Brest le 1er août 1785, l'expédition se composait de 222 personnes, officiers, savants, membres de l'équipage et domestiques.

L'aspect humain était pris en considération, l'expédition se voulait dénuée d'esprit guerrier ou de conquête. Louis XVI avait déclaré :

« De tous les bienfaits que la munificence du Roi veut faire présent aux habitants des pays nouvellement découverts, les végétaux utiles à la nourriture des hommes sont sans contredit ceux qui leur procureront les biens les plus durables. »

Le botaniste André Thouin fut chargé d'embarquer dans des caisses qu'il avait spécialement aménagées pour le voyage, de nombreux plants d'arbres fruitiers, ainsi que des plantes en pots et des sacs de graines et de semences. On alla même jusqu'à emmener des couples d'animaux pour introduire l'élevage dans les pays visités.

Le second pôle d'intérêt était le commerce des fourrures entre la côte nord-ouest de l'Amérique, du détroit de Béring au port de Nootka (dans l'île de Nootka contiguë à l'île de Vancouver) et les côtes chinoises et japonaises. Ce commerce devait être la réplique à celui, très lucratif, que se livraient les Anglais au Canada et dans la baie d'Hudson. Accessoirement on s'intéresserait à la chasse à la baleine en Atlantique sud entre les îles Sandwich du sud et le cap Horn.

Enfin, le dernier objectif était d'ordre politique, il devait restaurer le prestige de la France, face à l'Angleterre, dans les domaines scientifique et surtout maritime.

Fleurieu rédigea dès le 15 février 1785, les instructions générales du projet sous le titre : Projet de découvertes. Louis XVI les annota de sa main, fort de ses connaissances en géographie.

La version définitive du projet fut achevée le 26 juin 1785. L'ensemble des instructions données à La Pérouse a été réuni dans un manuscrit de 312 pages, établi en trois exemplaires et intitulé :

Projet, Instructions, Mémoires et autres pièces, relatifs au Voyage de découvertes ordonné par le Roi sous la conduite de M. de La Pérouse, Capitaine des vaisseaux de Sa Majesté, Commandant ses Frégates La Boussole et L'Astrolabe expédiées du port de Brest en 1785.

Un exemplaire fut remis à Louis XVI [(153)], un autre à La Pérouse et le dernier à Fleurieu.

Faisant suite à ses instructions générales de février, Fleurieu rédigea la première des cinq parties qui composaient le mémoire ayant pour titre :

Mémoire du Roi pour servir d'instruction au sieur de la Pérouse, Capitaine de ses vaisseaux, Commandant les frégates de Sa Majesté, La Boussole et L'Astrolabe, ainsi que la note préliminaire à ce mémoire. Dans cette première partie intitulée : *Plan du Voyage ou Projet de Navigation*. Fleurieu détaille l'itinéraire que devra suivre La Pérouse en tenant compte des remarques que Louis XVI avait portées sur son premier projet. Les quatre autres parties ont été rédigées par Louis XVI lui-même.

La seconde partie concerne la politique et le commerce, la troisième est relative aux études scientifiques, la quatrième à la conduite à tenir avec les indigènes des pays visités et la cinquième traite des problèmes de santé, susceptibles de se poser aux membres de l'équipage au cours du voyage.

Les instructions données à La Pérouse sont reproduites ci-dessous, à partir du manuscrit de Louis XVI [(153)].

Projet de découvertes
(Instructions rédigées par Fleurieu le 15 février 1785 et annotées par Louis XVI)

Les voyages du capitaine Cook ont fait connaître à l'Europe de vastes pays, des îles éparses et des amas d'îles, quelques-uns découverts anciennement par les premiers navigateurs qui pénétrèrent dans la grande mer du Sud [1], mais restés dans l'oubli depuis l'époque de leurs découvertes, et d'autres dont l'existence était ignorée.

Mais quoique ce voyageur, à jamais célèbre, ait infiniment ajouté à nos connaissances en géographie, quoique le globe qu'il a parcouru dans toutes les parties où des mers de glace n'ont point arrêté sa course, soit assez connu pour être certain qu'il existe point de continent où les Européens n'aient abordé, il s'en faut bien que nous ayons une connaissance complète de la terre, et particulièrement des côtes du nord-ouest de l'Amérique, de celles de l'Asie qui y sont opposées et des îles qui doivent être éparses dans la mer qui sépare ces parties des deux continents. On n'a point même encore fixé la position de plusieurs îles indiquées dans l'océan Méridional [2] entre l'Afrique et l'Amérique dont on ne connaît l'existence que sur le rapport des navigateurs qui en ont fait la découverte ; et dans les mers d'Asie, plusieurs parties ne sont encore qu'ébauchées. Il reste donc beaucoup à faire à la nation qui voudra s'occuper d'achever la description du globe terrestre. Les Portugais, les Espagnols et les Hollandais, dans les premiers temps, et les Anglais dans ce siècle, ont ouvert de nouvelles voies à la navigation, et tout semble inviter les Français qui partagent avec eux l'empire des mers, à perfectionner un travail auquel, jusqu'à présent, ils n'ont eu qu'une faible part.

L'utilité qui peut résulter d'un voyage de découverte, dans la circonstance favorable de la paix, tant pour le progrès et l'extension du commerce national, que pour le perfectionnement de la géographie, m'ont fait accueillir les vues qui m'ont été présentées pour une entreprise de cette nature. Le plan qui m'a été proposé avait pour objet principal d'établir un commerce de pelleterie à tirer des côtes du nord-ouest de l'Amérique, pour les porter à la Chine où le débit en est assuré et très lucratif. En effet, à en juger par les relations du dernier voyage du capitaine Cook, une cargaison de la valeur de quatre-vingt-

[1] La grande mer du Sud était l'ancien nom de l'océan Pacifique

[2] L'océan Méridional était l'appellation des parties sud des océans Atlantique et Indien.

dix à cent mille livres tournois, en étoffes de laines et en ouvrages de fer et de cuivre, pourrait suffire à traiter à l'Amérique, deux mille cinq cents peaux de loutre de mer, dont le produit à la Chine, s'élèverait à plus de six cents mille livres, auquel il faut ajouter le bénéfice à faire sur les marchandises d'Asie qu'on pourrait y prendre en échange de ce premier produit, pour être transportées et vendues en Europe.

Le projet de cette campagne peut être présenté sous deux points de vue.

Dans le premier, les bâtiments de Votre Majesté porteraient une cargaison d'objets assortis pour traiter les pelleteries à la côte de l'Amérique, et après qu'on se serait assuré par cette voie du bénéfice qui peut résulter pour la France des doubles échanges faits à l'Amérique et en Chine, les sujets de Votre Majesté seraient invités à suivre cette nouvelle branche de commerce, soit par des opérations particulières autorisées à cet effet, soit par la Compagnie des Indes, qui peut la comprendre dans son privilège. Dans l'autre plan, on ferait ouvrir et tenter ce commerce par un navire appartenant à des particuliers, lequel opérerait sous la protection des bâtiments de Votre Majesté, et j'ai déjà reçu des offres d'une compagnie dont les spéculations se sont dirigées vers cet objet. Cette dernière forme éprouvera cependant une difficulté, en ce qu'il serait nécessaire de déroger pour cette expédition, au privilège subsistant de la Compagnie des Indes, et de permettre le retour en France, en marchandises de la Chine, au navire désigné qui aurait pris ces marchandises en échange des pelleteries tirées de la côte du nord-ouest de l'Amérique. On ne peut se dissimuler que les navires naviguant sous le privilège de la Compagnie des Indes, qui auraient formé leurs cargaisons à la Chine aux prix et dans la forme ordinaire, éprouveraient un grand désavantage à la vente en Europe, s'ils se trouvaient en concurrence avec le premier, car, celui-ci, en livrant les marchandises de Chine à des prix très inférieurs à ceux du commerce direct, serait encore assuré d'un bénéfice fort au-dessus de celui que procurent les opérations de la Compagnie des Indes dans les circonstances les plus favorables.

Mais l'entreprise de commerce qui n'est ici que l'accessoire du projet d'une campagne de découvertes, sera l'objet d'un mémoire particulier. Je ne traiterai dans celui-ci, que ce qui concerne proprement les parties du globe à faire reconnaître par les bâtiments de Votre Majesté, et je me bornerai à y indiquer en général les rapports que l'entreprise de commerce pourrait avoir dans la navigation, avec celle de découvertes.

J'ai en conséquence, l'honneur de proposer à Votre Majesté, l'armement de deux de ses gabares, l'une du port de cinq cents à six cents tonneaux, et l'autre de trois cents, qui ont paru les bâtiments les plus propres, par leur construction, à être employés pour un voyage de découvertes. Elles seront approvisionnées de tout ce qui est nécessaire ou seulement utile pour une campagne qui devra durer trois années, et il ne sera rien négligé de ce qui peut contribuer au succès complet de l'entreprise, et à la conservation des équipages pendant une si longue navigation dans des mers qui ne sont pas fréquentées.

Il résulte des calculs que j'ai fait faire, que la dépense de cette expédition n'excédera pas six cent trente-sept mille livres, à répartir sur trois années, et dans cette somme se trouve comprise celle de quatre-vingt-dix-sept mille livres pour le traitement à faire en appointements ou en subsistance, à dix-sept savants ou artistes, tels qu'astronomes, botanistes, minéralogistes, ingénieurs géographes et dessinateurs qui seront employés dans l'expédition pour en retirer les avantages de tout genre que Votre Majesté doit en attendre.

Je me bornerai dans ce mémoire à donner un précis des découvertes à faire ; j'y fixerai les principales époques de la campagne, et pour indiquer les rapports qu'une opération de commerce pourrait avoir avec l'objet essentiel de l'expédition, je supposerai qu'il sera adjoint aux deux bâtiments de guerre, un navire marchand qui opérera sous la protection des premiers, s'occupera des moyens de traiter des pelleteries à la côte du nord-ouest de l'Amérique et sera chargé de leur transport en Chine, et de la suite de l'opération pour apporter les retours de la Chine en Europe.

Les deux gabares seront expédiées de France vers le milieu du mois de mai [(a)]. Elles pourront relâcher aux îles du Cap Verd (Vert) pour y faire de l'eau et du bois. En quittant ces îles, elles feront route pour couper la ligne par la longitude déterminée pour la saison. Les deux bâtiments se sépareront après le passage de la ligne pour multiplier les découvertes, visiter en moins de temps l'océan Méridional, fixer la position de quelques îles connues et vérifier l'existence de quelques autres [(b)].

Notes de Louis XVI
(a) « Bien. »
(b) « La séparation ne doit pas se faire ; elle est trop dangereuse dans des mers inconnues. »

Le premier recherchera les îles de Gough [3], de Diego Alvarèz et de Tristan da Cunha, et s'élèvera jusqu'au cap supposé de la Circoncision [4], découvert en 1739, par le capitaine Lozier Bouvet [(c)]. Il reprendra ensuite vers l'ouest pour venir à la recherche de la terre Sandwich (îles Sandwich du sud) et de l'île nommée par Cook, Georgia [5], que tout annonce devoir être la même qui fut découverte en 1675, par Antoine La Roche, Français, et retrouvée en 1756, par le sieur Duclos Guyot de Saint-Malo [(d)] La Roche découvrit encore à environ deux cents lieues au nord de celle-ci, une autre île qu'il nomma île Grande [6] et qui depuis ce temps, n'a été vue par aucun navigateur. La position de toutes ces îles dans l'océan Méridional en rend la reconnaissance très intéressante. Si elles offrent quelques bons ports, si l'on y trouve de l'eau et du bois, elles peuvent servir de lieu de relâche aux bâtiments qui vont à la mer du Sud, et elles seraient préférables aux îles du Cap Verd qui, trop voisines du port de départ, présentent des ressources dans un temps où les besoins des bâtiments ne sont pas encore pressants. L'île Grande particulièrement, que La Roche a annoncée comme grande et belle, ayant un beau port à la côte de l'est, abondante en bois, en eau, en poissons, et inhabitée, deviendrait un point de première importance si l'espoir d'une spéculation lucrative pouvait jamais engager les armateurs français à envoyer faire la pêche de la baleine dans cette partie de l'océan où l'on savait déjà que ce cétacé abonde, avant que l'activité et l'industrie des nouveaux républicains de l'Amérique nous en eut donné une assurance plus positive en rapportant dans les ports du nord de ce continent, le produit des baleines qu'ils ont pêchées l'année dernière dans les mers Magellaniques [(e)].

---

[3] Ile de Gough : simple rocher perdu au milieu de l'Atlantique sud.
[4] Cap de la Circoncision ou île Bouvet.
[5] Georgia ou Géorgie australe.
[6] L'île Grande de La Roche n'a jamais été retrouvée, elle serait une pointe de la Géorgie australe.

Notes de Louis XVI
(c) « Bon pour cet article. »
(d) « L'île de Georgia et l'île Grande sont les points les plus importants pour ces parages, à cause de la pêche de la baleine. Je ne sais pas si on ne devrait pas remettre au retour, la recherche des petites îles susnommées et du cap de la Circoncision. »
(e) « Inutile. »

La seconde gabare recherchera et visitera les îles qui sont plus voisines de la côte de l'Amérique méridionale, telles que les îles de la Trinité et de Martin Vaz, celle de l'Ascençaon (Ascension), l'île Grande dont il a été parlé ci-dessus et l'île Pepys [7, (f)]. Cette dernière fut découverte en 1684 par Cowlei, Anglais, à 47 degrés de latitude méridionale. Ce navigateur assure qu'on y trouve de l'eau, du bois, des oiseaux, du poisson et un port capable de contenir mille vaisseaux. L'existence de cette île est cependant restée douteuse, parce que depuis la première découverte, elle n'a point été retrouvée. La même gabare recherchera les îles Funnell par le parallèle et à 6 degrés à l'est du méridien des îles Malouines ou Falkland, et reviendra ensuite prolonger la côte de Patagonie pour en visiter les ports.

Le navire de commerce pourrait suivre la route de ce second bâtiment dont la navigation sera moins longue que celle de la première gabare, ou si les armateurs, pour épargner des frais de campagne, jugeaient à propos de l'expédier plus tard, il lui serait remis un paquet cacheté qui lui indiquerait le premier rendez-vous des gabares du Roi [(g)].

Comme le détroit de Magellan est suffisamment connu par le voyage du sieur de Bougainville et ceux des Anglais, les bâtiments ne chercheront point à s'engager dans ce passage qui prolongerait sans utilité la durée de leur navigation. La première gabare viendra donc reconnaître la Terre des États (île des États), pour doubler le Cap de Horn, la seconde passera par le détroit de Le Maire ou en dehors de la Terre des États, et le rendez-vous commun sera au port de Christmas-Sound (port de Noël) situé à la côte occidentale de la Terre de Feu et à l'entrée de la grande mer du Sud [(h)].

On estime que la seconde gabare pourra être rendue dans ce port vers le milieu du mois d'octobre, et la première, vers le milieu de novembre. C'est à cette dernière époque qu'il conviendrait que le

---

[7] Il n'y a pas de terre à la latitude donnée par Cowley (ou Cowlei) pour l'île Pepys. Le navigateur a certainement donné des coordonnées erronées à la partie septentrionale des îles Falkland, la prenant pour une nouvelle terre qu'il a nommée île Pepys.

navire de commerce s'y rendit aussi pour continuer sa navigation sous la protection des gabares de Sa Majesté [(i)].

Les trois bâtiments pourvoiront dans le port de Christmas-Sound à leurs besoins et à leurs réparations et poursuivront leur route pour la mer du Sud.

Notes de Louis XVI

[(f)] *« L'île de la Trinité pourrait être visitée en allant à l'île Grande pour s'assurer si les Anglais l'on entièrement évacuée. »*

[(g)] *« À la baie de Noël. »*

[(h)] *« Bon pour le rendez-vous en cas de séparation. »*

[(i)] *« Il ne faut pas y arriver avant décembre, le cap Horn est trop difficile à doubler avant. »*

Il ne paraît pas qu'il y ait beaucoup de recherches à faire dans la partie méridionale de cette mer ; le capitaine Cook y a poussé sa navigation jusqu'au 73e degré de latitude, il a parcouru et croisé dans tous les sens cette vaste étendue de l'océan, comprise entre la Nouvelle-Zélande et les côtes de Patagonie et du Chili, sans y rencontrer aucune île, aucun indice de terre. On pourrait seulement porter jusqu'au 64e degré, en évitant les espaces parcourus par Cook, pour s'assurer de l'existence d'une terre, d'un port et de quelques îles visitées par Drack, en 1577, et qui n'ont point été retrouvées.

Il reste à faire rechercher dans la partie méridionale de la mer du Sud comprise entre les tropiques, d'un côté, les îles qui appartiennent à la côte de l'Amérique, tels que les îles Saint-Félix et Saint-Ambroise [8] (San-Ambrosio), découvertes en 1579 par Sarmiento, à 25 degrés de latitude, les îles des Trépiers, par environ 18 degrés, les îles Gallapagos (Galápagos), et d'autres plus à l'ouest dont les Espagnols ont connaissance, mais dont la position n'est point connue des autres Européens, et successivement les îles comprises entre l'Amérique et les îles Sandwich [9], savoir la Passion [10], Socorro [11], la Nublada, la Maso et los Mayos et Roca-Partida qui ne sont connues que par la carte jointe au voyage d'Anson, sur laquelle ces îles ont été marquées d'après une carte espagnole manuscrite que cet amiral anglais prit sur le galion de Manille dont il s'empara dans la mer du Sud [(j)].

---

[8] San-Félix et San-Ambrosio font partie des îles Desventuradas appartenant au Chili

[9] Iles Sandwich ou archipel des Hawaï.

[10] Ile de La Passion ou île Clipperton.

[11] Les îles Soccoro et Roca-Partida appartiennent à l'archipel mexicain des Revillagigedo.

Cette visite pourra être faite par la première gabare, tandis que la seconde, portant plus à l'ouest à son départ du port de Christmas-Sound, ira chercher par les 38 degrés de latitude, à environ cinq cent cinquante lieues à l'ouest du Chili, la terre élevée qu'un brigantin espagnol, allant de Callao à l'île de Chiloé, découvrit en 1714, qu'il côtoya une journée entière, et qu'il jugea être habitée, parce que, pendant la nuit, il vit des feux allumés à terre. Ce second bâtiment recherchera pareillement par les 32 degrés de latitude, à environ neuf cents lieues du continent, des îles qu'on dit avoir été découvertes par les Espagnols en 1773, et desquelles, suivant leurs principes, ils n'ont pas voulu donner connaissance aux autres nations, dans la crainte qu'en temps de guerre, ces îles ne représentassent des retraites aux bâtiments de guerre et aux corsaires qui voudraient troubler le commerce de leurs côtes [k]. La seconde gabare pourra relâcher ensuite aux îles Marquises de Mendoça, d'où elle fera voile pour les îles Sandwich, qui seront données pour second rendez-vous aux trois bâtiments [l].

Notes de Louis XVI

[j] *« Tous ces objets peuvent se chercher, s'ils ne dérangent pas le voyage et au choix du commandant, ainsi que ceux proposés pour la seconde gabare. »*

[k] *« Dans cette mer la séparation des gabares pourrait avoir lieu, comme elle est beaucoup plus tranquille. Une des gabares pourrait prolonger la côte du Chili et du Pérou, à la recherche des îles dont on a parlé au-dessus. La seconde pourrait suivre le plan proposé dans cet article, en visitant l'île de Pâques pour vérifier si la race humaine s'y détruit comme l'assure le capitaine Cook, et en coupant la ligne dans un autre endroit que ne l'a passé le capitaine Cook, on pourrait, peut-être découvrir de nouvelles îles en allant à celles de Sandwich. »*

[l] *« Bon pour second rendez-vous. »*

On présume qu'ils pourront être rendus à ces dernières îles dans le courant de mars 1786.

Les capitaines s'y occuperont de se procurer des provisions, et y feront des salaisons suivant la nouvelle méthode pratiquée avec succès par le capitaine Cook. Ils radouberont et répareront leurs bâtiments, et ils monteront et équiperont un bateau bermudien qui aura été embarqué en pièces, et qu'ils armeront avec des officiers et des gens de leurs équipages.

Ils quitteront les îles de Sandwich quand ces opérations seront achevées, et ils dirigeront leur route vers la côte du nord-ouest de l'Amérique, en combinant les époques de manière qu'ils arrivent à vue de cette côte dans le courant du mois de mai.

Ils la visiteront avec le plus grand soin depuis le cap Mendoçin (Mendocino) jusqu'aux environs du détroit du Nord [12].

Si l'on a joint un navire de commerce aux bâtiments du Roi, le commandant de l'expédition s'occupera essentiellement de favoriser ce bâtiment dans la traite des pelleteries, et il examinera quel est le point de la côte le plus favorable pour y former, en redescendant, un petit établissement qu'on aura soin de mettre à l'abri de toute hostilité ou insulte de la part des naturels du pays, si l'on se proposait de faire un second voyage à cette côte. Dans ce cas on laisserait à la disposition du commandant de cette factorerie, le bateau bermudien et un nombre d'hommes suffisant pour la garde de l'établissement.

Il observera que le capitaine Cook ayant été contrarié par les vents, n'a pu visiter la partie de cette côte comprise entre les 45e et le 50e parallèle, (où il a trouvé l'entrée du roi Georges), et entre le 50e et le 55e ; que c'est dans cet intervalle qu'on présume que doivent se trouver l'entrée découverte en 1603, par Jean de Fuca et celle de Martin d'Aguilar, lesquelles pourraient peut-être, avoir une communication avec la baie d'Hudson, par des lacs et des rivières [m].

Note de Louis XVI
(m) « C'est la partie qui doit être visitée avec plus de soin. »

Lorsque les bâtiments auront visité ces côtes en montant jusqu'au détroit du Nord [n] et en redescendant, et que le navire de commerce aura terminé sa traite de pelleteries ; celui-ci fera sa route pour porter sa cargaison à Canton, et les bâtiments du Roi se dirigeront de nouveau sur les îles de Sandwich où ils pourront arriver à la fin d'octobre. Ils chercheront sur cette route, l'un, l'île Pasaros, l'autre, les îles de Santa-Maria et la Gorda, marquées sur la carte citée du Gallion de Manille.

Note de Louis XVI
[n] « Ou au moins jusqu'à la pointe de la presqu'île d'Alaska. »

Si la traite avait été abondante, et qu'on eût conçu l'espérance d'établir un commerce suivi, le navire de transport pourrait revenir l'année suivante à cette côte en partant directement de Canton, où il se serait pourvu de nouveau objets d'échange, et il viendrait y charger les peaux qu'on se serait procurées pendant l'hiver par le moyen de la

[12] Détroit du Nord ou détroit de Béring

factorerie qu'on aurait établie et qui pourrait être relevée à la seconde année. Mais si l'on croyait devoir se contenter du premier voyage, les bâtiments du Roi emmèneraient à leur suite le bateau bermudien.

Quelque parti qui soit pris à cet égard, les deux gabares, après s'être réparées, avoir rafraîchi leurs équipages et fait des provisions aux îles Sandwich, pourront se remettre en mer avant le commencement de l'année 1787.

La seconde gabare fera route dans l'ouest-nord-ouest et nord-ouest, pour visiter la mer comprise entre ces îles et le Japon, qui n'a pas été parcourue par les bâtiments sous les ordres du capitaine Cook. Elle s'occupera particulièrement de la recherche des îles découvertes avant 1610, par un vaisseau espagnol qui faisait voile de Manille à la nouvelle Espagne. On les suppose situées par 37 degrés ½ de latitude nord, à environ 28 degrés à l'orient du Japon. Le capitaine du vaisseau espagnol rapporta qu'une de ces îles est élevée, très grande, habitée par des peuples blancs et civilisés, et riche en or et en argent. Ce rapport décida le roi d'Espagne, en 1610, ou 1611, à envoyer un vaisseau d'Acapulco pour prendre possession de cette île, mais cette entreprise mal conduite n'eut aucun succès, et l'on n'a pas connaissance que, depuis ce temps, cette découverte ait été reprise [(o)].

Après avoir recherché cette île, la gabare s'élèvera dans le nord pour arriver au commencement de mai, au port d'Awatska [13], à la côte méridionale de la presqu'île du Kamtschatka (Kamtchatka), où elle pourra pourvoir à ses besoins.

Elle sera en état d'en repartir vers le milieu de juin.

Ici commencera une partie très intéressante des découvertes. Les îles Kurilles [14] doivent être visitées avec soin et particulièrement les plus méridionales qui n'étant pas sous la domination de la Russie, quoiqu'elles soient peuplées, pourraient offrir des facilités à former un établissement solide, si la France trouvait un bénéfice assez considérable pour la déterminer à faire suivre le commerce des pelleteries par la nouvelle voie qui paraît être ouverte [(p)]. Nous n'avons encore que des questions très confuses de toutes les terres et îles situées au nord-est du Japon. Entre ce royaume et le continent d'Asie, il existe un long canal qui n'a point été reconnu. On peut tenter aussi d'aborder aux ports situés à la côte du nord-est et de l'est

---

[13] Awatska ou Avatcha est le port de Pétropavlovsk dans la baie d'Avatcha au Kamtchatka.

[14] Iles Kurilles ou îles Kouriles

du Japon, pour s'assurer si les Japonais sont aussi peu traitables dans cette partie, que les Hollandais rapportent qu'ils le sont à Nangasaki (Nagasaki) [(q)]. On sait que le Japon consomme beaucoup de pelleteries. Ce serait un débouché de plus pour celles qu'on pourrait traiter par la suite à la côte du nord-ouest de l'Amérique, et peut-être, un moyen d'ouvrir avec ce royaume un commerce d'échange, soit directement, soit par l'entremise des habitants des îles Kurilles méridionales, qui vu leur proximité du Japon, doivent avoir des liaisons avec les parties de ces côtes qui sont les plus voisines des Kurilles. En général, toute cette partie du globe est si peu connue, que ce serait rendre un important service à la géographie et vraisemblablement au commerce, si l'on pouvait en procurer une connaissance exacte aux Européens.

Notes de Louis XVI
(o) « A l'époque du second départ des îles Sandwich, temps auquel on se propose de visiter les mers du Japon, c'est le temps de l'hivernage, et les mers sont bien rudes dans des latitudes aussi élevées que celles du nord du Japon. »
(p) « Bon pour cet article ainsi que pour le précédent, si on peut naviguer à cette époque dans ces mers-là, et en observant que les gabares ne doivent plus se séparer après leur premier départ des îles Sandwich. »
(q) « Cet article est important si on peut établir un commerce de pelleteries au nord-ouest de l'Amérique. »

On présume que le travail à faire pour y parvenir, peut occuper la seconde gabare jusqu'au mois de septembre ou d'octobre 1787, temps où elle relâcherait à Canton pour se réparer, s'approvisionner de vivres, et de là, se rendre à Batavia où serait le rendez-vous des deux gabares.
Pendant que la seconde visiterait, comme il a été dit, les parages du Japon, la première se livrerait à des recherches qui ne sont pas moins intéressantes. Elle partirait, comme la seconde, des îles Sandwich, dans le commencement de 1787, et dirigerait sa route pour aller rechercher l'île Saint-Pierre, et ensuite Saint-Barthélemi (Saint-Barthélemy), les îles Pescadores, Esteran et des Nageurs, et se rendre de là, aux îles de la Reine-Charlotte, où elle pourrait faire de l'eau, du bois et quelques poissons [(r)]. Elle reprendrait alors les importantes découvertes qui furent commencées dans cette partie, en 1769, par le sieur de Surville, et desquelles le capitaine Cook n'a pris aucune connaissance. Le navigateur français n'a découvert que quelques portions de côtes, mais on a tout lieu de présumer qu'elles

appartiennent aux fameuses îles Salomon découvertes anciennement par Quiros, qui sont peut-être, de toutes les îles de ces parages, celles qu'il importe le plus de bien reconnaître, parce qu'il n'est pas probable que tout ce que Quiros rapporta au roi d'Espagne, de la richesse et de la fertilité de ces îles, ne soit que le rêve d'une imagination exaltée.
Lorsque la reconnaissance de ces îles sera terminée, la première gabare se portera sur la pointe du sud-est de la Nouvelle-Guinée et visitera toute la partie orientale de la côte du sud de cette grande île, dont on ne connaît que la partie occidentale. Elle passera ensuite par le détroit de l'Endeavour, et si l'état du bâtiment et de ses provisions le permet, elle s'enfoncera dans le golf de la Carpentarie, découvert anciennement par Carpentaire, Hollandais, qui lui a donné son nom, et d'où l'on sait que les premiers navigateurs de cette nation qui y abordèrent, rapportèrent des objets propres à un riche commerce, mais le mystère que la Compagnie hollandaise des Indes orientales met dans toutes ses opérations, n'a pas permis aux autres Européens d'avoir des connaissances plus exactes de cette partie de la Nouvelle-Hollande [15, (s)].
La première gabare terminera sa course dans ces parages, en se rendant à Batavia, où elle trouvera le second bâtiment.
Après s'y être pourvus, l'un et l'autre, de vivres et de rafraîchissements pour faire leur retour en Europe, ils feront voile pour l'île de France [16] où ils compléteront ce qui pourra leur manquer pour leur navigation jusqu'en France.
Dans leur traversée, ils tacheront de voir les îles de Denia et Marseeven situées à environ 6 degrés dans le sud de la Terre des Hotentots (Hottentots) ; l'île de l'Ascension, celle de Saxemburg, de Ferdinand de Noronha, de Saint-Mathieu, de Saint-Paul, et les hauts fonds soupçonnés dans cette partie, d'après le rapport des capitaines des vaisseaux le Vaillant et le Silhouette en 1754 et 1761.

On s'est contenté d'esquisser ici le plan général de cette intéressante expédition, mais si Votre Majesté agrée qu'il soit exécuté, il sera dressé une instruction détaillée dans laquelle toutes les parties du plan seront développées. Un examen réfléchi est nécessaire pour déterminer plus exactement les îles où les bâtiments pourront se pouvoir de vivres, et pour fixer avec plus de précision et de sûreté les

---

[15] Nouvelle-Hollande ou Australie.
[16] Île de France ou île Maurice.

différentes époques de la campagne. Il serait même possible que, si l'objet du commerce à faire à la côte du nord-ouest de l'Amérique était abandonné, on changeât la marche des bâtiments de Votre Majesté, et qu'on réservât la visite de cette côte pour la seconde année de leur navigation. Dans l'un et l'autre cas, les points à découvrir ne seraient pas changés, mais l'ordre des découvertes pourrait éprouver quelque changement. Au surplus, il sera joint au projet détaillé, une carte hydrographique qui réunira dans un même tableau, les découvertes anciennes, celles qui ont été confirmées par les navigateurs de ce siècle, les découvertes nouvelles qu'on doit aux voyages de Cook et des bâtiments sous ordres, et à ceux des sieurs de Bougainville, de Kerguelen, Surville, Marion et autres Français, et ce qui reste à faire pour compléter la connaissance et la description du globe terrestre (t).

Notes de Louis XVI

(r) « Les deux gabares feraient ce trajet ensemble si elles ne pouvaient pas aller alors dans les mers du Japon. »

(s) « Si l'état des bâtiments et des vivres le permettait, au lieu de passer le détroit de l'Endeavour ils porteraient au sud, reconnaîtraient la côte occidentale de la Nouvelle-Calédonie dont le capitaine Cook n'a reconnu que l'orientale, et de là, iraient se rafraîchir et radouber dans le canal de la Reine-Charlotte à la Nouvelle-Zélande, où il y a lieu de présumer que les Anglais méditent de faire un établissement. Après s'être raccommodés, les bâtiments feraient route à l'ouest pour atterrer à la pointe de Van-Diemen de la Nouvelle-Hollande, prolongeraient toute la côte sud-ouest de cette grande île qui n'est pas connue jusqu'à présent, et feraient route ensuite pour Batavia ou directement pour l'île de France. »

(t) « Pour résumer ce qui est proposé dans ce mémoire et les observations que j'ai faites, il y a deux parties ; celle du commerce et celles des reconnaissances. Pour la première des deux, deux points principaux, la pêche de la baleine dans l'océan Méridional entre le sud de l'Amérique et le cap de Bonne-Espérance ; l'autre est la traite des pelleteries dans le nord-ouest de l'Amérique, pour être transportées en Chine, et, si on peut, au Japon. Quant à la partie des reconnaissances, les points principaux sont ceux de la partie du nord-ouest de l'Amérique qui concourt avec la partie commerciale, celui des mers du Japon qui y concourt aussi, mais pour cela je crois que la saison proposée dans ce mémoire est mal choisie. Celui des îles de Salomon et celui du sud-ouest de la Nouvelle-Hollande. Tous les autres points doivent être subordonnés à ceux là, et on doit se restreindre à ce qui est le plus utile et ce qui peut s'exécuter à l'aise dans les trois années proposées. »

Louis XVI qui n'avait jamais navigué et dont la seule expérience maritime fut la visite qu'il fit en juin 1786 du nouveau port de

Cherbourg, possédait grâce à l'enseignement que lui avait prodigué Philippe Buache, une parfaite connaissance de la géographie des mers et des océans, telle qu'on pouvait l'enseigner à son époque.

Il avait étudié en détail toutes les routes maritimes empruntées par les marins, qui depuis des siècles parcouraient les mers du globe et il pouvait appréhender tous les dangers que représentait la navigation dans des mers lointaines à la cartographie incertaine, voire absente. Aussi était-il à même d'annoter avec perspicacité les instructions générales données par Fleurieu à La Pérouse en février 1785.

Des nombreuses remarques portées par Louis XVI aux instructions de Fleurieu, on peut signaler, parmi les plus pertinentes, les notes suivantes :

b) Louis XVI est contre la séparation des deux vaisseaux après le passage de l'équateur, sachant les dangers de la navigation dans des mers inconnues et la difficulté qu'eut Cook à retrouver Furneaux en 1773 et 1774, puis Clerke en 1779.

i) A propos du passage du cap Horn, il met en garde Fleurieu sur les conditions climatiques qui règnent à cette latitude et invite à ne doubler ce cap qu'à partir du mois de décembre, période où les vents sont moins violents.

t) Dans sa dernière note, Louis XVI remet en cause le calendrier établi pour naviguer dans la mer du Japon, jugeant la saison mal choisie, tant la navigation dans cette mer est difficile en hiver.

Louis XVI, par ses remarques participa de façon active à l'élaboration de l'itinéraire définitif qui sera remis à La Pérouse. Ce dernier suivra le conseil de Louis XVI de ne pas séparer ses vaisseaux dans des mers inconnues. En fait *La Boussole* et *L'Astrolabe* navigueront toujours de conserve avec pour conséquence de disparaître ensemble à Vanikoro.

La Pérouse franchira le cap Horn au mois de février 1786, observant la consigne de ne pas doubler ce cap avant le mois de décembre ; il pourra écrire dans son journal : *« J'ai doublé le cap Horn, avec beaucoup plus de facilité que je n'avais osé l'imaginer. »* Il naviguera dans la mer du Japon au mois de juin 1787 à une époque où les conditions climatiques lui seront favorables.

Bien que ses connaissances maritimes fussent purement livresques, Louis XVI pouvait en remontrer à des marins expérimentés comme Fleurieu et La Pérouse.

Si Fleurieu rédigea la note préliminaire et la première partie du *Mémoire du Roi pour servir d'instruction particulière au sieur de La*

Pérouse qui détaille l'itinéraire que devra suivre La Pérouse ainsi que les missions qu'il aura à remplir, les quatre parties suivantes sont l'œuvre personnelle de Louis XVI.

Note préliminaire
(Rédigé par Fleurieu le 26 juin 1785)

En dirigeant un plan de navigation pour le voyage de découvertes dont la conduite est confiée à M. de La Pérouse, on a eu pour objet de faire suivre aux bâtiments de Sa Majesté, dans les différentes mers, des routes qui n'aient été suivies par aucun des navigateurs qui l'ont précédé, afin de multiplier les découvertes et d'avancer considérablement dans cette campagne, le grand ouvrage de la description complète du globe terrestre.

On a cependant été obligé d'indiquer pour points de relâche, des îles déjà reconnues, et où l'on est assuré que M. de La Pérouse pourra se procurer des subsistances, à l'aide des échanges dont on lui a ménagé les moyens, par la quantité de marchandises en tout genre, dont on lui a composé un assortiment approprié au goût des insulaires avec lesquels il aura occasion de traiter. Mais en indiquant au commandant français des relâches déjà pratiquées, on a attention de l'y faire arriver par des routes qui n'aient pas encore été fréquentées ; et dans le nombre des marchandises dont on l'a pourvu, on n'a pas négligé d'y en faire entrer plusieurs de l'espèce de celles qui ne sont pas encore connues aux îles où il pourra aborder, afin que les naturels du pays reconnaissent aisément que la nation qui les leur apporte, est pour eux une nation nouvelle qui ne les avait point encore visités.

On a employé différents éléments de calcul pour évaluer la durée des différentes traversées. Dans les routes ordinaires et les mers libres, on a supposé que les bâtiments pourraient faire avec les vents alizés, 30 lieues en 24 heures ; on n'a compté que 25 lieues pour le même espace de temps, dans les parages où la prudence exige qu'on mette en panne une partie de la nuit ; 20 lieues seulement, lorsque les bâtiments sont en découverte ; et dans ce dernier cas, on a toujours ajouté un certain nombre de jours pour le temps qui est perdu à reconnaître et visiter une côte. C'est d'après ces bases qu'on a hasardé de fixer la durée des traversées et les époques des relâches ; mais tous ces calculs sont soumis aux circonstances dans lesquelles les bâtiments pourront se trouver, aux évènements de la navigation et aux accidents qu'on ne peut prévoir.

La durée totale du voyage excédera nécessairement quatre années. Il eût été impossible de remplir dans un moindre espace de temps, tous les objets que Sa Majesté a indiqués, tant dans les notes qu'elle a tracées de sa main en marge du premier mémoire, que dans le résumé qu'elle a fait de ces mêmes objets. Les époques déterminées des moussons, différentes au nord et au sud de la ligne, sont des données auxquelles on est forcé d'assujettir la route, et qui contrarient infiniment la navigation dans les mers voisines de l'archipel et du continent d'Asie, par l'obligation où l'on est de ne se présenter dans chaque parage, qu'à l'époque fixée où les vents y sont favorables. Cette considération des moussons a exigé un fort grand travail pour y assujettir les routes sans augmenter beaucoup la durée totale de la campagne, et de manière que chaque traversée en particulier n'excédât pas les bornes qu'on doit se prescrire, relativement à la provision d'eau et de bois que peut comporter la capacité de chaque bâtiment dans la proportion de son équipage. Au surplus, les bâtiments de Sa Majesté sont pourvus de munitions de tous les genres, en quantité plus que suffisante pour fournir à quatre années de navigation, en y ajoutant les ressources accidentelles que les relations des navigateurs modernes nous ont indiquées, et que la prudence et l'activité de M. de La Pérouse sauront lui procurer dans ses différentes relâches. Le dernier voyage du capitaine Cook a duré quatre ans, deux mois, vingt-deux jours ; et ses bâtiments n'étaient pas approvisionnés comme le seront ceux de Sa Majesté.

Si, comme on a droit de l'attendre du zèle et de l'habileté du commandant de l'expédition, tous les objets indiqués dans le projet ont été remplis, le voyage de M. de La Pérouse ne laissera plus aux navigateurs qui voudront tenter des découvertes, que le mérite de nous donner des détails plus circonstanciés sur quelques portions du globe.

Il reste à faire connaître la marche qu'on a suivie dans la construction des cartes hydrographiques qui doivent être remises aux commandants des bâtiments lorsque Sa Majesté les aura approuvées.

On a dressé une première carte de l'océan Méridional sur laquelle on a tracé, d'après les journaux des navigateurs, les routes qu'ils ont suivies dans leurs découvertes, et l'on y a indiqué celles qui restent à faire ou à vérifier. Cette carte a été construite d'après les meilleures cartes françaises, espagnoles, anglaises et hollandaises, et on l'a assujettie aux observations astronomiques par lesquelles les positions des principaux points des continents et des îles ont été déterminées.

L'étendue du Grand-Océan, vulgairement nommé mer du Sud ou mer Pacifique, a exigé qu'on le divisât en trois bandes ou zones, dont la première contient le Grand-Océan austral, ou l'espace renfermé entre le cercle polaire Antarctique et le tropique du Capricorne ; la seconde, le Grand-Océan équatorial, ou l'intervalle compris entre les deux tropiques ; la troisième enfin, le Grand-Océan boréal, ou les mers renfermées entre le tropique du Cancer et le cercle polaire Arctique.

Pour parvenir à dresser cette carte, on a extrait les journaux de tous les navigateurs de ce siècle et de ceux des temps antérieurs qui ont navigué dans le grand Océan. On a consulté les plans de détail qu'ils ont donnés, et on les a fait entrer, par des réductions, dans la carte générale. On y a tracé les routes connues de tous les navigateurs anciens et modernes, afin de rapprocher les découvertes récentes, de celles qui ont été faites dans les siècles précédents, et de prouver dans quelques cas leur identité.

Cette carte générale du Grand-Océan est le résultat de tout ce que les navigateurs et les géographes ont produit jusqu'à ce jour. On n'entreprendra pas d'exposer ici en détail les divers matériaux qu'on a recherchés et ceux qu'on a mis en œuvre ; cette énumération seule exigerait un volume. On se bornera à joindre au Mémoire du Roi pour servir d'instruction à M. de La Pérouse, des notes instructives sur quelques parties qui ont besoin d'être plus détaillées ; et l'on joindra aux deux cartes générales de l'océan Méridional et du Grand-Océan, un recueil de trente-sept autres cartes ou plans originaux des parties de ces mers les moins fréquentées.

N.B. - Dans les cartes générales qui accompagnent ce mémoire, les routes des anciens navigateurs espagnols sont tracées en jaune ; celles des Hollandais, en vert ; celles des Français, en bleu ; celles des Anglais, en diverses couleurs, savoir, celle de Byron, en orange ; celle de Wallis, en bistre ; celle de Carteret, en violet ; et celles des trois voyages du capitaines Cook, en rouge, distinguées comme il suit :

- 1er Voyage   oo---------o---------o---------o
- 2e Voyage   oo----------oo---------oo---------oo
- 3e Voyage   ooo----------ooo---------ooo---------ooo

Le projet de la navigation de M. de La Pérouse est indiqué par un trait fort en noir, frisé, ~~~~~ et par des points, seulement pour la partie des routes qui est restée incertaine, par la liberté qu'on a cru devoir lui laisser, de préférer une route à une autre, suivant les circonstances dans lesquelles il pourra se trouver

Mémoire du Roi pour servir d'instruction particulière au sieur de La Pérouse, capitaine de ses vaisseaux, commandant les frégates de Sa Majesté, La Boussole et L'Astrolabe.

(Instructions rédigées par Fleurieu le 26 juin 1785).

Sa Majesté ayant fait armer au port de Brest, ses frégates, la Boussole, commandée par le sieur de La Pérouse, et l'Astrolabe par le sieur de Langle, capitaines de ses vaisseaux, pour être employées dans un voyage de découvertes, elle va faire connaître au sieur de La Pérouse, à qui elle a donné le commandement en chef de ces deux bâtiments, le service qu'il aura à remplir dans l'expédition importante dont elle lui a confié la conduite.

Les différents objets que Sa Majesté a eus en vue en ordonnant ce voyage, ont exigé que la présente instruction fût divisée en plusieurs parties, afin qu'elle pût expliquer plus clairement au sieur de La Pérouse les intentions particulières de Sa Majesté sur chacun des objets dont il devra s'occuper.

La première partie contiendra son itinéraire ou le projet de sa navigation suivant l'ordre des découvertes qu'il s'agit de faire ou de perfectionner, et il y sera joint un recueil de notes géographiques et historiques qui pourront le guider dans les diverses recherches auxquelles il doit se livrer.

La seconde partie traitera des objets relatifs à la politique et au commerce.

La troisième exposera les opérations relatives à l'astronomie, à la géographie, à la navigation, à la physique et aux différentes branches de l'histoire naturelle, et réglera les fonctions des astronomes, physiciens, naturalistes, savants et artistes employés dans l'expédition.

La quatrième partie prescrira au sieur de La Pérouse la conduite qu'il devra tenir avec les peuples sauvages et les naturels des divers pays qu'il aura occasion de découvrir ou de reconnaître.

La cinquième partie, enfin, lui indiquera les précautions qu'il devra prendre pour conserver la santé de ses équipages.

Première partie.

Plan du voyage ou Projet de Navigation.

(Instructions rédigées par Fleurieu le 26 juin 1785
en tenant compte des observations du roi)

Année 1785

Le sieur de La Pérouse appareillera de la rade de Brest aussitôt que toutes ses dispositions seront achevées.

- Commencement d'août

Il relâchera successivement à Funchal, dans l'île de Madère, et à la Praya, dans celle de Saint-Yago [17] (San Yago). Il se pourvoira de quelques barriques de vin dans le premier port et complétera son eau et son bois dans le dernier où il pourra également se procurer quelques rafraîchissements. Il observera cependant, à l'égard de la Praya, qu'il doit y faire le moins de séjour qu'il lui sera possible, parce que le climat y est très malsain dans la saison où il y relâchera.

Il coupera la ligne par 29 ou 30 degrés de longitude occidentale du méridien de Paris, et si le vent le lui permettait, il tâcherait de reconnaître Penedo de San-Pedro, et d'en fixer la position.

- Commencement de septembre.

Il reconnaîtra l'île de la Trinité, y mouillera, pourra y faire de l'eau et du bois, et y remplira un objet particulier de ses instructions.

En quittant cette île, il viendra se mettre en latitude de l'île Grande de La Roche, par les 35 degrés de longitude occidentale, suivra les parallèles de 44 à 45 degrés jusqu'à 50 de longitude, et abandonnera la recherche de cette île, s'il ne l'a pas rencontrée quand il aura atteint ce méridien. S'il préférait de venir l'attaquer par l'ouest, il renfermerait toujours sa recherche entre les méridiens ci-dessus fixés.

- 1er octobre

Il se portera ensuite à la latitude de la Terre de La Roche, nommée par Cook, île de Georgia, par 54 degrés sud. Il l'attaquera par sa pointe

---

[17] Saint-Yago ou Saint-Jago : une des îles du cap Vert.

du nord-ouest, et il en visitera particulièrement la côte méridionale qui n'a pas encore été reconnue.

- 25 octobre

De là, il viendra rechercher la Terre de Sandwich, par les 57 ¼ degrés sud ; il observera que le capitaine Cook n'a pu reconnaître que quelques points de la côte occidentale de cette terre, et qu'on en ignore l'étendue vers l'est et au sud. Il en visitera particulièrement la côte orientale, pour la prolonger ensuite vers le sud, et la tourner dans cette partie, si les glaces n'opposent pas un obstacle invincible à ses recherches dans la saison où il viendra la reconnaître.

- 10 novembre

Lorsqu'il se sera assuré de l'étendue de cette terre, à l'est et au sud, il fera route pour aller attaquer la Terre des États, doublera le cap de Horn, et ira mouiller à Christmas-Sound (ou baie de Noël) à la côte du sud-ouest de la Terre de Feu, où il se pourvoira d'eau et de bois. Mais s'il éprouvait trop de difficulté à remonter dans l'ouest, avec les vents qui règnent ordinairement de cette partie et les courants qui portent quelquefois avec rapidité dans l'est, il viendrait chercher la côte du Brésil à la hauteur où il pourrait l'attaquer, longerait cette côte avec les vents variables ou les brises de terre, et pourrait même toucher aux îles Malouines qui présentent des ressources dans différents genres. Il passerait ensuite le détroit de Le Maire, ou doublerait par l'est la Terre des États, pour se rendre au port de Christmas Sound, qui, dans tous les cas, sera le premier rendez-vous des bâtiments de Sa Majesté en cas de séparation.

- 15 décembre

En quittant Christmas-Sound, il dirigera sa route de manière à couper le méridien de 85 degrés à l'occident, par la latitude de 57 degrés sud, et il suivra ce parallèle jusqu'à 95 degrés de longitude pour chercher la Terre et le port de Drack.

Il viendra ensuite couper le méridien de 105 degrés, par le parallèle de 38 qu'il conservera jusqu'à 115 degrés de longitude, pour tâcher de reconnaître une terre qu'on dit avoir été découverte par les Espagnols en 1714, à 38 degrés de latitude, entre le 108e et le 110e méridien.

Après cette recherche, il ira se mettre en latitude de 27 degrés 5 minutes sur le méridien de 108 degrés à l'occident, pour chercher sur ce parallèle, l'île d'Easter (ou de Pâques) située à 112 degrés 8 minutes de longitude. Il y mouillera pour remplir l'objet particulier qui lui sera prescrit dans la seconde partie de la présente instruction.

De cette île, il se reportera à la latitude de 32 degrés sur le méridien de 120 degrés à l'occident, et il se maintiendra sur ledit parallèle, jusqu'à 135 degrés de longitude, pour rechercher une terre vue par les Espagnols en 1773.

Année 1786

À ce point de 135 degrés de longitude et 32 de latitude, les deux frégates se sépareront. La première s'élèvera jusqu'au parallèle intermédiaire entre 16 et 17 degrés, et s'y maintiendra depuis le 135e jusqu'au 150e méridien à l'ouest de Paris, d'où elle fera route pour l'île d'Otaiti [18].

L'intervalle du 16e au 17e degré de latitude, sur un espace de 25 degrés en longitude, n'ayant été visité par aucun des navigateurs modernes, et tout le voisinage de ces parallèles étant semé d'îles basses, il est vraisemblable que le bâtiment qui suivra la direction ci-dessus tracée, rencontrera des îles nouvelles qui peuvent être habitées, ainsi que le sont la plupart des îles basses de ces parages.

Dans le même temps, la seconde frégate, à partir du même point de 32 degrés de latitude et de 135 de longitude, s'élèvera dans le nord jusqu'à 25 degrés 12 minutes, et tâchera de s'établir sur ce parallèle, à commencer du 131e ou 132e méridien. Elle y recherchera l'île de Pitcairn, découverte en 1767, par Carteret, et située à 25 degrés 12 minutes de latitude. La longitude de cette île est encore incertaine, parce que ce navigateur n'avait aucun moyen pour la fixer par observation. Il est fort à désirer que cette longitude puisse être déterminée avec précision, parce que sa position bien connue servirait à rectifier, de proche en proche, celle des autres îles ou terres découvertes ultérieurement par Carteret.

En quittant l'île Pitcairn, le second bâtiment fera route dans l'ouest, et ensuite dans le nord-ouest, pour rechercher successivement les îles de l'Incarnation, de Saint-Jean-Baptiste, de Saint-Elmo, des Quatre-Couronnées, de Saint-Michel, et de la Conversion de Saint-Paul, découvertes par Quiros en 1606, qu'on suppose devoir être situées dans le sud-est d'Otaiti, et qui n'ont point été reconnues ni même recherchées par les navigateurs de ce siècle. Le second bâtiment parviendra ainsi par la route du nord-ouest, jusqu'au 150e méridien occidental et au 19e degré de latitude, d'où il se rendra à Otaiti.

[18] Otaiti ou Tahiti.

- Fin d'avril

Il est à présumer que les deux bâtiments pourront y être rendus dans les derniers jours d'avril. Cette île sera le second rendez-vous des bâtiments du Roi en cas de séparation. Les deux frégates mouilleront en premier lieu dans la baie d'Oheitepoha, située à la pointe nord-est de la partie de l'île nommée Tiarraboo ou Otaiti-Ete, laquelle se trouve au vent de la baie de Matavai, située à la pointe du Nord, ou pointe Vénus, et elles relâcheront ensuite à cette dernière, afin de se procurer par ces deux différentes relâches, plus de facilités pour obtenir les rafraîchissements dont elles auront besoin.

- 1er juin

Le sieur de La Pérouse quittera Otaiti après un mois de séjour. Il pourra visiter, en passant, les îles d'Huaheine (Huahine), Ulietea (Hulieta), Otaha, Bolabola (Bola-bola) et autres îles de la Société, pour s'y procurer des suppléments de vivres, pourvoir ces îles des ouvrages d'Europe qui sont utiles à leurs habitants, et y semer les graines, y planter les arbres, légumes, etc., qui pourraient par la suite présenter de nouvelles ressources aux navigateurs européens qui traverseraient cet océan.

En quittant les îles de la Société, il fera route dans le nord-ouest, pour se mettre en latitude de l'île Saint-Bernard de Quiros, vers 11 degrés. Il ne poussera la recherche de cette île que du 158e au 162e méridien, et de la latitude de 11 degrés, il s'élèvera par le nord-ouest jusqu'au cinquième parallèle sud, et au méridien de 166 à 167 degrés. Il prendra alors sa route dans le sud-ouest pour traverser, dans cette direction, la partie de mer située au nord de l'archipel des îles des Amis [19], où il est vraisemblable qu'il rencontrera, d'après les rapports des naturels de ces îles, un grand nombre d'autres terres qui n'ont point encore été visitées par les Européens, et qui doivent être habitées. Il serait à désirer qu'il pût retrouver l'île de la Belle-nation de Quiros, qu'il doit chercher entre le parallèle de 11 degrés et celui de 11 ½, depuis le 169e degré de longitude, jusqu'au 171e, et successivement les îles des Navigateurs [20] de Bougainville, d'où il passerait aux îles des Amis, pour s'y procurer des rafraîchissements.

---

[19] Archipel des îles des Amis ou archipel des Tonga.
[20] Iles des Navigateurs ou îles Samoa.

- 15 juillet

En quittant les îles des Amis, il viendra se mettre par la latitude de l'île des Pins, située à la pointe du sud-est de la Nouvelle-Calédonie, et après l'avoir reconnue, il longera la côte du sud-ouest qui n'a point encore été visitée, et il s'assurera si cette terre n'est qu'une seule île, ou si elle est formée de plusieurs.

Si après avoir reconnu la côte du sud-ouest de la Nouvelle-Calédonie, il peut gagner les îles de la Reine-Charlotte, il tâchera de reconnaître l'île de Sainte-Croix de Mendana, et d'en déterminer l'étendue vers le sud.

Mais si le vent se refuse à cette route, il ira atterrir sur les îles de la Délivrance, à la pointe de l'est de la Terre des Arsacides, découverte en 1769, par Surville. Il en prolongera la côte méridionale que ce navigateur, ni aucun autre, n'a reconnue, et il s'assurera si, comme il est probable, ces terres ne forment pas un groupe d'îles qu'il tâchera de détailler. Il est à présumer qu'elles sont peuplées à la côte du sud, comme on sait qu'elles le sont à celle du nord ; peut-être pourra-t-il s'y procurer quelques rafraîchissements.

Il tâchera pareillement de reconnaître une île située au nord-ouest de la Terre des Arsacides, dont la côte orientale a été vue en 1768, par M. de Bougainville. Mais il ne se livrera à cette recherche qu'autant qu'il jugera pouvoir sans peine, gagner ensuite le cap de la Délivrance, à la pointe sud-est de la Louisiade. Et avant de parvenir à ce cap, il reconnaîtra, s'il le peut, la côte orientale de cette terre.

Du cap de la Délivrance, il fera route pour passer le détroit de l'Endeavour, et il tâchera de s'assurer, dans ce passage, si les terres de la Louisiade sont contiguës avec celles de la Nouvelle-Guinée, et il reconnaîtra toute cette partie de côte, depuis le cap de la Délivrance jusqu'à l'île Saint-Barthélemi à l'est-nord-est du cap Walsh, sur laquelle on n'a jusqu'à présent que des connaissances très imparfaites.

Il serait fort à désirer qu'il pût visiter le golfe de la Carpentarie, mais il doit observer que la mousson du nord-ouest, au sud de la ligne, commence vers le 15 de novembre, et que les limites de cette mousson ne sont pas tellement fixées qu'elles ne puissent quelquefois s'étendre au-delà du 10e degré de latitude méridionale. Il est donc important qu'il apporte la plus grande diligence dans cette partie de ses reconnaissances, et qu'il ait attention de combiner sa route et sa vitesse, de manière à avoir dépassé le méridien de la pointe du sud-ouest de l'île de Timor avant le 20 de novembre.

Si, contre toute apparence, il ne lui avait pas été possible de se procurer des rafraîchissements, de l'eau et du bois, sur les terres qu'il aura visitées depuis son départ des îles des Amis, d'où l'on a supposé qu'il partirait vers le 15 de juillet, il relâcherait à l'île du Prince, à l'entrée du détroit de la Sonde, près la pointe occidentale de l'île de Java.

- 15 et 20 novembre

En quittant l'île du Prince, ou, s'il n'a pas été forcé d'y relâcher, en quittant le canal au nord de la Nouvelle-Hollande, il dirigera sa route pour venir reconnaître la côte occidentale de cette terre, et il commencera cette reconnaissance aussi haut vers l'équateur que les vents pourront le lui permettre. Il parcourra la côte occidentale, et visitera plus particulièrement la côte méridionale dont la plus grande partie n'a jamais été reconnue, et il viendra aboutir à la Terre méridionale de Van Diémen [21], à la baie de l'Aventure, ou à celle de Frédérick-Henri. De là, il se rendra au détroit de Cook, et relâchera au canal de la Reine-Charlotte, situé dans ce détroit, entre les deux îles qui forment la Nouvelle-Zélande.

Ce port sera le troisième rendez-vous des frégates en cas de séparation. Il y réparera ses bâtiments, et s'y pourvoira de rafraîchissements, d'eau et de bois.

Année 1787

- 1er mars

On présume qu'il pourra appareiller de ce port dans les premiers jours du mois de mars 1787. En sortant du détroit de Cook ou de la Nouvelle-Zélande, il s'établira et se maintiendra sur les parallèles de 41 à 42 degrés, jusqu'au 130e méridien à l'occident. Lorsqu'il sera parvenu à cette longitude, il s'élèvera dans le nord pour venir se mettre au vent et en latitude des îles Marquises de Mendoça. Il relâchera, pour pourvoir aux besoins de ses bâtiments, dans le port de Madre de Dios de Mendana, côte occidentale de l'île Santa-Christinia (baie de la Résolution de Cook). Ce port sera le quatrième rendez-vous, en cas de séparation.

On présume que cette traversée pourra être de deux mois, et qu'il sera en état de remettre à la voile vers le 15 de mai.

---

[21] Terre de Van Diémen ou Tasmanie.

Si en faisant voile des îles Marquises de Mendoça, le vent le favorisait assez pour que sa route valût au moins le nord, il pourrait reconnaître quelques unes des îles à l'est du groupe des îles Sandwich. Il se rendrait ensuite à ces dernières, où il pourra prendre un supplément de provisions, mais il n'y séjournera point.

- 15 mai

Il fera route, le plutôt qu'il pourra, pour aller chercher la côte de l'Amérique, et, à cet effet, il s'élèvera dans le nord jusqu'au 30e degré, afin de sortir des vents alizés et de pouvoir atterrir à ladite côte par 36 degrés 20 minutes, sur Punta de Pinos, au sud du port de Monterey, dont les montagnes (ou sierra) de Santa-Lucia, sont la reconnaissance.

Il est probable qu'il pourra être rendu à cette côte vers le 10 ou le 15 de juillet.

- 15 juillet

Il s'attachera particulièrement à reconnaître les parties qui n'ont pas été vues par le capitaine Cook, et sur lesquelles les relations des navigateurs russes et espagnols ne fournissent aucune notion. Il cherchera avec le plus grand soin si, dans les parties qui ne sont pas encore connues, il ne se trouverait pas quelque rivière, quelque golfe resserré, qui put ouvrir par les lacs de l'intérieur, une communication avec quelque partie de la baie d'Hudson.

Il poussera ses reconnaissances jusqu'à la baie de Behring et au mont Saint-Elias, et il visitera les ports Bucarelli et de Los Remedios, découverts en 1775, par les Espagnols.

Le Sound du Prince Williams et la Rivière de Cook, ayant été suffisamment reconnus, il ne cherchera point à les visiter, et de la vue du mont Saint-Elias, il dirigera sa route vers les îles de Shumagin, près la presqu'île d'Alaska.

Il visitera ensuite l'archipel des îles Aleutiennes [22], et successivement les deux groupes d'îles à l'ouest de ces premières, dont la vraie position et le nombre sont ignorés, et qui toutes ensemble forment, avec les côtes d'Asie et d'Amérique, le Grand Bassin ou Golfe du Nord.

Quand cette reconnaissance sera terminée, il relâchera au port d'Awatska, ou Saint-Pierre et Saint-Paul, à l'extrémité sud-est de la presqu'île de Kamtschatka. Il tâchera d'y être rendu vers le 15 ou le 20

[22] Iles Aleutiennes ou îles Aléoutiennes

septembre. Et ce port sera le cinquième rendez-vous, en cas de séparation.

Il y pourvoira, avec diligence, au besoin de ses bâtiments, et prendra les informations nécessaires pour être assuré d'y trouver des provisions lorsqu'il y reviendra en 1788.

Il combinera ses opérations de manière à pouvoir appareiller dans les dix premiers jours d'octobre.

- 10 octobre

Il longera et reconnaîtra toutes les îles Kurilles, la côte du nord-est, de l'est et du sud du Japon, et selon qu'en avançant dans la saison et par des latitudes moins élevées, il trouvera des vents plus ou moins favorables, des mers plus ou moins difficiles, il étendra ses recherches sur les îles à l'est et au sud de celles du Japon, et sur les îles de Lekeyo, jusqu'à Formose.

Quand il aura terminé cette reconnaissance, il relâchera à Macao et Kanton (Canton), ou à Manille, suivant les circonstances.

Ce port sera le sixième rendez-vous, en cas de séparation.

- 31 décembre

On présume qu'il doit y être rendu vers la fin de l'année 1787.

Année 1788

Il fera réparer et ravitailler ses bâtiments, et attendra dans le port le retour de la mousson du sud-ouest qui est ordinairement établie au commencement de mars. Il pourra cependant retarder son départ jusqu'au 1er avril, si ses équipages ont besoin d'un plus long repos, et si, d'après les informations qu'il aura prises, il juge que la navigation vers le nord serait trop pénible avant cette époque.

- 1er avril

De quelque durée que soit son séjour, en quittant ce port, il dirigera sa route pour passer par le détroit qui sépare l'île de Formose de la côte de la Chine, ou entre cette île et celles qui en sont à l'est. Il visitera avec prudence la côte occidentale de Corée et le golfe de Hoan-Hay, sans s'y engager trop avant, et en se ménageant toujours la faculté de pouvoir doubler facilement, avec les vents de sud-ouest et de sud, la côte méridionale de Corée. Il reconnaîtra ensuite les côtes orientales de cette presqu'île, celles de la Tartarie où se fait une pêche de perles, et celles du Japon à l'opposé. Toutes ces côtes sont absolument inconnues aux Européens.

Il passera le détroit de Tessoi, et visitera les terres désignées sous le nom de Yeso, et celle que les Hollandais ont nommée Terre des États, et les Russes, île de Nadezda, sur lesquelles on n'a encore que des notions confuses d'après quelques relations anciennes que la Compagnie hollandaise des Indes orientales a laissé transpirer, mais dont l'exactitude n'a pas été vérifiée.

Il achèvera la reconnaissance de celles des îles Kurillcs qu'il n'aurait pas pu visiter dans le mois de novembre précédent, en venant d'Awatska à Macao. Il débouquera entre quelques-unes de ces îles, aussi près qu'il pourra de la pointe méridionale du Kamtschatka ; et il mouillera dans le port d'Awatska, septième rendez-vous en cas de séparation.

- 1er août

Après s'y être réparé et approvisionné, il reprendra la mer dans les premiers jours d'août. Il viendra se mettre par la latitude de 37 degrés ½ nord, sur le méridien de 180 degrés. Il fera route à l'ouest pour rechercher une terre ou île qu'on dit avoir été découverte avant 1610, par les Espagnols. Il poussera cette recherche jusqu'au 165e degré de longitude orientale. Il se dirigera ensuite dans le sud-sud-ouest et sud-ouest, pour reconnaître l'archipel situé sur cette direction au nord-est des îles des Larrons, ou Mariannes.

Il pourra relâcher à l'île de Tinian, mais il combinera la durée de son séjour et sa route ultérieure avec la mousson du nord-est qui ne commence qu'en octobre au nord de la ligne, de manière qu'en quittant l'île de Tinian, il puisse longer et reconnaître les Nouvelles-Carolines, situées dans le sud-ouest de l'île de Guahan (Guam), l'une des Mariannes, et dans l'est de celle de Mindanao, l'une des Philippines. Il poussera cette reconnaissance jusqu'aux îles de Saint-André.

- 15 novembre

Il relâchera ensuite à l'île de Mindanao dans le port situé à la côte méridionale de l'île, derrière celle de Sirangam (Sarangani).

• 1er décembre

Après une station de quinze jours, employée à s'y approvisionner de rafraîchissements, il fera route pour les îles Moluques, et pourra mouiller à Ternate, pour s'y procurer un supplément de provisions.

Comme la mousson du nord-ouest qui règne alors au sud de la ligne ne permettrait pas de venir passer par le détroit de la Sonde, il profitera de la variété des vents dans le voisinage de l'équateur pour passer entre Céram et Bourro, ou entre Bourro et Bouton, et il cherchera à débouquer entre quelques-unes des îles à l'est ou à l'ouest de Timor.

Il est probable qu'ayant alors dépassé le parallèle de 10 degrés sud, il se trouvera hors de la mousson du nord-ouest, et qu'il pourra facilement, avec les vents de la partie de l'est et du sud-est, s'avancer vers l'ouest, et gagner l'île de France, qui sera le huitième rendez-vous des bâtiments, en cas de séparation.

Année 1789

• 1er février

Il ne séjournera à l'île de France que le temps absolument nécessaire pour se mettre en état de faire son retour en Europe, et il profitera des derniers mois de l'été pour la navigation qui lui restera à faire dans les mers au sud du cap de Bonne-Espérance.

• 15 ou 20 février

En quittant l'île de France, il viendra s'établir sur le parallèle moyen entre 54 et 55 degrés sud, pour chercher le cap de la Circoncision, découvert en 1739, par Lozier Bouvet. Il prendra cette latitude à 15 degrés de longitude orientale, et suivra le parallèle de 54 à 55 degrés jusqu'au méridien de Paris, ou zéro de longitude. Lorsqu'il sera parvenu à ce point, il abandonnera la recherche de cette terre.

Si, à cette époque, il jugeait que ses bâtiments ne sont pas assez abondamment pourvus de vivres et d'eau pour faire leur retour en Europe, il relâcherait au cap de Bonne-Espérance pour les mettre en état de continuer leur navigation, et ce port serait le neuvième rendez-vous des bâtiments, en cas de séparation.

Quelque parti qu'il ait pris à cet égard, il tâchera de reconnaître en revenant en Europe, les îles de Gough, d'Alvarez, de Tristan d'Acunha, de

Saxemburg (Saxemberg [23]) et Dos Picos (Do Pico), et s'il les rencontre, il en fixera les positions, qui sont encore incertaines.

- Juillet ou août

Il fera son retour au port de Brest où il est probable qu'il pourra être rendu en juillet ou août 1789.

Quoique la route du sieur de La Pérouse soit tracée par la présente instruction, et que les époques de ses relâches et la durée de ses séjours y aient été indiquées, Sa Majesté n'a point entendu qu'il dût s'assujettir invariablement à ce plan. Tous les calculs présentés ici par aperçu, doivent être soumis aux circonstances de sa navigation, à l'état de ses équipages, de ses vivres et de ses bâtiments, ainsi qu'aux événements de sa campagne et aux accidents qu'il n'est pas possible de prévoir. Toutes ces causes pourront apporter plus ou moins de changement au plan de ses opérations, et l'objet de la présente instruction est seulement de faire connaître au sieur de La Pérouse les découvertes qui restent à faire ou à perfectionner dans les différentes parties du globe, et la route qu'il paraît convenable de suivre pour se livrer avec ordre à ces recherches, en combinant ses différentes traversées et les époques de ses relâches avec les saisons et les vents régnants ou périodiques dans chaque parage. Sa Majesté, s'en rapportant donc à l'expérience et à la sagesse du sieur de La Pérouse, l'autorise à faire les changements qui lui paraîtraient nécessaires dans les cas qui n'ont pas été prévus, en se rapprochant, toutefois, autant qu'il lui sera possible, du plan qui lui est tracé, et en se conformant au surplus à ce qui lui sera prescrit dans les autres parties de la présente instruction.

[23] Île de Saxemburg ou Saxemgerg. Île fantôme que des navigateurs des XVIIe et XIXe ont cru reconnaître dans l'Atlantique-Sud. John Lindestz Lindeman l'a localisé en 1670, par 30° 45' S ; 19° 40' O. Depuis1816, on ne retrouve aucune mention de cette île, et jamais personne n'a dit y avoir débarqué.

Seconde partie.

Objets relatifs à la politique et au commerce
(Instructions rédigées par Louis XVI)

Sa Majesté a tracé au sieur de La Pérouse, dans la première partie de cette instruction, la route qu'il doit suivre dans la reconnaissance qu'il a à faire dans la plus grande partie du globe terrestre. Elle va lui faire connaître dans celle-ci, les objets relatifs à la politique et au commerce qui doivent occuper particulièrement son attention dans ses différentes relâches, afin que l'expédition que Sa Majesté a ordonnée, en contribuant à perfectionner la géographie et à étendre la navigation, puisse également remplir, sous d'autres rapports, les vues qu'elle s'est proposées pour l'intérêt de sa couronne et l'utilité de ses sujets.

1°. Les séjours que le sieur de La Pérouse doit faire à Madère et à Saint-Yago, seront trop courts pour qu'il puisse prendre une connaissance exacte de l'état de ces colonies portugaises, mais il ne négligera aucun moyen de se procurer des informations sur les forces que la couronne de Portugal y entretient, sur le commerce qu'y font les Anglais et les autres nations, et sur les grands objets qu'il peut être intéressant de connaître.

2°. Il s'assurera si les Anglais ont entièrement évacué l'île de La Trinité ; si les Portugais s'y sont établis, et en quoi consiste l'établissement que ceux-ci peuvent y avoir formé depuis l'évacuation.

3°. S'il parvient à retrouver l'île Grande de La Roche, il examinera si elle offre quelque port commode et sûr où l'on puisse se procurer de l'eau et du bois ; quelle facilité elle peut présenter pour y former un établissement dans le cas où la pêche de la baleine attirerait les armateurs français dans l'océan Atlantique méridional ; s'il y aurait quelque partie qui pût être fortifiée avantageusement et gardée avec peu de monde ; un poste, enfin, tel qu'il convient à un établissement qui se trouverait aussi loin des secours et de la protection de la métropole.

4°. Il examinera l'île Georgia sous les mêmes rapports. Mais il est probable que cette île, située sous une latitude plus élevée, présente moins de facilité qu'on ne peut en espérer de la position de l'île Grande, et que les glaces qui embarrassent la mer pendant une partie de l'année, au voisinage de Georgia, opposeraient de grands obstacles à la navigation ordinaire et éloigneraient les pêcheurs de faire de cette île un point de rendez-vous et de retraite.

5°. Les îles du Grand-Océan équatorial, offriront peu d'observations à faire relativement à la politique et au commerce. Leur éloignement semble devoir ôter toute idée aux nations de l'Europe d'y former des établissements, et l'Espagne seule pourrait avoir quelque intérêt à occuper des îles qui se trouvant situées à-peu-près à distance égale de ses possessions d'Amérique et d'Asie, présenteraient des points de relâche et de rafraîchissement à ses vaisseaux de commerce qui traversent le Grand-Océan. Quoiqu'il en soit, le sieur de La Pérouse s'attachera principalement à étudier le climat et les productions en tout genre des différentes îles de cet océan où il aura abordé, à connaître les mœurs et les usages des naturels du pays, leur culte, la forme de leur gouvernement, leur manière de faire la guerre, leurs armes, leurs bâtiments de mer, le caractère distinctif de chaque peuplade, ce qu'elles peuvent avoir de commun avec d'autres nations sauvages et avec les peuples civilisés, et principalement ce que chacune offre de particulier.

Dans celles de ces îles où les Européens ont déjà abordé, il tâchera de savoir si les naturels du pays ont distingué les différentes nations qui les ont visitées, et il cherchera à démêler quelle opinion ils peuvent avoir de chacune d'elles en particulier. Il examinera quel usage ils ont fait des diverses marchandises, des métaux, des outils, des étoffes et des autres objets que les Européens leur ont portés. Il s'informera si les bestiaux et les autres animaux et oiseaux vivants, que le capitaine Cook a déposés sur quelques unes de ces îles, y ont multiplié ; quelles graines, quels légumes d'Europe y ont le mieux réussi, quelle méthode les insulaires ont pratiquée pour les cultiver, et à quel usage ils en emploient le produit. Partout enfin, il vérifiera ce qui a été rapporté par les navigateurs qui ont publié des relations de ces îles, et il s'attachera principalement à reconnaître ce qui a pu échapper aux recherches de ses prédécesseurs.

Dans sa relâche à l'île d'Easter ou de Pâques, il s'assurera si l'espèce humaine s'y détruit, comme on a lieu de le présumer d'après les observations et le sentiment du capitaine Cook.

En passant à l'île d'Ulieta, il cherchera à connaître Omaï, cet insulaire que le capitaine anglais y a ramené dans son troisième voyage ; il saura de lui, quel traitement il a éprouvé de ses compatriotes après le départ des anglais, et quel usage il a fait lui-même, pour l'utilité, le bien-être et l'amélioration de son pays, des lumières et des connaissances qu'il a dû acquérir pendant son séjour en Europe.

6°. Si, dans la visite et la reconnaissance que fera le sieur de La Pérouse des îles du Grand-Océan équatorial, et des côtes des continents, il rencontrait à la mer quelque vaisseau appartenant à une autre puissance, il agirait vis-à-vis du commandant de ce bâtiment, avec toute la politesse et la prévenance établies et convenues entre les nations policées et amies, et s'il en rencontrait dans quelque port appartenant à un peuple considéré comme sauvage, il se concerterait avec le capitaine du vaisseau étranger pour prévenir sûrement toute dispute, toute altercation entre les équipages des deux nations, qui pourraient se trouver ensemble à terre, et pour se prêter un mutuel secours dans le cas où l'un ou l'autre serait attaqué par les insulaires ou les sauvages.

7°. Dans la visite qu'il fera de la Nouvelle-Calédonie, des îles de la Reine-Charlotte, des Terres des Arsacides et de celles de la Louisiade, il examinera soigneusement les productions de ces contrées, qui, étant situées sous la zone torride et par les mêmes latitudes que le Pérou, peuvent ouvrir une nouvelle route aux spéculations du commerce ; et, sans s'arrêter aux rapports, sans doute exagérés, que les anciens navigateurs espagnols ont faits de la fertilité et de la richesse de quelques-unes des îles qu'ils ont découvertes dans cette partie du monde, il observera seulement, que des rapprochements fondés sur des points de géographie et sur les connaissances que les voyages modernes ont procurées, donnent lieu de penser que les terres découvertes en 1769, par Surville, peuvent être les îles découvertes en 1567, par Mendaña, et connues depuis sous le nom d'îles Salomon, que l'opinion, vraie ou fausse, qu'on a eue de leur richesse, leur a fait donner dans des temps postérieurs.

Il examinera avec la même attention, les côtes septentrionales et occidentales de la Nouvelle-Hollande, et particulièrement la partie de ces côtes qui, étant située sous la zone torride, peut participer des productions propres aux pays placés sous les mêmes latitudes.

8°. Il n'aura pas les mêmes recherches à faire aux îles de la Nouvelle-Zélande, que les relations des voyageurs anglais ont fait connaître dans un grand détail. Mais pendant son séjour dans le canal de la Reine-Charlotte, il s'occupera à découvrir si l'Angleterre a formé ou projeté de former quelque établissement sur ces îles, et dans le cas où il pourrait être instruit qu'elle en a formé quelqu'un, il tâchera de s'y rendre pour prendre connaissance par lui-même, de l'état, de la force et de l'objet de cet établissement.

9°. Si, dans la reconnaissance qu'il fera de la côte du nord-ouest de l'Amérique, il rencontre sur quelques points de ces côtes, des forts ou comptoirs, appartenant à Sa Majesté catholique, il évitera soigneusement tout ce qui pourrait donner quelque ombrage aux commandants ou chefs de ces établissements, mais il fera valoir auprès d'eux les liens du sang et de l'amitié qui unissent si étroitement les deux souverains, pour se procurer par leur moyen tous les secours et les rafraîchissements dont il pourrait avoir besoin et que le pays serait en état de fournir.

Il paraît que l'Espagne a eu l'intention d'étendre son titre de possession jusqu'au port de Los Remedios, vers le cinquantième degré de latitude, mais rien n'annonce qu'en le faisant visiter en 1775, elle y ait formé aucun établissement, non plus qu'au port de Bucarelli, situé à environ deux degrés moins au nord. Autant qu'il est possible d'en juger par les relations de ces pays qui sont parvenues en France, la possession active de l'Espagne ne s'étend pas au-dessus des ports de San-Diego et de Monterey, où elle a fait élever de petits forts gardés par des détachements qu'on y fait passer de la Californie ou du Nouveau-Mexique. Le sieur de La Pérouse tâchera de connaître l'état, la force et l'objet de ces établissements, et de s'assurer si ce sont les seuls que l'Espagne ait formés sur cette côte.

Il examinera pareillement à quelle latitude on peut commencer à se procurer des pelleteries ; quelle quantité les Américains peuvent en fournir ; quelles marchandises, quels objets seraient les plus avantageux pour la traite des fourrures ; quelle facilité on pourrait trouver pour se procurer un établissement sur cette côte, dans le cas où ce nouveau commerce présenterait assez d'avantage aux négociants français pour les engager à s'y livrer, sous l'espoir de reverser les pelleteries sur la Chine, où l'on est assuré qu'elles ont un débit facile et avantageux. Il cherchera pareillement à connaître quelles espèces de peaux on peut y traiter, et si celles de loutre, qui ont le plus de valeur en Asie, où elles sont très recherchées, sont les plus communes en Amérique. Il aura soin de rapporter en France des échantillons de toutes les différentes fourrures qu'il aura pu se procurer, et comme il aura occasion, dans la suite de son voyage, de relâcher à la Chine, et peut-être de toucher au Japon, il s'assurera quelle espèce de peau a dans ces deux empires, un débit plus facile, plus sûr et plus lucratif, et quel bénéfice la France pourrait se promettre de cette nouvelle branche de commerce. Enfin il tâchera pendant son séjour sur les côtes de l'Amérique, de découvrir si les établissements à la baie d'Hudson, les forts et comptoirs de l'intérieur et des lacs, où quelque province des États-Unis ont ouvert, par l'entremise des sauvages errants, quelque communication, quelques relations de commerce et d'échange avec les peuples de la côte de l'ouest.

10°. Il est probable qu'en visitant les îles Aleutiennes (Aléoutiennes), et les autres groupes situés plus au sud du Grand-Bassin du Nord, il y rencontrera quelques établissements ou factoreries russes. Il cherchera à connaître leur constitution, leur force, leur objet ; quelle est la navigation des Russes dans ces mers, quels bâtiments, quels hommes ils y emploient ; jusqu'où ils étendent leur commerce ; s'il y a quelques-unes de ces îles qui reconnaissent la domination de la Russie, ou si toutes sont indépendantes ; enfin si les Russes ne se sont pas portés, de proche en proche, jusque sur le continent de l'Amérique.

Il profitera de son séjour dans le port d'Awatska pour étendre les connaissances à acquérir à cet égard et s'en procurer en même temps, s'il est possible, sur les îles Kurilles, sur les terres de Yeso et sur l'empire du Japon.

11°. Il fera la reconnaissance des îles Kurilles et des Terres de Yeso avec prudence et circonspection, tant pour ce qui concerne sa navigation dans une mer qui n'est point connue des Européens et qui passe pour être orageuse, que dans les relations qu'il pourra avoir avec les habitants de ces îles et terres, dont le caractère et les mœurs doivent se rapprocher de ceux des Japonais qui pourraient en avoir soumis une partie et avoir communication avec les autres.

Il verra, par les notes géographiques et historiques jointes à la présente instruction, que la Russie n'étend sa domination que sur quelques-unes des îles Kurilles les plus voisines du Kamtschatka ; il examinera si, dans le nombre des îles méridionales et indépendantes, il ne s'en trouverait pas quelqu'une sur laquelle, dans la supposition d'un commerce de pelleteries à ouvrir pour la France, il serait possible de former un établissement ou comptoir qui pût être mis à l'abri de toute insulte de la part des insulaires.

12°. À l'égard du Japon, il tâchera d'en reconnaître et visiter la côte du nord-est et la côte orientale, et d'aborder à quelqu'un de ses ports pour s'assurer si les Japonais opposent en effet des obstacles invincibles à tout établissement, à toute opération de commerce ou d'échange de la part des Européens, et si par l'appât des pelleteries, dont on sait qu'ils sont très curieux, on ne pourrait pas engager les ports de la côte de l'est ou du nord-est, à admettre les bâtiments qui leur en apporteraient, et à donner en échange les thés, les soies et tels autres productions et ouvrages de leur sol et de leurs manufactures. Peut-être les lois prohibitives de cet empire, que toutes les relations de ce pays annoncent comme si sévères, ne sont-elles pas observées à la côte du nord-est et de l'est avec la même rigueur qu'à Nangasaki (Nagasaki) et à la côte du sud, trop voisine de la capitale pour y espérer aucun relâchement.

13°. Lorsque le sieur de La Pérouse sera rendu à Macao, il prendra les mesures nécessaires pour obtenir la facilité d'hiverner à Kanton. Il s'adressera, à cet effet, au sieur Vieillard, consul de Sa Majesté à la

Chine, et le chargera de faire auprès du gouvernement chinois les démarches convenables pour y parvenir.

Il profitera du séjour qu'il doit faire dans ce port pour s'informer exactement et en détail, de l'état actuel du commerce de chaque nation, et il examinera cet objet important sous tous les rapports qu'il peut être intéressant de connaître.

Il prendra toutes les informations qui pourront lui être utiles pour sa navigation ultérieure dans les mers au nord de la Chine, sur les côtes de Corée et de la Tartarie orientale, et sur toutes les terres ou îles qui lui resteront à visiter dans cette partie.

Il ne négligera pas de se procurer, s'il est possible, un interprète chinois et japonais et un interprète russe pour sa seconde relâche à Awatska. Il traitera avec eux pour le temps qu'il devra les garder au service du vaisseau, et à son retour, il les déposera à Mendanao (Mindanao) ou aux Moluques.

14°. Il doit être prévenu que les forbans japonais sont quelquefois très nombreux dans la mer comprise entre le Japon, la Corée et la Tartarie. La faiblesse de leurs bâtiments n'exige d'autre précaution de sa part, que d'être sur ses gardes pendant la nuit pour éviter une surprise de la leur, mais il ne serait pas inutile qu'il tâchât d'en joindre quelqu'un, et qu'il l'engageât par des présents et par la promesse d'une récompense, à piloter les bâtiments de Sa Majesté dans la visite de Yeso, dont on croit qu'une partie est sous la domination du Japon dans le passage du détroit de Tesso que les Japonais doivent connaître, et dans la reconnaissance de celles des îles Kurilles qu'ils sont à portée de fréquenter. Ce même pilote pourrait lui être également utile pour visiter quelque port de la côte occidentale du Japon, dans le cas où les circonstances ne lui auraient pas permis d'aborder à quelques points de la côte de l'est ou du nord-est. Mais, quelque usage que le sieur de La Pérouse puisse faire dudit pilote, il ne se livrera à ses conseils et à ses indications qu'avec la plus grande réserve.

Il convient aussi qu'il engage, s'il le peut, quelques pêcheurs des îles Kurilles à lui servir de pratique pour celles de ces îles qui avoisinent le Kamtschatka.

Le sieur de La Pérouse tâchera ainsi de compléter, en remontant au nord, la reconnaissance des îles qu'il n'aurait pu reconnaître en venant d'Awatska à Macao, et à suppléer, sur la côte occidentale du Japon, ce qu'il n'aurait pu exécuter sur la côte de l'est et du nord-est.

La reconnaissance des côtes de la Corée et de la Tartarie chinoise doit être faite avec beaucoup de prudence et de réserve. Le sieur de La

Pérouse est instruit que le gouvernement de la Chine est très ombrageux. Il doit, en conséquence, éviter d'arborer son pavillon et de se faire connaître sur ces côtes, et ne se permettre aucune opération qui puisse exciter l'inquiétude de ce gouvernement, parce qu'il serait à craindre qu'il n'en fît ressentir les effets aux navires français qui viennent commercer à Kanton.

15°. Dans la recherche et la visite que le sieur de La Pérouse fera des îles Carolines, qui ne sont presque connues que de nom de la plupart des nations d'Europe, il tâchera de savoir si les Espagnols y ont formé quelque établissement, comme ils l'ont souvent projeté. Il en fera connaître les productions, ainsi que celles de toutes les îles qu'il aura pu découvrir au nord-est et à l'ouest-sud-ouest des îles Mariannes.

16°. Dans la relâche qu'il fera à Tinian, une de ces îles, il se procurera des informations sur les établissements, les forces et le commerce des Espagnols dans les îles de cet archipel et aux environs. Il fera les mêmes recherches à Mendanao (Mindanao) pour connaître, autant qu'il le pourra, l'état politique, militaire et commercial de cette nation dans les îles Philippines.

17°. Pendant le séjour qu'il fera aux îles Moluques, il ne négligera aucune des informations qu'il pourra se procurer sur la situation des Hollandais dans ces îles. Il s'attachera particulièrement à connaître les avantages qui doivent résulter pour le commerce de l'Angleterre, de la liberté que cette puissance a obtenue par son dernier traité de paix avec la Hollande, de naviguer et trafiquer dans toute l'étendue des mers d'Asie, et il tâchera de savoir quel usage l'Angleterre a fait de cette liberté, et si elle est déjà parvenue à s'ouvrir par cette voie, quelques nouvelles branches de commerce dans cette partie du monde.

18°. Si le sieur de La Pérouse relâche au cap de Bonne-Espérance, il prendra des informations précises sur la situation actuelle de cette colonie, sur les forces que la Hollande, ou la Compagnie hollandaise des Indes orientales, y entretient depuis la paix, et sur l'état des fortifications anciennes et nouvelles qui défendent la ville et protègent le mouillage.

19°. En général, dans toutes les îles, et dans tous les ports des continents occupés ou fréquentés par les Européens où il abordera, il fera avec prudence, et autant que les circonstances et la durée de ses séjours le lui permettront, toutes les recherches qui pourront le mettre en état de faire connaître avec quelque détail, la nature et l'étendue du commerce de chaque nation, les forces de terre et de mer que chacune y entretient, les relations d'intérêt et d'amitié qui peuvent exister entre chacune d'elles et les chefs et naturels des pays où elles ont des établissements, et généralement tout ce qui peut intéresser la politique et le commerce.

À la fin du XVIIIe siècle, les grandes nations Européennes qui avaient le contrôle des mers étaient implantées en Extrême-Orient et dans les pays du Pacifique sud. Elles exploitaient les richesses offertes par ces lointaines contrées en commerçant avec les pays les plus puissants comme la Chine et le Japon, ou en colonisant les plus faibles comme les Philippines et les Indes néerlandaises. Le Portugal s'était installé à Macao en 1557, et en avait fait la plaque tournante des échanges commerciaux entre l'Occident et l'Asie. Les Pays-Bas qui avaient fondé Batavia en 1619, occupaient une partie de l'Indonésie et avaient créé en 1602, la fameuse Compagnie des Indes orientales. L'Espagne possédait les Philippines depuis la conquête de Magellan en 1521, et l'Angleterre était en train de prendre pied en Australie, en Tasmanie et en Nouvelle-Zélande, suite à la perte de ses colonies d'Amérique du Nord. Seule la France semblait absente de ce nouvel Eldorado. L'expédition de La Pérouse était pour Louis XVI, l'occasion de s'introduire dans ce club des nations marchandes, au plus grand profit de la France.

Ainsi dans cette seconde partie du Mémoire du Roi, Louis XVI demande à La Pérouse, dans un but commercial et peut-être à visée politique et colonialiste, de se renseigner sur le niveau d'implantation des nations européennes dans tous les pays qu'il aura l'occasion de visiter ainsi que sur la nature et l'importance du commerce qui s'y pratique. Il lui donne comme objectif précis d'établir un commerce de fourrures entre les contrées du nord-ouest de l'Amérique et la Chine, afin de développer les relations commerciales que la France entretient depuis longtemps avec l'empire du Milieu, et, dans un second temps, d'essayer par le biais de ce commerce de s'introduire au Japon qui depuis la fin du XVIIe siècle s'était pratiquement fermé au monde occidental.

L'enjeu économique était important, puisque les Russes réalisaient à Kiakhta [24] avec les Chinois des ventes de fourrures de zibelines, de renards et de loutres de mer, dont le montant était estimé à dix-huit millions de livres par an.

La Pérouse put se procurer à Monterey mille peaux de loutres de mer par l'intermédiaire de M. Fagès, gouverneur de la Californie. Au dire de ce dernier, il était en état de lui fournir jusqu'à dix mille peaux par an.

---

[24] Kiakhta : Ville située à la frontière entre la Sibérie orientale et la Mongolie. Le traité de 1727, en faisait la seule place d'échange entre la Russie et le Chine.

Jean Nicolas Dufresne qui supportait mal le voyage, fut débarqué à Macao pour vendre ces fourrures au profit des seuls matelots selon la volonté de La Pérouse. Un négociant portugais en offrit 9 500 piastres, mais se récusa par la suite. Finalement ces peaux furent vendues par M. Elstockenstrom, directeur de La Compagnie Suédoise chargée de commercer avec la Chine. Quelque temps après, lors de son escale à Manille, La Pérouse put négocier les lettres de change que lui avait envoyées La Compagnie Suédoise et la somme reçue fut partagée entre les membres de l'équipage.

Troisième partie

Opérations relatives à l'astronomie, à la géographie, à la navigation, à la physique et aux différentes branches de l'histoire naturelle.

(Instructions rédigées par Louis XVI)

1°. Sa Majesté ayant destiné deux astronomes pour être employés sous les ordres du sieur de La Pérouse dans l'expédition dont elle lui a confié la conduite, et ayant pourvu ses deux frégates de tous les instruments d'astronomie et de navigation dont on peut faire usage soit à la mer soit à terre ; il veillera à ce que dans le cours du voyage, l'un et l'autre astronome ne négligent aucune occasion de faire toutes les observations astronomiques qui pourront lui paraître utiles.

L'objet le plus important pour la sûreté de la navigation est de fixer avec précision les latitudes et les longitudes des lieux où il abordera et de ceux à vue desquels il pourra passer. Il recommandera, à cet effet, à l'astronome employé sur chaque frégate, de suivre avec la plus grande exactitude le mouvement des horloges marines, et de profiter de toutes les circonstances favorables pour vérifier à terre si la régularité de leur marche s'est maintenue pendant la traversée, et pour constater par observation le changement qui pourra être survenu dans leur mouvement journalier, afin de tenir compte de ce changement pour déterminer avec plus de précision la longitude des îles, des caps ou des autres points remarquables qu'il aura pu reconnaître et relever dans l'intervalle de deux vérifications.

Aussi souvent que l'état du ciel le permettra, il fera prendre des distances de la lune au soleil ou aux étoiles avec les instruments à cet usage pour en conclure la longitude du vaisseau, et la comparer à celle que les horloges marines indiqueront pour le même point et le même instant, et il aura soin de multiplier les observations de chaque genre, afin que le résultat moyen entre différentes opérations puisse procurer une détermination plus précise.

Lorsqu'il passera à vue de quelque île ou de quelque terre où il ne se proposera pas d'aborder, il aura attention de se maintenir, autant qu'il sera possible, sur le parallèle de ce point, à l'instant où devra se faire l'observation de la hauteur méridienne du soleil, ou d'un autre astre, pour en conclure la latitude du vaisseau ; et il s'établira sur le méridien de ce même point pour le moment où devront se faire les observations qui serviront à en déterminer la longitude. Il évitera par cette attention, toute erreur de position et d'estime de distance qui peut nuire à la justesse de la détermination.

Il fera observer tous les jours, lorsque le temps le permettra, la déclinaison et l'inclinaison de l'aiguille aimantée.

Dès qu'il arrivera dans quelque port, il fera choix d'un emplacement commode pour y dresser les tentes et l'observatoire, et il y établira un corps de garde.

Indépendamment des observations relatives à la détermination des latitudes et des longitudes, pour lesquelles il sera employé toute espèce de méthode connue et praticable, et de celles pour connaître la déclinaison et l'inclinaison de l'aiguille aimantée, il ne négligera pas de faire observer tout phénomène céleste qui pourrait être aperçu ; et dans toutes les occasions, il procurera aux astronomes tous les secours et les facilités qui pourront assurer le succès de leurs opérations.

Sa Majesté est persuadée que les officiers et les gardes de la marine employés sur les deux frégates se porteront avec zèle à faire eux-mêmes, de concert avec les astronomes, toutes les observations qui peuvent avoir quelque rapport d'utilité avec la navigation, et que ceux-ci, de leur côté, seront empressés de communiquer aux premiers le fruit de leurs études et les connaissances de théorie qui peuvent contribuer à perfectionner l'art nautique.

Le sieur de La Pérouse fera tenir sur chaque frégate, un registre double où seront portées, jour par jour, tant à la mer qu'à terre, les observations astronomiques, celles relatives à l'emploi des horloges marines, et toutes autres, telles qu'elles auront été faites et avant d'être calculées, en énonçant seulement l'erreur connue de l'instrument dont on se sera servi, si elle a été constatée par les vérifications d'usage. Chaque astronome gardera un de ces deux registres, et l'autre demeurera entre les mains de chaque capitaine commandant. Chacun des astronomes tiendra, en outre, un second registre où il inscrira pareillement, jour par jour, toutes les observations qu'il aura faites, et il y joindra, pour chaque opération, tous les calculs qui doivent amener au dernier résultat.

À la fin du voyage, le sieur de La Pérouse se fera remettre les deux registres qui auront été tenus par chacun des astronomes, après qu'ils les auront certifiés véritables, et signés.

2°. Lorsque le sieur de La Pérouse abordera à des ports qu'il peut être intéressant de faire connaître sous le rapport militaire, il fera faire la reconnaissance du pays par l'ingénieur en chef qui lui remettra un rapport circonstancié de toutes les remarques qu'il aura faites et les plans qu'il aura été à portée de lever.

Le sieur de La Pérouse fera dresser les cartes exactes de toutes les côtes et îles qu'il visitera, et si elles ont déjà été reconnues, il vérifiera l'exactitude des descriptions et des cartes que les autres navigateurs en ont données.

À cet effet, lorsqu'il naviguera le long des côtes et à vue des îles, il les fera relever très exactement avec le compas de variation, et il observera que les relèvements dont on peut tirer le parti le plus sûr pour la construction des cartes, sont ceux par lesquels un cap, ou tout autre objet remarquable, peut être relevé par un autre.

Il emploiera les officiers des deux frégates et l'ingénieur géographe à lever avec soin les plans des côtes, baies, ports et mouillages qu'il sera à portée d'examiner et de visiter, et il joindra à chaque plan, une instruction qui présentera tout ce qui concerne l'approche et la reconnaissance des côtes, l'entrée et la sortie des ports, la manière de prendre le mouillage et d'y affourcher et le meilleur endroit pour faire de l'eau, les sondes, la qualité du fond, les dangers, roches et écueils, les vents régnants, les brises, les moussons, les temps de leur durée et les époques de leurs changements, enfin, tous les détails qu'il peut être utile de faire connaître aux navigateurs.

Tous les plans de pays, de côtes et de ports seront faits doubles ; il en sera remis une copie à chacun des capitaines commandants, et à la fin du voyage, le sieur de La Pérouse se fera remettre la totalité des cartes et des plans, et les instructions qui y seront relatives.

Sa Majesté s'en rapporte à lui de fixer l'époque à laquelle il devra faire monter les bateaux pontés qui ont été embarqués en pièces sur chaque frégate. Il réservera, sans doute, cette opération pour sa relâche à Otaiti ; et ces bateaux pourront être employés très utilement, à la suite des frégates pour la reconnaissance de l'archipel Équatorial, pour visiter les côtes en détail, rechercher les baies, ports et mouillages et pour toute les opérations qui exigent des bâtiments d'un petit tirant d'eau.

3°. Les physiciens et les naturalistes que Sa Majesté a destinés pour faire dans le cours du voyage les observations analogues à leurs connaissances seront employés pour la physique ou l'histoire naturelle dans la partie à laquelle chacun d'eux se sera le plus particulièrement attaché.

Le sieur de La Pérouse leur prescrira, en conséquence, les recherches qu'ils auront à faire dans tous les genres, et leur fera distribuer les instruments et machines qui y sont propres. Il aura attention, dans la répartition des travaux, d'éviter les doubles emplois, afin que le zèle et les lumières de chaque savant puissent avoir leur entier effet pour le succès général de l'expédition.

Il leur donnera communication du mémoire que l'Académie royale des sciences a fait remettre à Sa Majesté, et dans lequel cette compagnie indique les observations particulières dont elle désirerait que les physiciens et naturalistes pussent s'occuper dans le voyage. Il leur prescrira de concourir, chacun en ce qui le concerne et suivant les circonstances, à remplir les objets indiqués par ce mémoire.

Il communiquera pareillement aux chirurgiens-majors des deux frégates, le mémoire de la Société royale de médecine, afin que l'un et l'autre s'occupent des observations qui peuvent remplir le vœu de cette compagnie.

Le sieur de La Pérouse, dans le cours de sa navigation et dans ses relâches, fera tenir sur chaque frégate, un registre, jour par jour, de toutes les observations relatives à l'état du ciel et de la mer, aux vents, aux courants, aux variations de l'atmosphère et à tout ce qui appartient à la météorologie.

Dans les séjours qu'il fera dans les ports, il fera observer le génie, le caractère, les mœurs et usages, le tempérament, le langage, le régime et le nombre des habitants.

Il fera examiner la nature du sol et les productions des différents pays, et tout ce qui est relatif à la physique du globe.

Il fera recueillir les curiosités naturelles, terrestres et marines, dans les trois règnes ; il les fera classer par ordre, et fera dresser, pour chaque espèce, un catalogue raisonné, dans lequel il sera fait mention des lieux où elles auront été trouvées, de l'usage qu'en font les naturels du pays, et si ce sont des plantes, des vertus qu'ils leur attribuent.

Il fera pareillement rassembler et classer les habillements, les armes, les ornements, les meubles, les outils, les instruments de musique et tous les effets à l'usage des divers peuples qu'il visitera, et chaque objet devra porter son étiquette et un numéro correspondant à celui du catalogue.

Il fera dessiner par les dessinateurs embarqués sur les deux frégates, toutes les vues de terre et les sites remarquables, les portraits des naturels des différents pays, leurs costumes, leurs cérémonies, leurs jeux, leurs édifices, leurs bâtiments de mer, et toutes les productions de la terre et de la mer, dans les trois règnes, dont le dessin pourra lui paraître utile pour faciliter l'intelligence des descriptions que les savants en auront faites.

Tous les dessins qui auront été faits dans le voyage, toutes les caisses contenant les curiosités naturelles, ainsi que les descriptions qui en auront été faites, et les recueils d'observations seront remis, à la fin du voyage, au sieur de La Pérouse, et aucun savant, aucun artiste ne pourra réserver pour lui-même, ou pour d'autres, aucune des pièces d'histoire naturelle, ou autres objets, que le sieur de La Pérouse aura jugé mériter d'être compris dans la collection destinée pour Sa Majesté.

4°. Avant de rentrer dans le port de Brest, au terme du voyage, ou avant d'arriver au cap de Bonne-Espérance, s'il est dans le cas d'y relâcher, le sieur de La Pérouse se fera remettre tous les journaux de la campagne qui auront été tenus sur les deux frégates, par les officiers et gardes de la Marine, les astronomes, savants et artistes, les pilotes et toutes autres personnes. Il leur enjoindra, de la part de Sa Majesté, de garder un silence absolu sur l'objet du voyage et sur les découvertes qui auraient été faites, et il en exigera leur parole. Il les assurera, au surplus, que leurs journaux et papiers leur seront rendus aussitôt que Sa Majesté en aura autorisé la remise.

Dans cette troisième partie relative aux études scientifiques, Louis XVI demande à La Pérouse de déterminer avec précision les latitudes et les longitudes des lieux qu'il visitera, dans le but d'améliorer la fiabilité des cartes marines qui restent encore souvent approximatives et qui sont la cause de nombreux naufrages. Toutes les nouvelles terres reconnues devront être cartographiées. Pour ce faire, il lui propose, fort de ses connaissances dans l'art de la navigation, de mesurer les longitudes par deux techniques différentes afin d'obtenir, en les comparant, les valeurs les plus exactes possible. L'une est astronomique et passe par la résolution du triangle de position, en mesurant, au moyen du sextant ou du cercle de réflexion de Borda, la hauteur angulaire de deux astres au-dessus de l'horizon. Les valeurs de la déclinaison et de l'angle horaire des deux astres visés qui sont données par les éphémérides, permettent par le calcul d'obtenir la latitude et la longitude du point où s'effectuent les mesures. Cette méthode qui dépend des conditions climatiques n'est pas toujours réalisable en mer. L'autre technique est fondée sur le décalage horaire entre l'heure locale et l'heure du méridien de référence. Cette méthode rendue possible grâce à la précision des nouvelles montres marines fabriquées par Ferdinand Berthoud et Pierre Le Roy, est beaucoup plus rapide et précise que la précédente, mais est soumise à la bonne tenue mécanique de ces montres en milieu marin.

Pour mener à bien cette tâche, que Louis XVI considérait comme essentielle aux progrès de la navigation, Condorcet avait recruté les meilleurs astronomes comme Joseph Lepaute d'Agelet et Louis Monge.

Un autre objectif important fixé à La Pérouse, était de rapporter fidèlement par l'image tout ce qui concerne l'histoire naturelle, les paysages, les mœurs et les coutumes des pays visités, et de constituer des collections de minéraux, de végétaux et d'animaux (insectes, coquillages, oiseaux naturalisés, etc.,). Des mesures physiques et des analyses chimiques étaient également prévues pour déterminer la nature des sols et le type de culture qui pouvait s'y adapter. On a pu récupérer, par les envois qui ont été faits jusqu'à la dernière escale de Botany Bay, quelques documents et notamment des dessins, dûs principalement à Gaspard Duché de Vancy.

Quatrième partie

De la conduite à tenir avec les naturels des pays où les deux frégates pourront aborder.

(Instructions rédigées par Louis XVI)

Les relations de tous les voyageurs qui ont précédé le sieur de La Pérouse dans les mers qu'il doit parcourir, lui ont fait d'avance connaître le caractère et les mœurs d'une partie des différents peuples avec lesquels il pourra avoir à traiter, tant aux îles du Grand-Océan, que sur les côtes du nord-ouest de l'Amérique, Sa Majesté ne doute pas que, nourri de cette lecture, il ne s'attache à imiter la bonne conduite de quelques-uns des navigateurs qui l'ont devancé, et à éviter les fautes de quelques autres.

À son arrivée dans chaque pays, il s'occupera de se concilier l'amitié des principaux chefs, tant par des marques de bienveillance que par des présents, et il s'assurera des ressources qu'il pourra trouver sur le lieu, pour fournir aux besoins de ses vaisseaux. Il emploiera tous les moyens honnêtes pour former des liaisons avec les naturels du pays. Il cherchera à connaître quelles sont les marchandises ou objets d'Europe auxquels ils paraissent attacher le plus de prix, et il en composera un assortiment qui leur soit agréable et qui puisse les inviter à faire des échanges.

Il a du sentir la nécessité de mettre en usage toutes les précautions que la prudence suggère pour maintenir sa supériorité contre la multitude, sans être obligé d'employer la force ; et quelque bon accueil qu'il reçoive des sauvages, il est important qu'il se montre toujours en état de défense, parce qu'il serait à craindre que sa sécurité ne les engageât à tenter de le surprendre.

Dans quelque circonstance que ce soit, il n'enverra aucune chaloupe ou autre bâtiment à terre, qu'il ne soit armé de ses canons, muni de fusils, de sabres, de haches d'armes et de munitions de guerre en quantité suffisante, et qu'il ne soit commandé par un officier à qui il ordonnera de ne jamais perdre de vue le bâtiment dont il est chargé, et d'y laisser toujours quelques hommes pour sa garde.

Il ne permettra pas qu'aucun officier ou homme de l'équipage couche à terre pour autre raison que celle du service, et les personnes que leurs fonctions obligeront d'y rester, se retireront avant la nuit dans les tentes dressées à terre pour servir d'observatoire et de magasin. Il placera un corps de garde chargé de veiller à la sûreté de cet établissement où il devra toujours coucher un officier, pour maintenir le bon ordre parmi les matelots et soldats affectés à ce service et prévenir, par une surveillance active et continue, toute attaque ou entreprise de la part des sauvages.

Il aura soin de faire mouiller les frégates de Sa Majesté à portée de protéger l'établissement, et il donnera ses ordres à l'officier qui y sera de garde, pour les signaux que celui-ci aura à faire en cas d'alarme.

Dès que ces dispositions seront faites, il s'occupera des moyens de pourvoir à la subsistance de ses équipages et aux autres besoins des bâtiments, et après avoir fait un choix dans le nombre des marchandises, outils et ouvrages en tout genre dont les deux frégates sont approvisionnées, il en formera un magasin à terre sous la protection du corps de garde. Mais comme il est instruit qu'en général les insulaires du Grand-Océan ont un penchant irrésistible au vol, il aura soin, pour ne pas les tenter par la vue d'un trop grand nombre d'objets rassemblés dans un même lieu, de ne faire transporter chaque jour à terre, que les effets qui pourront être employés en échanges dans la journée. Il réglera la valeur de ces échanges, et il ne permettra pas qu'on excède jamais la taxe qu'il aura fixée pour chaque objet de traite, dans la crainte qu'en accordant dans le début un prix trop haut pour les denrées qu'il voudrait se procurer, les naturels ne s'en prévalussent pour n'en plus vendre dans la suite à une moindre valeur.

Il n'établira qu'un seul magasin pour les deux frégates, et pour y maintenir le bon ordre et prévenir tous les abus, il chargera spécialement un officier de traiter avec les sauvages, et il désignera les officiers mariniers ou autres personnes qui devront faire sous ses ordres le service du magasin. Aucun officier, aucune autre personne des états-majors ou des équipages, ne pourra, sous quelque prétexte que ce soit, faire aucune espèce d'échange, à moins que le sieur de La Pérouse ne lui en ait donné la permission expresse, et n'ait réglé le taux de l'échange.

Si quelqu'un des gens de l'équipage dérobait, pour le porter à terre, quelque effet appartenant aux bâtiments, ou quelques marchandises destinées pour les échanges, le sieur de La Pérouse le ferait punir suivant la rigueur des ordonnances, et il punirait plus sévèrement encore ceux qui, étant de service au magasin, auraient abusé de sa confiance, et détourné des effets pour en traiter en fraude.

Il prescrira à tous les gens d'équipage de vivre en bonne intelligence avec les naturels, de chercher à se concilier leur amitié par les bons procédés et les égards ; et il leur défendra, sous les peines les plus rigoureuses, de jamais employer la force pour enlever aux habitants, ce que ceux-ci refuseraient de céder volontairement.

Le sieur de La Pérouse, dans toutes les occasions, en usera avec beaucoup de douceur et d'humanité envers les différents peuples qu'il visitera dans le cours de son voyage.

Il s'occupera avec zèle et intérêt de tous les moyens qui peuvent améliorer leur condition, en procurant à leur pays, les légumes, les fruits et les autres arbres utiles d'Europe ; en leur enseignant la manière de les semer et de les cultiver ; en leur faisant connaître l'usage qu'ils doivent faire de ces présents dont l'objet est de multiplier sur leur sol les productions nécessaires à des peuples qui tirent presque toute leur nourriture de la terre.

Si des circonstances impérieuses, qu'il est de la prudence de prévoir dans une longue expédition, obligeaient jamais le sieur de La Pérouse à faire usage de la supériorité de ses armes sur celles des peuples sauvages, pour se procurer, malgré leur opposition, les objets nécessaires à la vie, tels que des subsistances, de l'eau, du bois ; il n'userait de la force qu'avec la plus grande modération, et punirait avec une extrême rigueur, ceux de ses gens qui auraient outrepassé ses ordres. Dans tous les autres cas, s'il ne peut obtenir l'amitié des sauvages par les bons traitements, il cherchera à les contenir par la crainte et les menaces, et il ne recourra aux armes qu'à la dernière extrémité, seulement pour sa défense et dans les occasions où tout ménagement compromettrait décidément la sûreté des bâtiments et la vie des sujets du Roi.

Sa Majesté regarderait comme un des succès les plus heureux de l'expédition, qu'elle pût être terminée sans qu'il en eût coûté la vie à un seul homme.

Louis XVI aborde ici un des points les plus importants de ce voyage ; la sécurité des membres de l'équipage face à des populations aux mœurs et aux coutumes inconnues, sans possibilité de communication directe, ignorant tout de leur langage.

Bougainville avait rapporté une vision idyllique de la vie des naturels de Tahiti lors de son expédition de 1766 à 1769. Le récit qu'il en publia, contribua à l'émergence du mythe du bon sauvage, largement développé par Rousseau. Hélas la réalité était bien différente puisque bon nombre de ces voyages de découvertes furent marqués par des tragédies. Magellan fut massacré par les indigènes des Philippines, dans l'île de Mactan, en 1521. Cook subit le même sort aux îles Sandwich (Hawaï) lors de son troisième voyage en 1779, ainsi que Marion du Frêne en Nouvelle-Zélande en 1782.

Du reste La Pérouse était parfaitement conscient du choc de civilisation de deux sociétés aux antipodes l'une de l'autre. Il écrit dans son journal de bord, lors de son escale au port des Français en juillet 1786 [150, 151a, 153] :

« Les philosophes se récrieraient en vain contre ce tableau. Ils font leurs livres au coin de leur feu, et je voyage depuis trente ans. Je suis témoin des injustices et de la fourberie de ces peuples qu'on nous peint si bons, parce qu'ils sont très près de la nature ; mais cette nature n'est sublime que dans ses masses, elle néglige tous les détails. Il est impossible de pénétrer dans les bois que la main des hommes civilisés n'a point élagués ; de traverser les plaines remplies de pierres, de rochers, et inondées de marais impraticables ; de faire société enfin avec l' homme de la nature, parce qu'il est barbare, méchant et fourbe. Confirmé dans cette opinion par ma triste expérience, je n'ai pas cru néanmoins devoir user des forces dont la direction m'était confiée pour repousser l'injustice de ces sauvages, et pour leur apprendre qu'il est un droit des gens qu'on ne viole jamais impunément.

Des Indiens, dans leurs pirogues, étaient sans cesse autour de nos frégates ; ils y passaient trois ou quatre heures avant de commencer l'échange de quelques poissons ou de deux ou trois peaux de loutres ; ils saisissaient toutes les occasions de nous voler. Ils arrachaient le fer qui était facile à enlever, et ils examinaient, surtout, par quel moyen ils pourraient, pendant la nuit, tromper notre vigilance. Je faisais monter à bord de ma frégate les principaux personnages ; je les comblais de présents, et ces mêmes hommes que je distinguais si particulièrement, ne dédaignaient jamais le vol d'un clou ou d'une vieille culotte. Lorsqu'ils prenaient un air riant et doux, j'étais assuré qu'ils avaient volé quelque chose, et très souvent je faisais semblant de ne pas m'en apercevoir.

J'avais expressément recommandé d'accabler de caresses les enfants, de les combler de petits présents ; les parents étaient insensibles à cette marque de bienveillance que je croyais de tous les pays ; la seule réflexion qu'elle fit naître chez eux, c'est qu'en demandant à accompagner leurs enfants, lorsque je les faisais monter à bord, ils auraient une occasion de nous voler. ; et pour mon instruction, je me suis procurer plusieurs fois le plaisir de voir le père profiter du moment où nous paraissions le plus occupés de son enfant, pour enlever et cacher sous sa couverture de peau, tout ce qui lui tombait sous la main.

J'ai eu l'air de désirer de petits effets de peu de valeur, qui appartenaient à des Indiens que je venais de combler de présents ; c'était un essai que je faisais de leur générosité, mais toujours inutilement.

J'admettrai enfin, si l'on veut, qu'il est impossible qu'une société existe sans quelques vertus ; mais je suis obligé de convenir que je n'ai pas eu la sagacité de les apercevoir : toujours en querelle entre eux, indifférents pour leurs enfants, vrais tyrans de leurs femmes, qui sont condamnées sans cesse aux travaux les plus pénibles ; je n'ai rien observé chez ce peuple qui m'ait permis d'adoucir les couleurs de ce tableau. »

Cinquième partie

Des précautions à prendre pour conserver la santé des équipages.

(Instructions rédigées par Louis XVI)

Le sieur de La Pérouse connaissant les intentions de Sa Majesté sur la conduite qu'il doit tenir envers les peuples sauvages, et l'attention qu'elle donne à ce que la visite des Français, loin d'être un malheur pour ces peuples, leur procure au contraire des avantages dont ils étaient privés ; il sentira sûrement quels soins particuliers il doit donner à la conservation des équipages employés dans l'expédition dont Sa Majesté lui a confié la conduite.

Les bâtiments sous ses ordres sont pourvus abondamment de tous les secours qui peuvent ou prévenir la cause des maladies de mer, ou en arrêter le cours, et de ceux qui sont destinés à suppléer les vivres ordinaires et à en corriger l'effet. Il veillera soigneusement à ce que ces divers secours soient employés à propos et avec mesure, et il s'occupera essentiellement de toutes les ressources qui pourront se présenter dans ses différentes relâches, pour procurer à ses équipages des rafraîchissements et des aliments sains qui puissent réparer les effets du long usage qu'il sera obligé de faire des viandes salées.

Sa Majesté s'en rapporte à la prudence du sieur de La Pérouse, sur la forme qui lui paraîtra la plus convenable à établir, à bord des deux frégates, pour la distribution des vivres en approvisionnement dans la cale. Il aura soin de faire visiter et aérer pendant ses séjours dans les ports, les parties de ces vivres qui annonceraient un principe d'altération dont cette précaution peut arrêter les progrès.

Il ne négligera aucune occasion de procurer du poisson frais à ses équipages, et de renouveler ses salaisons par les moyens qui ont été remis à sa disposition, et en faisant usage de la méthode qui a été pratiquée avec succès par les navigateurs de ces derniers temps qui ont parcouru le Grand-Océan.

Le sieur de La Pérouse n'ignore pas qu'une des précautions qui peut contribuer le plus efficacement à conserver la santé des équipages de mer, est l'attention continuelle à maintenir une extrême propreté dans le vaisseau et sur leurs personnes. Il fera usage, à cet effet, de tous les moyens connus, tels que les ventilateurs, les fumigations, les parfums, pour renouveler et purifier l'air de la cale et de l'entrepont. Il fera tous les jours, s'il se peut, exposer à l'air libre, les hamacs et les hardes des équipages, et afin que les matelots et autres gens qui les composent ne négligent point la propreté de leurs personnes il les divisera en escouades dont il répartira l'inspection et le soin de la tenue entre les officiers de chaque frégate. Chacun d'eux rendra compte chaque semaine au capitaine, de l'état des hardes et des besoins de l'escouade dont le soin lui aura été confié ; et sur l'ordre du sieur de La Pérouse, les hardes de remplacement que Sa Majesté a ordonné d'embarquer, seront distribuées aux équipages des deux bâtiments, suivant la répartition qui en aura été réglée par le commandant, et dans les circonstances où il jugera que ce secours est nécessaire.

Le sieur de La Pérouse établira la plus exacte discipline dans les équipages des deux frégates, et il tiendra soigneusement la main à prévenir tout relâchement à cet égard. Mais cette sévérité, convenable dans tout service, et nécessaire dans une campagne de plusieurs années, sera tempérée par l'effet des soins paternels qu'il doit aux compagnons de ses fatigues, et Sa Majesté connaissant les sentiments dont il est animé, est assurée qu'il sera constamment occupé de procurer à ses équipages toutes les facilités, toutes les douceurs qu'il pourra leur accorder, sans nuire aux intérêts du service et à l'objet de l'expédition.

Sa Majesté ne pouvait donner au sieur de La Pérouse une marque plus distinguée de la confiance qu'elle a dans son zèle, sa capacité et sa prudence, qu'en le chargeant d'une des entreprises les plus étendues qui ait jamais été exécutée. Quelques-uns des navigateurs qui l'ont précédé dans la carrière des découvertes lui ont laissé de grandes leçons et de grands exemples, mais Sa Majesté est persuadée qu'aussi ambitieux de gloire, aussi zélé pour l'accroissement des connaissances humaines, aussi persévérant que ses modèles, il méritera un jour, d'en servir lui-même à ceux qui, poussés par le même courage, voudront prétendre à la même célébrité.

Fait à Versailles, le vingt-six juin 1785
Signé : Louis

Et plus bas : le Maréchal de Castries

Dans cette dernière partie Louis XVI se soucie de la santé des membres des équipages qui était mise à mal dans ces lointains voyages. Le scorbut était la maladie la plus redoutée et la plus dévastatrice. Jean-François Surville eut à déplorer sur dix mois de navigation en 1769 et 1770, de Pondichéry aux côtes du Pérou, 103 morts dont 100 de scorbut et de fièvres sur un effectif de 177 personnes. Louis XVI avait lu le *Traité des maladies des gens de mer* de Poissonnier, paru en 1767, qui préconisait la consommation de citrons et d'oranges pour prévenir ce fléau, mais ces fruits ne se trouvant pas au-delà des côtes de l'Atlantique. Louis XVI recommande simplement de procurer à l'équipage des aliments frais ; viandes, fruits, légumes et eau, toutes les fois que les relâches le permettront. De plus la durée entre deux escales ne devait pas excéder quatre mois. Jusqu'à la dernière escale de Botany Bay, seul le cuisinier des officiers serait mort du scorbut.

Pressentant que le développement de miasmes entraîne le pourrissement des denrées et la transmission des maladies, Louis XVI engage à faire ventiler les cales des navires pour renouveler l'air et le purifier. Il demande aussi aux marins de se soumettre aux règles d'hygiène et de propreté.

L'itinéraire suivi par La Pérouse
Chronologie du voyage

1785

Le 11 juin 1785, La Pérouse présenta au Maréchal de Castries l'équipe de scientifiques réunie à Versailles. Le 28 juin, il fut reçu par le roi et le 30, par la reine.

Le 4 juillet, La Pérouse arriva à Brest ; le 12, l'armement des deux vaisseaux était terminé, mais à cause du mauvais temps le départ n'eut lieu que le 1er août.

Le 1er août au matin, La Boussole et L'Astrolabe quittèrent la rade de Brest pour un voyage qui devait durer quatre ans.

Escale à Madère du 13 au 16 août.

Escale à Ténériffe du 19 au 30 août. Louis Monge est débarqué le 29 août, pour raison de santé.

Escale à l'île de Trinidad (La Trinité) du 17 au 18 octobre.

Escale à l'île de Santa-Catarina (Sainte-Catherine) au Brésil du 6 au 19 novembre. Premier envoi de documents en France par l'intermédiaire du consul M. de Saint-Marc.

1786

La Pérouse double le cap Horn début février.

Escale à Talcahuna dans la baie de la Conception au Chili, du 24 février au 17 mars.

Escale à l'île de Pâques, du 9 au 10 avril.

Escale à l'île Mowee dans l'archipel des îles Sandwich (Hawaï) du 20 au 30 mai.

Mouillage le 29 juin dans la baie de Béring (Dry Bay).

Escale au port des Français (Lituya Bay) en Alaska, du 3 au 30 juillet.

Le 13 juillet pris par un fort courant de jusant, deux canots chavirent avec leur équipage entraînant la mort de vingt-et-un marins (sept officiers et quatorze membres d'équipage).

Escale à Monterey, du 15 au 24 septembre. Deuxième envoi de documents en France. Négociations d'achat de peaux de loutre.

Escale à l'île d'Asuncion dans l'archipel des îles Mariannes, le 14 décembre.

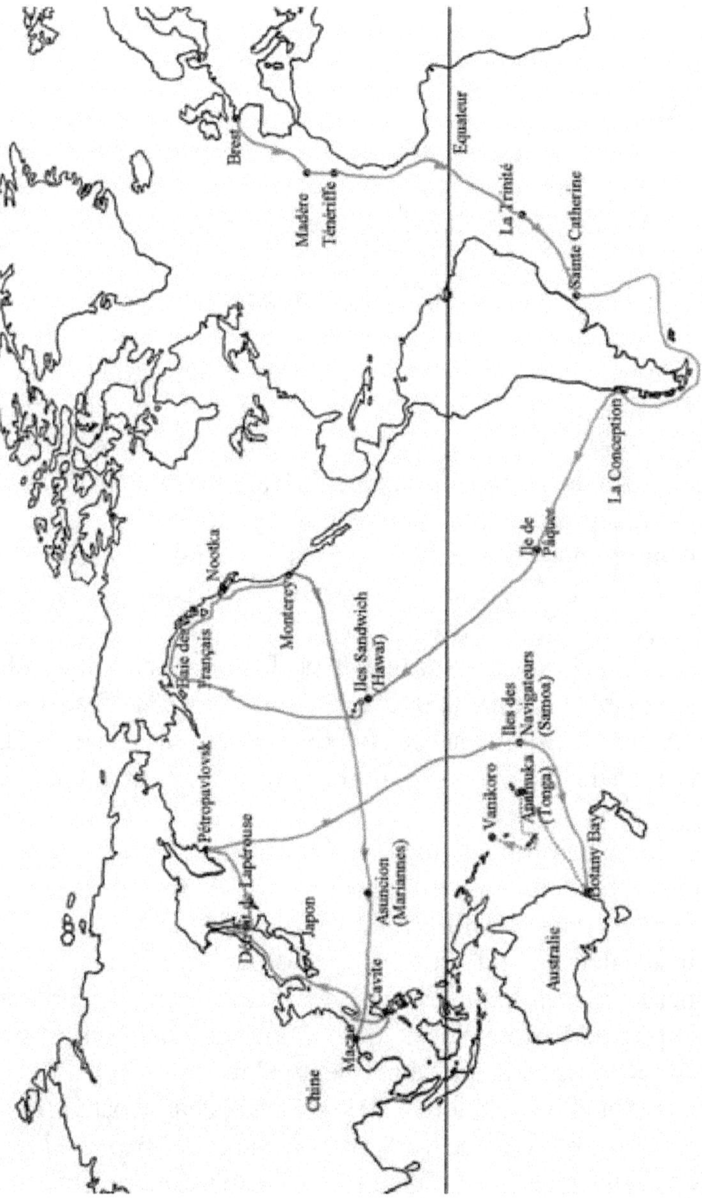

Itinéraire suivi par Lapérouse

Escale à Macao du 3 janvier au 5 février. Dufresne ne s'adaptant pas à la vie à bord est débarqué le 1er février. Il est chargé par La Pérouse de la vente des peaux de loutres. Troisième envoi de documents en France.

Escale à l'île de Marivelle dans l'archipel des Philippines, du 21 au 23 février.

Escale à Cavite, port de Manille, du 28 février au 10 avril.

Du 22 avril au 23 juin, La Pérouse longe les côtes de Formose puis celle de la Chine, franchit le détroit de Corée le 25 mai, et entre dans la mer du Japon sans avoir pu faire escale tant les populations rencontrées lui parurent hostiles.

Escale à la baie de Ternai sur la côte de Tartarie du 23 juin au 27 juin. Cette côte de la Tartarie avait échappé à l'exploration du capitaine Cook et était totalement inconnue des Européens. La Pérouse s'engage ensuite dans la Manche de Tartarie pour trouver un passage au nord qui communiquerait avec la mer d'Okhotsk.

Escale à la baie de Suffren sur la côte de Tartarie, du 4 au 5 juillet.

Escale à la baie de Langle dans l'île de Sakhaline, du 12 au 14 juillet.

Escale à la baie d'Estaing sur la côte de Tartarie, du 19 au 20 juillet.

Escale à la baie de Castries sur la côte de Tartarie, du 28 juillet au 2 août.

Au nord de la baie de Castries, la Manche de Tartarie n'ayant plus assez de profondeur pour assurer le passage de ses vaisseaux, La Pérouse redescend la côte ouest de l'île Sakhaline et découvre à son extrémité méridionale le détroit qui porte aujourd'hui son nom, et qui fait communiquer la mer du Japon avec la mer d'Okhotsk.

Escale au port de Pétropavlovsk, Saint-Pierre et Saint-Paul, dans la baie d'Avatscha au Kamtchatka, du 7 au 30 septembre.

De Lesseps quitte l'expédition le 29 septembre, chargé par La Pérouse de porter à Louis XVI, par voie de terre, son journal et ses papiers. De Lesseps arrivera à Versailles après plus d'un an, le 17 octobre 1788. Il racontera son périple à travers la Sibérie, la Russie et l'Europe dans un livre paru en 1790, intitulé : *Journal historique du voyage de M. de Lesseps*[151].

Escale à l'île de Tutuila dans l'archipel des Samoa, du 9 au 14 décembre.

Le 11 décembre, une expédition de 61 personnes réparties dans deux chaloupes et deux canots, est attaquée à coup de pierres par les indigènes, lors d'une opération de ravitaillement en eau. Fleuriot de Langle qui commandait cette expédition et qui ne voulait pas faire usage de ses armes devant une population de plus en plus nombreuse et menaçante est l'une des premières victimes, et finit massacré par les sauvages. Périrent également, La Manon, le sieur Talin, capitaine d'arme de La Boussole, trois soldats, quatre matelots et deux domestiques, soit un total de 12 morts. Cinq autres furent blessées assez sérieusement dont le père Receveur qui reçut une blessure à l'œil et en mourra deux mois plus tard à Botany Bay.

Du 14 décembre au 31 décembre, La Pérouse reconnaît les îles de l'archipel des Navigateurs (archipel des Samoa) puis celles de l'archipel des Amis (archipel des Tonga).

1788

Escale à Botany Bay en Australie, du 26 janvier au 10 mars. Cinquième et dernier envoi de documents en France qui seront reçus à Versailles en juin 1789.

Le 10 mars 1788, les bâtiments de La Pérouse quittèrent le port de Botany Bay. Ce fut leur dernière escale officiellement connue.

Fleurieu avait fait réaliser une grande carte marine où était tracé l'itinéraire suivi par les capitaines Byron, Wallis, Carteret et Cook dans leurs voyages autour du monde. La Pérouse en avait un exemplaire et Louis XVI un autre qu'il avait suspendu dans sa galerie de géographie. À chaque arrivée de documents il suivait la progression de La Pérouse en traçant de sa main la route qu'il avait empruntée.

La légende veut que juste avant de monter à l'échafaud Louis XVI ait prononcé cette phrase « À-t-on des nouvelles de M. de La Pérouse ? » En fait, la veille de son exécution Louis XVI put recevoir, seul à seul, pour la première fois depuis qu'il était incarcéré au Temple, une personne susceptible de lui donner des nouvelles du monde extérieur ; l'abbé d'Hedgeworth de Firemont. Ce dernier l'assista dans ses ultimes heures en lui apportant le secours de la religion, et il est probable qu'au cours de leur entretien, il lui ait posé cette fameuse question.

On pense que parti de Botany Bay le 10 mars 1788, La Pérouse ait fait escale à Anamuka, île de l'archipel des Tonga, puis se serait dirigé vers la Nouvelle-Calédonie, dont il aurait reconnu la côte occidentale, pour disparaître au voisinage des îles Salomon, vraisemblablement vers le mois de juin 1788. Le grand rêve de Louis XVI s'évanouissait sur des rivages perdus de l'océan Pacifique.

La première expédition lancée à la recherche de La Pérouse fut confiée par l'Assemblée nationale à Joseph Antoine Bruny d'Entrecasteaux. Partie de Brest le 29 septembre 1791, elle ne put recueillir d'informations sérieuses sur la disparition de La Pérouse, bien qu'elle fût passée très près du lieu du naufrage. La fin du voyage fut endeuillée par la mort de Huon de Kermadec, capitaine du second navire, L'Espérance, puis celle de d'Entrecasteaux, le 20 juillet 1793, sur le navire amiral, La Recherche, tous deux atteints de scorbut ou de dysenterie. Hesmiry d'Aribeau, second de d'Entrecastreaux, conduisit le reste de l'expédition à Batavia où malheureusement, les Hollandais, alors en guerre contre la France, saisirent navires et équipages.

Ce n'est qu'en 1826, que le navigateur Peter Dillon fut mis sur la piste de La Pérouse par le récit que lui firent les indigènes de l'île de Tucopia, située au sud des îles Salomon, dans l'archipel des Santa-Cruz. On lui conta le naufrage de deux grands navires, bien des années auparavant, sur la côte d'une île voisine nommée Mallicolo (ou Vanikoro). Dillon s'y rendit, mais ne put l'aborder, faute de vents et de vivres suffisants.

Il put cependant acheter à Tucopia plusieurs objets de fabrication européenne, dont la garde en argent d'une épée d'officier qui fut identifiée comme ayant été fabriquée à Paris en 1777 ou 1778, par le fourbisseur, François Maximillen Fouasse. Elle est conservée au musée de la Marine à Paris.

Dillon revint l'année suivante à Vanikoro et il put recueillir auprès des indigènes le récit du naufrage :

« Par une nuit de très forte tempête, qui pouvait être un cyclone, deux grands vaisseaux firent naufrage à proximité de la côte sud-ouest de l'île, près des villages de Vanou et de Païou. L'un de ces navires coula près du rivage et l'autre fut jeté sur le récif de corail.

Les rescapés établirent un camp à terre où ils purent construire, avec les restes des épaves, un petit bâtiment à deux mats qui leur permit de reprendre la mer, laissant sur l'île deux des leurs. On lui dit que l'un des deux hommes était mort environ trois ans et demi avant son arrivée et que le second avait du fuir vers une autre île en compagnie du chef de la tribu de Pawcorie lors d'une guerre tribale, il y avait un an et demi.

Les natifs lui déclarèrent aussi que de grandes guerres avaient eu lieu entre les blancs et les habitants de Vanou. Cinq chefs de tribu furent tués ainsi que quarante de leurs hommes. »

Dillon acheta aux insulaires une grande quantité d'objets, provenant principalement du navire ayant fait naufrage sur le site du récif (*la faille*), dont une grande cloche sur laquelle était gravée la légende : Bazin m'a fait. Il ramena toutes ces reliques en Angleterre et fut chargé par le gouvernement britannique de porter ces objets au roi Charles X qui lui remit la récompense de 10 000 francs offerte par l'Assemblée nationale en 1791 à celui qui retrouverait la trace de La Pérouse et lèverait le mystère de sa disparition, ainsi qu'une pension de 4 000 francs.

Dumont d'Urville qui effectuait en 1827, un voyage de reconnaissance de la côte sud de l'Australie, fut informé des découvertes de Dillon. Aussitôt il se rendit en février 1828 à Vanikoro où il découvrit un second site de naufrage dans une *fausse passe* du récif. Gisant par quatre mètres de fond, il put apercevoir les débris d'un grand navire. Des canons et des ancres furent remontés et on retrouva à terre des fragments d'instruments de navigation.

En 1959 une expédition emmenée par Reece Discombe explora le site de la *fausse passe* et ramena quantité d'objets, dont des canons, des ancres, des poulies et des saumons de plomb portant la marque de l'Arsenal de Brest.

Le même Discombe reconnut en 1962, 1963 et 1964, le site de *la faille,* initialement découvert par Dillon. En janvier 1964, l'équipe de Discombe remonta de *la faille* la plaque d'identification du quart de cercle de Langlois, que Cassini, directeur de l'observatoire de Paris, avait prêté à l'astronome Lepaute d'Agelet, embarqué sur La Boussole, ce qui impliquerait que le navire de La Pérouse se soit échoué sur le récif pour couler ensuite dans *la faille*.

Un an plus tard la Marine nationale entreprit plusieurs campagnes de plongées sur le site de *la faille*. L'équipe de plongeurs était dirigée par le médecin principal Becker et la préparation de l'expédition avait été confiée au capitaine de vaisseau de Brossard, chef du service historique de la Marine nationale. Là encore des canons, des ancres, des pierriers et une cloche furent remontés.

Par la suite de nombreuses expéditions se sont multipliées, attirant même des pilleurs d'épaves.

Il ressort de toutes ces expéditions, que les deux bâtiments se sont abîmés à environ deux milles l'un de l'autre dans les sites de *la faille* et de la *fausse passe*, sans qu'on puisse de façon formelle préciser leur identité respective.

Le 4 mai 2005 l'équipe de plongeurs de la Marine nationale et de l'association Salomon de Nouvelle-Calédonie présidée par Alain Conan, remonta du site de *la faille*, un sextant sur lequel on put lire le nom : Mercier ; qui en était le fabriquant (154). Cet objet qui figurait dans l'inventaire du matériel embarqué par La Boussole a permis de localiser de façon définitive sur le site de *la faille* le naufrage de La Boussole et donc d'affirmer que L'Astrolabe s'est échoué dans la *fausse passe*. Il a été montré par les dernières campagnes de recherches, qu'une partie des équipages de La Boussole et de L'Astrolabe a survécu au naufrage et a pu établir un camp à terre, mais quels étaient les survivants et que sont-ils devenus ? Nul, aujourd'hui encore, ne peut répondre à cette question.

Même si l'on continue à déplorer la fin tragique de l'expédition La Pérouse et l'inestimable perte causée par la disparition, des précieux documents et objets en tous genres, réalisés ou réunis par les savants de l'expédition pendant leurs trois années de navigation sur toutes les mers du monde ; La Pérouse eu la prudence d'expédier régulièrement jusqu'à la dernière escale de Botany Bay en mars 1788, des documents comme, cartes, dessins, récits, lettres ainsi que son journal de bord qui nous donne jour par jour la relation de son voyage.

L'ensemble de ces documents a été publié en 1797, par l'Assemblée nationale (152).

L'inconnu de Vanikoro

Le 22 novembre 2003, un squelette est découvert sur le site de *la faille*, où s'est échoué La Boussole, l'un des deux navires de l'expédition [155]. Le squelette après examen radiographique, correspond à celui d'un homme âgé de 30 à 32 ans, mesurant entre 1.65 m et 1,70 m, de faible musculature et avec une bonne dentition. Ces faits excluent les marins de l'équipage et orientent les recherches vers les savants de l'expédition [156].

L'Institut de recherche criminelle de la Gendarmerie nationale à établi, grâce à l'anthropologue Jean-Noël Vignal, un portrait robot d'après lequel, la sculptrice plasticienne, Élisabeth Daynes, a pu reconstituer un visage à l'expression saisissante [157].

D'après les nombreux objets de culte retrouvés près du squelette et après une longue enquête généalogique, on a pu montrer que l'ADN de l'inconnu, était compatible avec celui recueilli à partir d'un poil de la barbe d'un des descendants, décédé en 1924, de l'abbé Mongez. Très vraisemblablement, on peut penser que cet inconnu est l'abbé Jean-André Mongez, âgé de 38 ans lors du naufrage.

Le 29 juin 2011, l'inconnu de Vanikoro a été inhumé dans l'enceinte du château de Brest avec les honneurs militaire de la Marine nationale [158].

Une plaque déposée sur sa sépulture porte l'inscription suivante :

ICI REPOSE L'INCONNU
MEMBRE DE L'EXPÉDITION
DU CAPITAINE DE VAISSEAU
DE GALAUP DE LA PÉROUSE
DÉCOUVERT À VANIKORO LE 22 NOV 2003

EN HOMMAGE À TOUS LES MARINS ET SAVANTS
DES EXPÉDITIONS SCIENTIFIQUES FRANÇAISES
PÉRIS EN MER
INHUMÉ SOLENNELLEMENT LE 29 JUIN 2011
REQUIESCAT IN PACE

Épilogue

L'histoire porte sur Louis XVI un jugement qui reste très souvent négatif.

Elle nous le dépeint comme un monarque impuissant à diriger les affaires de l'État, compensant son inaptitude par des activités manuelles et scientifiques largement incomprises, voire méprisées. L'histoire qui n'aime pas les perdants, magnifie d'un côté la Révolution française, et de l'autre le rend responsable de la chute de la monarchie et de l'Ancien Régime.

Sa personnalité complexe et les *a priori* qu'elle a suscités, l'ont déconsidéré et l'ont conduit pour beaucoup, à n'être qu'un simple savant enfermé dans sa tour d'ivoire ou un chasseur passionné, délaissant son métier de roi.

Il est facile de lui faire porter la responsabilité de la chute de la monarchie, beaucoup s'y sont employés, mais la France, à l'ouverture des États généraux, était au bord de l'implosion, et seul un homme d'exception aurait pu calmer les passions et imposer les réformes nécessaires.

À l'évidence, Louis XVI n'était pas l'homme de la situation. De caractère débonnaire, pénétré de bons sentiments, prêchant la non violence et se refusant à employer la force même quand son pouvoir ou sa personne était atteint. Il n'a pas compris l'évolution des mentalités et les aspirations d'une société en pleine mutation. Son immense culture ne lui a été d'aucun secours pour appréhender les mécanismes subtils de la politique et prévoir les événements au lieu de les subir.

Ayant toujours le sentiment d'avoir agi pour le bien de son peuple, il ne s'est pas aperçu, ou n'a pas pris la mesure, qu'une minorité agissante était résolue à sa perte.

Même si l'on reste obnubilé par son échec face aux événements qui ont conduit à sa chute, on ne peut oublier que sous son règne la France n'a pas connu de conflits, si l'on fait abstraction de la guerre d'Indépendance d'Amérique qui a rétabli le prestige de la France après le désastre de la guerre de sept ans.

Cette période de paix fut aussi une période de prospérité, car avec 24 millions d'habitants, la France était un des pays le plus peuplé d'Europe (97). Son économie et son industrie étaient florissantes, même si les finances étaient en constant déficit, dû à un système d'imposition archaïque qui exemptait le clergé et la noblesse de la plupart des contributions.

Il faut aussi rappeler que dans le domaine des libertés, Louis XVI a rendu leur identité aux protestants en promulguant l'Édit de tolérance et qu'il a mis fin à la pratique du servage.

Louis XVI restera l'exemple d'un monarque vertueux, soucieux de faire le bien, mais qui par manque d'assurance et de volonté, n'a pas su faire évoluer une monarchie au pouvoir absolu, vers un régime plus juste et plus libéral.

Le naufrage de l'Astrolabe et de la Boussole

Louis le Breton (1818-1866) — nmm.ac.uk, Domaine public, https://commons.wikimedia.org/w/index.php?curid=62605158

Bibliographie

(1) a) Girault de Coursac, Paul et Pierrette., *Louis XVI, un visage retrouvé. Portrait physique et moral du dernier Roi Très Chrétien*, Paris, O.E.I.O.L., 1990.
b) Girault de Coursac, Pierrette., *L'éducation d'un roi, Louis XVI*, Paris, François Xavier de Guibert, 1995.

(2) Lever, Evelyne., *Louis XVI*, Paris, Fayard, 1985.

(3) Petitfils, Jean-Christian., *Louis XVI*, Paris, Perrin, 2005.

(4) Louis XVI., *Testament*, reproduction en fac-similé du manuscrit, Le Cadratin, Paris, 1993.

(5) Le Bovier de Fontenelle B., *Histoire du renouvellement de l'Académie royale des sciences en 1699, et les Éloges historiques de tous les académiciens morts depuis ce renouvellement*, Paris, Michel Brunet, 1719-1722.

(6) Racinais, Henry., *Les petits appartements des roys Louis XV et Louis XVI au château de Versailles : un Versailles inconnu*, Paris, H. Lefèbvre, 1950.

(7) Soulavie, Jean-Louis., *Mémoires historiques et politiques du règne de Louis XVI depuis son mariage jusqu'à, sa mort*, Paris, Treuttel et Würtz, 1801.

(8) Anonyme, *Vie publique et privée de Louis XVI*, Paris, F. Louis, 1814.

(9) Le Blond, Guillaume., *Élémens d'algèbre ou du calcul littéral*, 1ère édition, Paris, Antoine Jombert, 1768.

(10) Séguret, de., *Les mémoires de M. de Séguret, secrétaire de la cassette et premier commis des petits appartements de Louis XVI depuis son mariage jusqu'à sa mort*, Lyon, Emmanuel Vitte, 1897.

(11) Hézecques, Félix, Comte de France d'., *Souvenirs d'un page de la cour de Louis XVI*, Paris, Didier, 1873, reproduction en fac-similé de l'édition précédente, Gérard Montfort, Paris, 1998.

(12) Van der Kemp, Gerald., Lemoine, Pierre., *Versailles et Trianon*, Versailles, éditions d'Art Lys, 1979.

(13) Welvert, Eugène., *En feuilletant de vieux papiers*, Paris, Calmann-Lévy, 1912.

(14) Archives nationales. O/1/3356.

(15) Barbet de Jouy, Henry, *Notice des Antiquités, objets du Moyen-âge, de la Renaissance et des temps modernes composant le Musée des Souverains*, Paris, Charles de Mourgues frères, 1866.

(16) La Presse, Journal républicain National, mercredi 4 juin 1890, p 1.

(17) Beauchamp, Alphonse de., *Comptes de Louis XVI, publiés par le comte de Beauchamp, d'après le manuscrit autographe du roi, conservé aux Archives nationales*, Paris, H. Leclerc, 1909.

(18) Palais de San-Donato. *Catalogue des objets d'art et d'ameublement. Tableaux, dont la vente aux enchères publiques aura lieu à Florence, au palais de San-Donato, le 15 mars 1880 et les jours suivants*, n°1430, p 386, Paris, Imprimerie de Pillet et Dumoulin, 1880. (Cote BnF : 4-V-866).

(19) Le Gaulois., Paris, jeudi 25 mars 1880.

(20) Bouchot, Henri., *Louis XVI, artisan. Les lettres et les arts*, (1er mai 1889), 1889, *T2*, 197-218.

(21) Archives départementales des Yvelines. Cote 1080425, paroisse de Versailles / Notre-Dame, Actes : baptêmes, 1751, p 58.

(22) Archives départementales des Yvelines. Cote 1080411, paroisse de Versailles / Notre-Dame, Actes : mariages, 1727, p 37.

(23) Archives départementales des Yvelines. Cote 1080424, paroisse de Versailles / Notre-Dame, Actes : mariages, 1746, p 28.

(24) Archives départementales des Yvelines. Cote 1112645, commune de Versailles, Actes : mariages divorces, an III, p 182.

(25) Archives départementales des Yvelines. Cote 1080424, paroisse de Versailles / Notre-Dame, Actes : mariages, 1747, p 25.

(26) a) Lagny, Jean., *Versailles, 2. Le quartier Notre-Dame, ses rues*, Versailles, éditions d'Art Lys, 1992.

b) Archives départementales des Yvelines, Versailles. Étude Bekelynck : 3E43/189. Achat d'une maison par Jean Gamain et Suzanne Bonnet, acte passé devant maître Mathurin Lamy le 9 décembre 1729.

c) Archives départementales des Yvelines, Versailles. Étude Gayot : 3E44/109. Achat d'un terrain par Jean Gamain et Suzanne Bonnet, acte passé devant maître François Bernard Foubert le 27 août 1737.

(27) La généalogie de François Gamain a été établie à partir des registres paroissiaux puis communaux de la ville de Versailles que l'on peut consulter en ligne sur le site Internet des Archives départementales des Yvelines :
http://img-dad.cg78.fr/bin/Asp_Archives/anummain.asp
(28) Archives nationales. O/1/*/118.
(29) Archives nationales. O/1/1816.
(30) Archives nationales. O/1/1806.
(31) Archives nationales. O/1/103 (fol.638-639).
(32) Archives départementales des Yvelines. Cote 1112507, paroisse de Versailles / Notre-Dame, Actes : mariages, 1776, p 18.
(33) Archives départementales des Yvelines. E 490 et 4Q59.
(34) Archives départementales des Yvelines. Versailles. Étude Savouré : 3E46/69. Contrat de mariage passé le 13 février 1776, entre François Gamain et Louise Élisabeth Richard, devant maître Jean Pierre Ducro.
(35) Archives départementales des Yvelines. Cote 1112507, paroisse de Versailles / Notre-Dame, Actes : baptêmes, 1776, p 100.
(36) Archives départementales des Yvelines. Cote 1112508, paroisse de Versailles / Notre-Dame, Actes : baptêmes, 1779, p 7.
(37) Archives départementales des Yvelines. Cote 1112509, paroisse de Versailles / Notre-Dame, Actes : baptêmes, 1781, p 110.
(38) Archives nationales. O/1/1883
(39) Archives nationales. O/1/1874
(40 Le Roi, Joseph Adrien., *Histoire de Versailles, de ses rues, places et avenues depuis l'origine de cette ville jusqu'à nos jours*, Versailles, P. Oswald, 1868.
(41) Archives nationales AN O/1/124.
(42) a) Archives départementales des Yvelines, Étude Bekelynck : 3E43/378. Inventaire après décès de François Gamain passé devant maître Etienne Ménard le 7 prairial an III (26 mai 1795).
b) Minutier central des notaires parisiens : Étude : MC/ET/CII/513. Achat d'un terrain par François Gamain et son épouse aux époux Fouacier et Drouet, acte passé le 2 décembre 1781 devant maître Jacques Claude Peron.
(43) Archives départementales des Yvelines, Versailles, Étude Bekelynck : 3E43/515.Vente d'une maison sise à Versailles, rue de Maurepas, n°8, acte passé devant maître Edmé Achille Giroud-Mollier le 18 mai 1830.
(44) Archives nationales. O/1/1764/B
(45) Archives nationales. O/1/840 (fol 723)

(46) Michaud, Louis Gabriel., *Bibliographie universelle ancienne et moderne*, tome 15, article Gamain, écrit par Jean Eckard, Paris, 1873.
(47) Girault de Coursac, Paul et Pierrette., *Enquête sur le procès du roi*, Paris, François Xavier de Guibert, 1992.
(48) Lery, Edmond., *Revue de l'histoire de Versailles et de Seine et Oise : les outils de Louis XVI*, Versailles, 1931-1932.
(49) Mortimer-Ternaux., *Histoire de la terreur 1792-1794 d'après des documents authentiques et inédits*, Paris, Lévy frères puis Calmann Lévy, 1862-1881. Tome cinquième, livre XXI : *le procès du roi*.
(50) Bibliothèque nationale de France. Archives et manuscrits. NAF 6241 : *Gamain serrurier. Déclaration au sujet de l'armoire de fer.*
(51) Convention nationale. Quatrième Recueil. *Pièces imprimées d'après le décret de la Convention nationale du 5 décembre 1792.* Suite des pièces trouvées dans l'armoire de fer, avec l'inventaire qui en a été fait à la commission chargée de l'examen des dites pièces. Ces pièces font suite au Rapport général de la commission par Borie, l'un des membres. Tome troisième, pièce n° CCXCVII. Procès verbal de la Convention nationale du 22 décembre 1792, l'an premier de la République Française.
(52) Convention nationale. Quatrième Recueil. *Pièces imprimées d'après le décret de la Convention nationale du 5 décembre 1792...* Tome troisième, pièce n° CCXCVIII. Procès verbal qui constate que les clés remises par le ci-devant roi à Thierry, le 12 août 1792, ouvrent dans les appartements aux Tuileries, et que l'une de ces clés ouvre l'armoire de fer.
(53) a) Bergheaud, Edmond., Couband Claude., Viéville, Lucien., *Les Grandes énigmes du temps jadis, (La Saint-Barthélemy. Cortés et la bataille de Mexico. Mirabeau et l'armoire de fer)* présentées par Bernard Michal, Paris, Amis de l'histoire, 1968.
b) Larousse, Pierre., Grand Dictionnaire Universel du XIXe siècle, Genève, Paris, 1982, reproduction en fac-similé de l'édition de Paris de 1866-1878. Articles Mirabeau et Clamart.
(54) Convention nationale. Quatrième Recueil. *Pièces imprimées d'après le décret de la Convention nationale du 5 décembre 1792...* Tome troisième, pièce n° CCCX.
(55) Convention nationale. Quatrième Recueil. *Pièces imprimées d'après le décret de la Convention nationale du 5 décembre 1792...* Tome troisième, pièce n° CCCVI.

(56) Le Roi, Joseph Adrien., *Louis XVI et le serrurier Gamain*, Paris, Palmé, 1867.
(57) Campan, Jeanne Louise Genet, dite Madame, *Mémoires de Madame Campan, première femme de chambre de Marie-Antoinette*, Paris, Mercure de France, 1988.
(58) Buchez, P.J.B., Roux-Lavergne, P.C., *Histoire parlementaire de la Révolution française ou journal des Assemblées nationales depuis 1789 jusqu'en 1815*, Paris, Paulin, 1834-1838. 33e volume, p 70-75.
(59) Archives départementales des Yvelines, Versailles, Étude Bekelynck 3E43 372. Constitution d'une rente de 99 livres par les époux Heurtier à François Gamain et à son épouse. Acte passé devant maître Étienne Ménard le 14 mai 1793.
(60) Archives départementales des Yvelines, Versailles, Étude Bekelynck 3E43 378. Quittance de remboursement de la rente versée par les époux Heurtier aux époux Gamain. Acte passé devant maître Étienne Ménard le 21 prairial, an III (9 juin 1795)
(61) Archives départementales des Yvelines, Cote 1112661, commune de Versailles,Actes : décès, an III (1795), p 212/317.
(62) a) Archives départementales des Yvelines, Saint-Germain-en-Laye, Etude Malleret (Le Pecq) : 3E36/188. Vente d'une maison par François Gamain et son épouse à Edme François Julien Botot. Acte passé devant maître Julien Charles Fournier le 16 juin 1792
b) Archives départementales des Yvelines, Versailles, Étude Huber : 3E45/207. Achat d'un terrain par François Gamain à sieur et dame Coffre, acte passé devant maître Georges Monget le 27 novembre 1792.
(63) Archives départementales des Yvelines, Cote 1112646, commune de Versailles /Actes : mariages divorces, an V (1797), p 104/199.
(64) Archives départementales des Yvelines, Cote 1112651, commune de Versailles / Actes : mariages divorces, 1817, p 109/141.
(65) Archives départementales des Yvelines, Cote 1112638, commune de Versailles /Actes : naissances, 1817, p 136/154.
(66) Archives départementales des Yvelines., Cote 1112527, commune de Versailles /Actes : décès, 1842, p 53/211.
(67) Archives départementales des Yvelines., Cote 1081405, commune de Versailles /Actes : décès, 1811, p 181/182
(68) Archives départementales des Yvelines, Cote 1114119, commune de Versailles / Actes : décès, 1853, p 116/211.
(69) Archives départementales des Yvelines, Cote 1112656, commune de Versailles /Actes : mariages, 1839, p 113/184.

(70) Archives départementales des Yvelines, Cote 1081453, commune de Versailles Actes : naissances, 1841, p 32/148.

(71) Archives départementales des Yvelines, Cote 1081453, commune de Versailles /Actes : naissances, 1842, p 98/157.

(72) Bono, Francis., *Histoire et mémoire de Chapelle-des-Bois*, Lons le Saunier, 1996.

(73) Archives nationales. O/1/591 fol.126.

(74) http://museelesecqdestournelles.fr/fr/oeuvres/clef-de-cabinet-au-chiffre-de-marie-antoinette-de-lorraine-d-autriche

(75) Convention nationale. *Recueil des pièces justificatives de l'acte énonciatif des crimes de Louis Capet, réunies par la commission des vingt-un, imprimés par ordre de la Convention nationale*, Paris, Imprimerie nationale, 1792, p 108.

(76) *Procès-verbaux des Comités d'agriculture et de commerce de la Constituante, de la Législative et de la Convention,* publiés et annotés par Fernand Gerbaux et Charles Schmidt, Paris, Imprimerie nationale, 1906-1937.
a) Tome I, pp 589-599.
b) Tome I, p 631.
c) Tome II, p 130
d) Tome II, p 146.

(77) *Procès-verbaux des séances de l'Académie, tenues depuis la fondation de l'Institut jusqu'au mois d'août 1835*. Tome I. An IV-VII (1795-1799), Hendaye, 1910.
a) Séance du 16 floréal, an VI (5 mai 1798), p 390-392.
b) Séance du 11 germinal, an VII (31 mars 1799), p 545-546.

(78) Archives nationales. F/12/2224

(79) Archives nationales. F/7/4775/44

(80) *Actes de la Commune de Paris pendant la Révolution*, publiés et annotés par Sigismond Lacroix, Paris, 1898.
a) 1ère série, tome VII, p 233, séance du 21 septembre 1790.
b) 2e série, tome VII, p 62, séance du 8 octobre 1791.

(81) Archives parlementaires de 1787 à 1860. *Recueil complet des débats législatifs et politique des Chambres françaises.* Première série (1787 à 1799), Paris, Paul Dupont, 1884. Tome XVII, séance du 3 août 1790, p 573.

(82) Archives parlementaires de 1787 à 1860. *Recueil complet des débats législatifs et politique des Chambres françaises*. Première série (1787 à 1799), Paris, Paul Dupont, 1893. Tome XLI, séance du 7 avril 1792, p 292-293.

(83) Archives parlementaires de 1787 à 1860. *Recueil complet des débats législatifs et politique des Chambres françaises*. Première série (1787 à 1799), Paris, Paul Dupont, 1900. Tome LVIII, séance du 17 février 1793, p 646-647.
(84) *Actes de la Commune de Paris pendant la Révolution*, publiés et annotés par Sigismond Lacroix, Paris, 1898. 2e série, tome VII, p 699.
(85) Archives nationales. F/7/4774/82
(86) Archives nationales. F/1dII/P11.
(87) Archives nationales. F/1/dII/R9.
(88) Archives nationales. O/1/3356.
(89) Faure, Michel., *Les frères Montgolfier et la conquête de l'air*, Aix-en-Provence, Édisud, 1983.
(90) a) Gillispie, Charles Coulston., *Les frères Montgolfier et l'invention de l'aéronautique*, Arles, Acte Sud, 1989.
b) Sircos, A., Pallier, Th., *Histoire des ballons et des ascensions célèbres*, Paris, F, Roy, 1876.
(91) a) Michaud L, G., *Biographie universelle, ancienne et moderne*, tome 4, [Berg-Bonfrère], article sur Antoine François de Boissy-d'Anglas, A. Thoinier Desplaces, éditeur, Paris, 1843.
b) Archives nationales AE II 1056 (microfilm).
(92) a) Acte royal 1778-11-21.
b) Acte royal 1785-03-25.
(93) Haüy, Valentin, *Essai sur l'éducation des aveugles*, Paris, 1786.
(94) Acte royal 1777-12-09.
(95) Acte royal 1774-05-00.
(96) Acte royal 1779-08-00
(97) Expilly, J.J., abbé, *Tableau de la population de la France*, Nice, 1780.
(98) Acte royal 1780-08-24
(99) Acte royal 1784-01-00
(100) a) Acte royal 1776-02-00
b) Acte royal 1787-06-27
(101) Acte royal 1788-05-00
(102) Acte royal 1780-02-13
(103) a) Acte royal 1787-11-00.
b) Acte royal 1685-10-00.
(104) Acte royal 1773-05-00
(105) Acte royal 1781-04-22

(106) a) Acte royal 1780-07-22.
b) Acte royal 1786-07-13.
(107) Acte royal 1781-03-00
(108) Gervais, Raymond., *Histoire de l'hôpital Necker (1788-1885)*, Paris , 1885
(109) Acte royal 1781-05-00
(110) Acte royal 1785-08-00
(111) Acte royal 1779-12-00
(112) Acte royal 1778-08-00
(113) Acte royal 1780-02-01
(114) Acte royal 1786-01-01
(115) a) Acte royal 1777-06-13.
b) Acte royal 1787-02-05.
(116) a) Hannaway, O., Hannaway, C., *La fermeture du cimetière des innocents,. Le sain et le malsain au 18e siècle*, Persée, 1977, 9, p 187-192
b) Thouret, M., *Rapport sur les exhumations du cimetière et de l'église des Saints innocents, lu dans la séance de la société royale de médecine, tenus au Louvre le 3 mars 1789*. Paris, 1789
c) Thibaut-Payen, Jacqueline., *Les morts, l'Église et l'État dans le ressort du Parlement de Paris aux XVIIe et XVIIIe siècle*, Paris, F, Lanore, 1977.
d) Archives nationales. Parlement civil, X/1a/8582.
e) Archives nationales. Conseil secret du Parlement, X/1b/8974.
(117) Vallat, François., *Félix Vicq d'Azyr et l'épizootie de 1774-1776*, Bull. Soc. Méd. Sci. Vét., 2007, 7, p. 127-140.
(118) Acte royal 1774-12-18
(119) a) Acte royal 1775-01-30
b) Acte royal 1775-11-01
(120) Acte royal 1783-03-19
(121) Acte royal 1787-02-07
(122) Acte royal 1776-02-00
(123) Acte royal 1787-01-17
(124) Acte royal 1774-09-13
(125) Acte royal 1787-06-17
(126) a) Muratori-Philip, Anne, *Parmentier*, Paris, Plon, 2006.
b) Cadet de Gassicourt, C, L., *Éloge d'A,-A. Parmentier, membre de l'Institut, lu à la séance publique de la Société de Pharmacie de Paris le 16 mars 1814*, Paris, 1814

(127) Acte royal 1786-09-00
(128) Acte royal 1784-05-00
(129) Acte royal 1783-04-10
(130) Acte royal 1784-08-25
(131) Bibliothèque nationale de France, cartes et plans, Rés. Géo. B1179.
(132) Livres anciens et modernes : vente, (Paris), Hôtel Drouot, salle 3, 2 juin 1999, commissaires priseurs, MM. Laurin, Guilloux, Buffetaud. Paris : Mme J. Vidal-Mégret, 1999. Cote BnF : DELTA-85009.
(133) a) http://www.culture.gouv.fr/culture/actualites/communiq/commode-versailles.htm
b) Baulez C., *Revue du Louvre*, 2000, p.59-76.
(134) Archives nationales. O/1/3354-3355
(135) https://www.emploi-collectivites.fr/grille-indiciaire-etat-officier-carriere-armee-terre/0/6078.htm
(136) http://www.chateauversailles.fr/resources/pdf/fr/presse/cp_table_lxvi.pdf
(137) a) Terrade A., *Pierre Blaizot, libraire ordinaire du roi Louis XVI,* Versailles illustré, tome VII, avril 1902, p 59 et mars 1903, p 91.
b) Archives nationales O/1/839.
(138) Lambin, Georges., *Louis XVI angliciste*, Études anglaises : Grande Bretagne-États Unis, tome XXII, n° 2, pp 118-135, 1969.
(139) a) Walpole, Horace, *Historic doubts on the life and reign of King Richard the third*, London, J. Dodsley, 1768. Traduit par Louis XVI sous le titre : *Règne de Richard III, ou doutes historiques sur les crimes qui lui sont imputés, par monsieur Horace Walpole, imprimé sur le manuscrit, écrit en entier de sa main, avec des notes,* Paris, Lerouge ; Debray, 1800.
b)https://campuspress.yale.edu/walpole300/10-doutes-historiques-sur-la-vie-et-le-regne-de-richard-iii/
c) Lewis, Wilmarth Sheldon., *Rescuing Horace Walpole*, New Haven, London, Yale university press 1978.
d) Walpole, Horace, *Historic doubts on the life and reign of King Richard the third*, London, J. Dodsley, 1768.
e) Le Tourneur, Pierre., Manuscrit de la traduction du livre d'Horace Walpole, *Historic doubts on the life and reign of King Richard the third,* , 1782. Bibliothèque nationale de France, manuscrit français 14647.

(140) Orbis Yale University Library Catalog
https://orbis.library.yale.edu/vwebv/holdingsInfo?searchId=3016&recCount=50&recPointer=11&bibId=8220736

(141) Nougaret, Pierre Jean Baptiste., *Anecdotes du règne de Louis XVI, contenant tout ce qui concerne ce monarque*, tome IV, pp 365-370, Paris, 1791.

(142) Cazenave de La Roche., Y., *La vénerie royale et le régime des capitaineries au XVIIIe siècle*. Thèse de doctorat ès lettres, Nîmes, 1926.

(143) Vidron, Françoise., *La vénerie royale au XVIIIe siècle*, Paris, Crépin-Leblond, 1953.

(144) a) Nicolardot, Louis., *Journal de Louis XVI, publié par Louis Nicolardot*, Paris, E. Dentu, 1873.
b) Beauchamp, Alphonse de., *Journal de Louis XVI, publié pour la première fois d'après le manuscrit autographe par le comte de Beauchamp*, Paris, L. Gougy, 1900.
c) Louis XVI., *Journal de Louis XVI*, Archives nationales : Armoire de fer AE/I/4/1 (microfilm AE II 37).
d) Base Archim
http://www2.culture.gouv.fr/documentation/archim/accueil.html
Le journal de Louis XVI : reproduction des trois journaux de Louis XVI contenu dans l'armoire de fer aux Archives nationales.
1- AE/I/4/1. *Journal de Louis XVI*, tome I, contenant jour après jour la mention de ses promenades, voyages, revues, fêtes et cérémonie auxquelles il assistait.
2- AE/II/4/2. *Journal de Louis XVI*, tome II, contenant les dépenses particulières, pensions et gratifications sur la cassette.
3- AE/II/4/3. *Journal de Louis XVI*, tome III, contenant des cahiers relatant les chasses du roi dans les forêts de Versailles et de Rambouillet de 1769 à 1791.

(145) Wairy Louis, dit Constant, *Mémoires intimes de Napoléon Ier par Constant, son valet de chambre*. Le temps retrouvé, Mercure de France, 1967.

(146) Bibliothèque nationale de France, Cartes et plans, Rés. Géo, DD 2780.

(147) Louis Auguste, Dauphin., *Description de la forêt de Compiègne comme elle était en 1765, avec le guide de la forêt*, Paris, imprimerie de Lottin l'aîné, 1766.

(148) Portalis, Roger, Béraldi, Henri., *Les graveurs du dix-huitième siècle*, Paris, Morgan et Fatout, 1880-1882.

(149) Girault de Coursac, Paul et Pierrette., *Le voyage de Louis XVI autour du monde*, Paris, la Table ronde, 1985.

(150) Brossard, Maurice Raymond de, Dunmore, John., *Le voyage de La Pérouse*, Paris, Imprimerie nationale, 1985.

(151) Lesseps, Jean Baptiste Barthélemy de., *Journal historique du voyage de M. de Lesseps*, Paris, Imprimerie royale, 1790.

(152) *Voyage de La Pérouse autour du monde*, publié conformément au décret du 22 avril 1791 et rédigé par M. L. A., Milet-Mureau, Paris, Imprimerie nationale, an V (1797).

(153) Manuscrit relié en maroquin bleu, doublé de maroquin rouge aux armes et au chiffre de Louis XVI ayant pour titre *Projet, instructions, mémoires et autres pièces relatifs au voyage de découverte ordonné par le roi sous la conduite de M. de La Pérouse, capitaine des vaisseaux de Sa Majesté, commandant ses frégates, La Boussole et L'Astrolabe, expédiées du port de Brest en 1785.* Manuscrit de la Bibliothèque Mazarine : Ms. 1546.

(154) Bellec, François., *Les Esprits de Vanikoro. Le mystère La Pérouse*, Paris, Gallimard, 2006.

(155) https://www.ladepeche.fr/article/2003/11/26/125194-un-squelette-pour-elucider-le-naufrage.html

(156) a) Wikipédia : Jean-André Mongez.
b) Piouffre, Gérard., *La Pérouse, le voyage sans retour*, Paris, La librairie Vuibert, 2016.
c) Beaumont, Etienne., Vanikoro : *Journal d'un médecin légiste sur l'île du malheur où périt La Pérouse*, Tahïti, Au vent des îles, 2004.
d) Association Salomon., *Le mystère La Pérouse ou le rêve inachevé d'un roi*, Paris, Éditions Conti, 2008.

(157) http://www.daynes.com/fr/expositions-reconstructions-realistes-paleoanthropologie/nouvelle-caledonie-17/linconnu-de-vanikoro-39.html

(158) https://www.defense.gouv.fr/marine/au-fil-de-l-eau/inauguration-d-une-stele-pour-l-inconnu-de-vanikoro-a-brest

(159) Archives nationales O/1/3785.

(160) http://cartes-martinique.pagesperso-orange.fr/Graveurs_HydroFran.htm

(161) Archives nationales O/1/840

Annexe n°1

Biographie des gouverneurs, précepteurs, maîtres d'exercice ou enseignants du duc de Berry[*]

Antoine de Quélen de Stuer de Caussade, prince de Carency duc de La Vauguyon (1706-1772).

Il naît le 17 janvier 1706, à Tonneins près d'Agen. Engagé dans la carrière militaire, il devient en 1733, colonel dans le régiment de Beauvoisis. Il participe aux sièges de Kehl en 1733, et de Phillipsbourg en 1734. Après la victoire de Fontenoy, remportée en 1745, sur la coalition formée par l'Angleterre, l'Autriche et les Provinces Unies, il est nommé maréchal de camp. On le retrouve aux batailles de Rocourt en 1746, et de Lauffeld en 1747. Il devient en 1748, lieutenant général des armées royales. Louis XV le nomme gouverneur des enfants de France en 1758, et le fait duc la même année, puis pair de France en 1759.

Il meurt à Versailles le 4 février 1772.

Jean-Gilles du Coëtlosquet (1700-1784).

Il naît le 15 septembre 1700, à Saint-Paul-de Léon dans le Finistère. Évêque de Limoges de 1739 à 1758, et commanditaire de l'abbaye Saint-Philibert de Tournus en 1745, il devient en 1758, précepteur des enfants de France. Il est élu à l'Académie française en 1761.

Il meurt à Paris, le 21 mars 1784, en l'abbaye Saint-Victor où il s'était retiré. Il était chevalier de l'ordre du Saint-Esprit

L'abbé Claude François Lizarde de Radonvilliers (1710-1789).

Il naît le 6 novembre 1710, à Decize. Après des études faites à Paris au collège Louis-le-Grand puis au noviciat des jésuites dans le quartier du Marais, il devient en 1740, professeur au collège Louis-le-Grand où il enseigne le latin et les langues étrangères. En 1744, il quitte l'ordre des jésuites et après avoir été le secrétaire de Monseigneur de La Rochefoucauld, ambassadeur de France à Rome, de 1745 à 1748, il devient en 1758, sous-précepteur du duc de Bourgogne puis de ses frères, le duc de Berry et les comtes de Provence et d'Artois ; doté d'une pension de 6 000 livres par an [(159)]. Il leur enseigne les langues vivantes par une méthode d'apprentissage qu'il publie en 1768, sous le titre :

---

[*] Selon Wikipédia

- *De la manière d'apprendre les langues*, Paris, Saillant, 1768.
En 1763, il est élu à l'Académie française.

Il meurt à Paris le 18 avril 1789.

Guillaume Le Blond (1704-1781).

Il est nommé en 1736, professeur de mathématiques des pages de la Grande écurie puis en 1751, des enfants de France, petits-fils de Louis XV, avec une pension de 1 500 livres par an (159).On lui doit entre autres les ouvrages suivants :

- *Abrégé de l'arithmétique et la géométrie de l'officier*, 4e édition, Paris, Jombert, 1767.
- *Élémens d'algèbre ou du calcul littéral,* 1ère édition, Paris, Jombert, 1768:
- *Élémens de fortifications,* 5e édition, Paris, Jombert, 1764.

L'abbé Jean Antoine Nollet (1700-1770).

Il naît le 17 décembre 1700, à Pimprez près de Compiègne. Après avoir étudié aux collèges de Clermont puis de Beauvais. Il obtient en 1724, le titre de bachelier de la Faculté de théologie de l'Université de Paris et est consacré diacre en 1727. Il s'intéresse alors aux sciences, en participant de 1730 à 1732, aux recherches du surintendant du Fay sur l'électricité. En 1733, il prend la direction du laboratoire de Réaumur et ouvre en 1735, à Paris un cours de physique expérimentale qui attire un public nombreux et passionné par ses expériences de physique qu'il réalise grâce à des appareils qu'il construit lui-même. En 1753, il obtient une chaire de physique expérimentale au collège de Navarre à Paris, et en 1757, il devient maître de physique expérimentale des enfants de France en leur donnant des cours dans le laboratoire qu'il a installé à l'hôtel des Menus-Plaisirs de Versailles. À ce titre, il reçoit une pension de 1 200 livres par an (159). Il entre en 1739, à l'académie royale des sciences comme membre adjoint de du Fay, devient membre associé en 1742, et pensionnaire en 1758. Il est resté célèbre pour ses recherches sur l'électricité qu'il a publié dans les ouvrages suivants :

- *Leçons de physique expérimentale* 6e édition, Paris, H.L., Guerin et L.F., Delatour, Durand, Neveu, 1767-1768.
- *Lettres sur l'électricité dans lesquelles on examine les découvertes qui ont été faites sur cette matière et les conséquences que l'on en peut tirer,* Paris, H.L., Guerin et L.F., Delatour, 1753.
- *Recherches sur les causes particulières des phénomènes électriques et sur les effets nuisibles ou avantageux qu'on peut en attendre*, Paris, H.L., Guerin et L.F., Delatour, 1755.
- *Essais sur l'électricité des corps*, 4e édition, Paris, H.L., Guerin et L.F., Delatour, 1764.

Il meurt à Paris le 24 avril 1770.

Mathurin Jacques Brisson (1723-1806).

Il naît le 3 avril 1723, à Fontenay-le-Comte en Vendée. Après des études au collège de Fontenay-le-Comte et de théologie à Poitiers, il enseigne la physique au collège de Navarre à Paris. Il s'intéresse ensuite à la botanique et à l'ornithologie avec Réaumur dont il dirige le cabinet d'histoire naturelle. En 1759, il est nommé membre adjoint botaniste à l'académie royale des sciences, puis pensionnaire botaniste en 1779, pensionnaire de la classe de physique générale en 1785, et enfin membre résidant de 1ère classe de l'Institut de France le 18 frimaire an IV (9 décembre 1795). À la mort de l'abbé Nollet en 1770, il lui succède dans ses fonctions de maître de physique expérimentale et aussi d'histoire naturelle des enfants de France avec une pension de 1 200 livres par an [(159)].

Il meurt le 23 juin 1806, à Croissy près de Versailles. Ses principaux ouvrages sont :
- *Dictionnaire raisonné de physique*, Paris, Hôtel de Thou, 1781.
- *Traité élémentaire ou principes de physique, fondés sur les connoissances les plus certaines, tant anciennes que modernes, et confirmées par l'expérience,* 4e édition, Paris, Bossange, Masson et Besson, an XI (1803).
- *Ornithologie ou méthode contenant la division des oiseaux en ordres, sections, genres, espèces et leurs variétés*, Paris, C. J. B., Bauche, 1760.

Philippe Buache (1700-1773).

Il naît à Paris le 7 février 1700. Après des études consacrées aux arts et aux sciences, il s'oriente vers l'architecture, et obtient en 1721, le premier prix d'architecture de l'Académie royale d'architecture, ce qui lui vaut d'être nommé pensionnaire de l'Académie de France à Rome où il ne reste qu'un an. Il passe ensuite de l'architecture à la cartographie et est nommé au dépôt des cartes et plans de la Marine comme cartographe sous la direction de Guilllaume Delisle. À la mort de ce dernier, il devient en 1730, premier géographe du roi et entre à l'Académie royale des sciences le 10 juin, comme adjoint géographe, premier titulaire de cette place créée pour lui par le roi, le 22 mai 1730. Il oriente ensuite ses recherches vers la géographie physique. En 1755, il présente un plan d'instruction géographique pour les enfants de France qu'il mettra en œuvre avec le duc de Berry et ses frères. Il leur enseigne la physique du globe à l'aide de mappemondes qui s'ouvrent et se démontent et de cartes muettes où il faut situer les noms des montagnes, des fleuves, des océans, des villes et des états.

Il meurt à Paris le 24 janvier 1773. On lui doit plus de 1 500 cartes, tant terrestres que maritimes, des différentes parties du globe.

Nicolas Ozanne (1728-1811).

Il naît à Brest le 12 janvier 1728.Très jeune il est reconnu pour ses qualités de dessinateur et entre comme apprenti chez Yves Roblin, maître de dessin des gardes de la Marine dont il devient l'adjoint en 1743. En 1756, il est dessinateur au dépôt des cartes et plans de la Marine, puis en 1762, il s'oriente vers la construction navale en dessinant les plans de la corvette Aurore. En 1769, il enseigne au dauphin, le duc de Berry, l'art du dessin et de la gravure. Il dessine pour lui 60 vues et perspectives des ports de France et de ses colonies.

Il meurt à Paris 3 janvier 1811. Il est l'auteur d'un très grand nombre de cartes et de gravures marines.

Pierre Le Roy (1717-1785).

Fils aîné de l'horloger Julien le Roy, il nait à Paris en 1717, et devient comme son père horloger. Il réalise en 1763, le premier chronomètre de marine. Il reçoit en 1766, un double prix de l'Académie royale des sciences qui couronne la meilleure méthode de mesurer le temps en mer. Louis XVI fit souvent appel à lui lors de ses travaux d'horlogerie. Il meurt le 26 août 1785, à Viry-Châtillon.

On lui doit les ouvrages suivants :

- *Étrennes chronométriques, ou calendrier pour l'année 1758, contenant ce qu'on sait de plus intéressant sur le temps, ses divisions, ses mesures, leurs usages*, Paris, chez l'auteur, 1758.
- *Mémoire sur la meilleure manière de mesurer le temps en mer, qui a remporté le prix double au jugement de l'Académie royale des sciences,*

contenant la description de la montre à longitude, présentée à Sa Majesté le 5 août 1766, par M. Le Roy l'aîné, Paris, Charles-Antoine Jombert, 1770.
- *Suite du précis sur les montres marines de France, avec un supplément au mémoire sur la meilleure manière de mesurer le temps en mer*, Paris, chez l'auteur, 1774.

Jean Antoine Croisey (1737-....). (160)
En 1755, il est recruté comme graveur de cartes marines par Jacques-Nicolas Bellin, hydrographe au dépôt des cartes et plans de la Marine. À l'avènement de Louis XVI en 1774, il obtient le poste de graveur permanent des ingénieurs hydrographes du dépôt des cartes de la Marine. Louis XVI l'emploie pendant son règne pour l'assister dans ses petits cabinets à la réalisation de cartes marines et terrestres. Il le rétribue sur sa cassette personnelle jusqu'en 1790, avec des appointements de 600 livres par trimestre. On note dans le journal des dépenses de Louis XVI pour ses petits cabinets, en janvier 1789 :
« À Croisey pour dépenses extraordinaires » 3 504 livres (161).

Annexe n°2

Aperçu des livres de la bibliothèque de Louis XVI

Auteur	Editeur	Date	Genre	Titre
Anonyme			Bibliothèque	Catalogue des livres de la petite bibliothèque du Roy à Versailles. État des livres du Roy à Compiègne et à Fontainebleau, 1 vol in fol°.
Anonyme		1760	Bibliothèque	Catalogue des livres du cabinet du Roy à Choisy, 1 vol in 8°.
Anonyme			Bibliothèque	Catalogue des livres du cabinet du Roy à Compiègne, 1 vol in 8°.
Anonyme	Paris, Imprimerie Royale	1753	Bibliothèque	Catalogue des livres imprimés de la bibliothèque du Roy, 18 vol in fol°.
Anonyme	Paris, Imprimerie Royale	1739	Bibliothèque	Catalogue des livres imprimés de la bibliothèque du Roy, 4 vol in fol°.
Anonyme			Bibliothèque	État des livres de la petite bibliothèque du Roy à Versailles, 1 vol in fol°.
Le Long, J.	Paris, G. Martin	1719	Bibliothèque	Bibliothèque historique de la France contenant le catalogue de tous les ouvrages tant imprimez que manuscrits...
Le Prince, N.T.	Paris, Belin	1782	Bibliothèque	Tableau historique de la bibliothèque du Roy et des différents dépôts qui la composent.

Phoebus, G.	Manuscrit	1387-1389	Chasse	Livre de la chasse.
Académie française	Paris, J.B. Coignard	1740	Dictionnaire	Dictionnaire de l'Académie française, 3e édition.
Furetière, A.	La Haye, Arnout et Reinier	1690	Dictionnaire	Dictionnaire universel contenant généralement tous les mots françois...
Ménage, G.	Paris, J. Anisson	1694	Dictionnaire	Dictionnaire étymologique...
Diderot, D. et d'Alembert, Jean Le Rond	Paris, Briasson	1751-1780	Encyclopédie	Encyclopédie ou dictionnaire raisonné des sciences et des arts..., 17 vol in fol°.
Diderot, D. et d'Alembert, Jean Le Rond	Paris, Pankouke	1776-1777	Encyclopédie	Nouveau dictionnaire pour servir de supplément aux dictionnaires des sciences, des arts et des métiers, 4 vol in fol°.
Diderot, D. et d'Alembert, Jean Le Rond	Paris, Briasson	1762	Encyclopédie	Recueil de planches sur les sciences, les arts libéraux et les arts méchaniques..., 11 vol in fol°.
Diderot, D. et d'Alembert, Jean Le Rond	Paris, Pankouke	1777	Encyclopédie	Suite du recueil de planches sur les sciences, les arts libéraux et les arts méchaniques…
Diderot, D. et d'Alembert, Jean le Rond	Paris, Pankouke	1780	Encyclopédie	Table analytique et raisonnée des matières contenues dans les 33 volumes du dictionnaire des sciences, 2 vol in fol°.
Anonyme		1776-1777	Géographie	État des cartes géographiques du Roy, 2 vol.

Anonyme	Paris, Louette	1788	Géographie	Itinéraire complet de la France, ou tableau général de toutes les routes et chemins de traverse de ce royaume.
Bion, N.	Paris, J. Guérin	1751	Géographie	L'usage des globes célestes et terrestres et des sphères...
Compan, abbé	Paris, Mérigot jeune	1771	Géographie	Nouvelle méthode géographique, précédée d'un traité de la sphère et des élémens de géométrie.
Dutens, L.	Paris, Pissot	1775	Géographie	Itinéraire des routes les plus fréquentées, ou journal d'un voyage aux villes principales de l'Europe où l'on a marqué en heures et minutes le temps employé à aller d'une poste à l'autre...
Martinière, A.A. Bruzen de La	La Haye, P. Gosse, R.C. Albert et P. de Hondt	1726-1739	Géographie	Le grand dictionnaire géographique et critique, 10 vol.
Mentelle, E.	Paris	1778-1784	Géographie	Géographie comparée ou analyse de la géographie ancienne et moderne des peuples de tous les pays et de tous les âges...7 vol in-8°.
Anonyme	Manuscrit	1772	Histoire	Abrégé historique des souverains de l'Indoustan ou empire Mogol. <u>Note en marge</u> : remis aux commissaires de Paris le 11 messidor, l'an III (29 juin 1795).

Anonyme	Paris, Dejabin	1789	Histoire	Collection complète des portraits de MM. les députés à l'Assemblée nationale de 1789, 2 vol in 4°.
Anonyme	Manuscrit		Histoire	Histoire de Pierre III, empereur de Russie mort en 1762 . Note en marge : Vendu au citoyen Leclerc le 1er thermidor, l'an III de la République une et indivisible (19 juillet 1795). Reçu signé Leclerc, et plus bas, signé Lagarde.
Anonyme	Paris, Moutard	1779-1789	Histoire	Histoire universelle depuis le commencement du monde jusqu'à présent, composé en anglais par une société de gens de lettres, 126 vol in 8°.
Brantôme, P. de Bourdeille, seigneur de	Leyde, J. Sambix le jeune	1666	Histoire	Mémoires de Messire Pierre de Bourdeille, seigneur de Brantôme.
Choiseul, É.F. duc de	Paris, Buisson	1790	Histoire	Mémoires de M. le duc de Choiseul.
Choisy, abbé F.T. de	Paris, A. Dezallier	1690	Histoire	La vie de Saint-Louis.
Choisy, abbé F.T. de	Utrech, Van de Water	1727	Histoire	Mémoires pour servir à l'histoire de Louis XIV.
Dalrymple, A.	London, W. Strahan and T. Cadell	1771	Histoire	Memoirs of Great Britain and Ireland from the dissolution of the last parliament of Charles II… 2 vol in 4°.

Daniel, père G.	Paris, les libraires associés	1755-1757	Histoire	Histoire de France depuis l'établissement de la monarchie française dans les Gaules, 17 vol in-4°.
Davila, E.C.	Paris, F. Ferouce	1665	Histoire	Histoire des guerres civiles de France, traduit de l'italien, 5 vol.
D'Éon, chevalier	Imprimé chez l'auteur	1764	Histoire	Lettres, mémoires et négociations particulières du chevalier d'Éon, ministre plénipotentiaire.
Estoile, P. de L'	Paris, Veuve P. Gandouin	1744	Histoire	Journal des choses mémorables advenues durant le règne de Henry III, Roy de France et de Pologne.
Estoile, P. de L'	La Haye, les frères Vaillant	1741	Histoire	Journal du règne de Henry IV, Roy de France.
Expilly, abbé J.J.	Paris, Desaint et Saillant	1765	Histoire	Tableau de la population de la France.
Fresnoy, abbé N. Lenglet du	Paris, P. Gaudoin	1752	Histoire	Plan de l'histoire générale et particulière de la monarchie française…
Gibbon, E.	London, W. Strahan and T. Cadell	1777	Histoire	The history of the decline and fall of the Roman Empire.
Goldoni, C.	Paris, Veuve Duchesne	1787	Histoire	Mémoires de Goldoni.
Hamilton	London, C. Warned	1717	Histoire	Memoirs of the life and family of the most illustrious James, late duke of Hamilton.
Hume, D.	Amsterdam	1763	Histoire	Histoire d'Angleterre contenant la Maison de Tudor.

Hume, D.	Amsterdam	1765	Histoire	Histoire de la Maison de Plantagenêt sur le trône d'Angleterre depuis l'invasion de Jules César jusqu'à l'avènement de Henry VII.
Hume, D.	Londres	1760	Histoire	Histoire de la Maison de Stuart sur le trône d'Angleterre.
Le Page du Pratz	Paris, les frères de Bure	1758	Histoire	Histoire de la Louisiane.
Maintenon, F d'Aubigné, marquise de	Amsterdam aux dépends de l'éditeur	1756	Histoire	Lettres de Madame de Maintenon à diverses personnes.
Mezeray, F.E. de	Amsterdam D. Mortier	1755	Histoire	Abrégé chronologique de l'histoire de France, nouvelle édition, 4 vol in 4°.
Mirabeau, H.G Riqueti, comte de		1788	Histoire	Aux Bataves sur le Stathoudérat.
Mirabeau, H.G Riqueti, comte de	Londres, J. Johnson	1784	Histoire	Considération sur l'ordre de Cincinnatus ou imitation d'un pamphlet anglo-américain.
Mirabeau, H.G Riqueti, comte de		1785	Histoire	De la banque d'Espagne, dite de Saint-Charles
Mirabeau, H.G Riqueti, comte de	Londres	1788	Histoire	De la monarchie prussienne sous Frédéric le Grand...
Montpensier, A.M.L. d'Orléans, duchesse de	Londres	1746	Histoire	Mémoires de Mademoiselle de Montpensier.
Péréfixe de Beaumont, Hardouin de	Paris, Didot l'aîné	1785	Histoire	The life of Henry the fourth of France, traduit du français par Le Moine.

Plutarque	Paris, P. Emery	1734	Histoire	Les vies des hommes illustres.
Retz, cardinal de	Paris, J.F. Bernard	1731	Histoire	Mémoires de Monsieur le cardinal de Retz.
Robertson, W.	London, W. Strahan and T. Cadell	1777	Histoire	The history of America, 2 vol in 4°.
Robertson, W.	London, T. Cadell	1776	Histoire	The history of Scotland during the reigns of Queen Mary and King James VI.
Robertson, W.	London, W. Strahan and T. Cadell	1774	Histoire	The history of the reign of Emperor Charles V, 4 vol in 8°.
Sévigné, M. de Rabutin-Chantal, marquise de	Paris, Delalain	1775	Histoire	Lettres de Madame de Sévigné au comte de Bussy-Rabutin.
Sévigné, M. de Rabutin-Chantal, marquise de	Paris, Rollin fils	1738	Histoire	Recueil des lettres de Madame la marquise de Sévigné à Madame la comtesse de Grignan sa fille.
Sheridan, C.F.	London, C. Dilly	1783	Histoire	A history of the late revolution in Sweden.
Staal de Launay, M.J.	Londres	1755	Histoire	Mémoires de Madame de Staal.
Stuart, G.	London, J. Murray	1782	Histoire	The history of Scotland from the establishment of the Reformation till the death of Queen Mary, 2 vol in 4°.
Thou, J.A. de	Londres	1734	Histoire	Histoire universelle depuis 1543 jusqu'en 1607, 16 vol in 4°.
Valois, M. de	Liège, J.F Broncart	1713	Histoire	Mémoires de Marguerite de Valois.

Velly, abbé P.F.	Paris, Saillant	1770	Histoire	Histoire de la France depuis l'établissement de la monarchie jusqu'à Louis XIV, 15 vol in-4°.
Walpole, H.	London, J. Dodsley	1768	Histoire	Historic doubts in the life and reign of King Richard the third by M. Horace Walpole.
			Journaux	Annales politiques civiles et littéraires de Monsieur Linguet du XVIIIe siècle, (20 cahiers).
		1631-1791	Journaux	Gazette de France, années 1631 à 1791, 199 vol in 4°.
		1774-1785 et 1789-1791	Journaux	Gazette des deux ponts, années 1774 à 1785 et 1789 à 1791, 15 vol in 4°.
		1764-1765	Journaux	Gazette littéraire de l'Europe, années 1764 à 1766, 8 vol in 8°.
		1791	Journaux	Gazette nationale ou le Moniteur, 1791, 2 vol in fol°.
		1779-1783	Journaux	Journal de Littérature, des Sciences et des Arts, années 1779 (41 cahiers), 1780 (22 cahiers), 1781 (17 cahiers, 1782 (33 cahiers), 1783 (13 cahiers).
		1782	Journaux	Journal de Médecine, année 1782, (4e et 5e cahiers).
		1785-1792	Journaux	Journal de Paris depuis 1777 jusqu'à 1791, 32 vol in 4°.

		1787-1791	Journaux	Journal de Physique, années 1787, 1788, 1789, 1790, 1791 (12 cahiers par an, soit un total de 60 cahiers).
		1776	Journaux	Journal d'éducation, année 1776 (6 cahiers).
		1778	Journaux	Journal des Sciences et des Beaux Arts, année 1778 (19 cahiers).
		1547-1772	Journaux	Journal of the House of Commons, 33 vol in 8°.
		1675-	Journaux	Journal of the House of Lords..., 13 vol in fol°.
		1776-1791	Journaux	Le courrier de l'Europe, gazette anglo-française années 1776 à 1791, 15 vol in 4°.
	Paris, Chambert	1760-1791	Journaux	Mercure de France dédié au Roy depuis 1760 jusqu'à 1791, 383 vol in 12°.
		1780-1788 et 1791	Journaux	The London chronicle, années 1780 à 1788 et 1791.
	London, J. Johnson and J. Drader		Journaux	The Spectator, 8 vol in 12°
Amyot, J.M.	Paris, Didot fils	1789-1790	Langues	Dictionnaire Tartare-Mantchou-Français.
Boyer, A.	London, C. Bathurst	1773	Langues	Dictionnaire royal français-anglais et anglais-français, tiré des meilleurs auteurs, nouvelle édition par J.C. Prieur.

Carré	Paris, Pissot	1778	Langues	Traité analytique, étymologique et raisonné de l'accent et de la prononciation de la langue anglaise.
Danet, abbé P.	Paris, C. Thiboust	1683	Langues	Nouveau dictionnaire français et latin, enrichi des meilleures façons de parler en l'une et l'autre langue. Composé par l'ordre du Roy pour Monseigneur le Dauphin par l'abbé Danet.
Sheridan, T.	London, J. Dodsley	1780	Langues	A general dictionnary of the english language, 2 vol in 4°.
Académie royale des inscriptions et Belles Lettres	Paris, Imprimerie Royale	1736-1786	Lettres	Histoire de l'Académie royale des inscriptions et Belles Lettres, 1663-1779, 43 vol in 4°.
Anonyme	Paris, Galliot	1529	Lettres	Le roman de la rose
Baïf, J.A.	Paris, L. Brayer	1573	Lettres	Œuvres en rime.
Beaumarchais, P.A. Caron de	Paris, P.D. Pierres	1785	Lettres	La folle journée, ou le mariage de Figaro.
Boccace, J.	Lyon, G. Roville	1555	Lettres	Il Decamerone di Boccacio
Boccace, J.	Paris, C. Michard	1572	Lettres	Le Décaméron, traduit de l'italien en français par Antoine Le Maçon.
Boileau-Despréaux, N.	Amsterdam O. Mortier	1718	Lettres	Œuvres de Nicolas Boileau-Despréaux avec des éclaircissements historiques donnés par lui-même.

Boileau-Despréaux, N.	Paris, Didot	1783	Lettres	Œuvres imprimées par ordre du Roy pour l'éducation du Dauphin.
Bossuet, J.B.	Paris, Didot l'aîné	1784	Lettres	Discours sur l'histoire universelle depuis le commencement du monde jusqu'à l'empire de Charlemagne, imprimé par ordre du Roy pour l'éducation du Dauphin.
Cervantes, M. de	Paris, la Compagnie des libraires	1732	Lettres	Histoire de l'admirable Don Quichote de la Manche...
Cicéron	Paris, J. Estienne	1721-1723	Lettres	Entretiens sur la nature des Dieux.
Cicéron	Paris, G. Dupuis	1710	Lettres	Les deux livres de la divination de Cicéron, traduits par l'abbé Régnier.
Cicéron	Paris, Moutard	1783	Lettres	Œuvres de Cicéron, 6 vol in 12°.
Corneille, T.	Paris, Gandouin	1738	Lettres	Poèmes dramatiques de Thomas Corneille.
Dante, A.	Paris, Le Clerc	1776	Lettres	La divine Comédie.
Defoe, D.	Paris, Prault	1768	Lettres	La vie et les aventures surprenantes de Robinson Crusoé, traduit de l'anglais, 3 vol in 12°.
Defoe, D.	London, J. Buckland and W. Strahan	1772	Lettres	The life and strange surprising adventures of Robinson Crusoe of York.
Descartes, R.	Paris, M. Bobin	1668	Lettres	Discours de la méthode.

Érasme	Amsterdam F.L. Honoré	1728	Lettres	Éloge de la folie.
Fénelon, F. de Solignac de La Mothe	Paris, Didot l'aîné	1783	Lettres	Les avantures de Télémaque fils d'Ulysse, imprimé par ordre du Roy pour l'éducation du Dauphin.
Fénelon, F. de Solignac de La Mothe	London, J. Beecroft	1773	Lettres	The adventures of Telemachus, the soon of Ulysses.
Fielding, H.	London, W. Strahan	1773	Lettres	The history of Tom Jones, 4 vol in 12°.
Fontenelle, B Le Bovier de	Paris, M. Brunet	1714	Lettres	Entretiens sur la pluralité des mondes.
Fontenelle, B Le Bovier de	Paris, M. Brunet	1742	Lettres	Œuvres de M. de Fontenelle, 6 vol.
Homère	Paris, Didot l'aîné	1786-1788	Lettres	Œuvres complètes.
Horace	Paris, M. Vascosan	1545	Lettres	L'art poétique.
La Fontaine, J. de	Paris, C.A. Jombert	1755	Lettres	Fables choisies mises en vers par Jean de La Fontaine, figures de J.B. Oudry, 4 vol.
La Fontaine, J. de	Paris, Didot l'aîné	1788	Lettres	Fables de La Fontaine imprimé par ordre du Roy pour l'éducation du Dauphin.
Lafayette, M.M. Pioche de La Vergne, comtesse de	Paris, Didot l'aîné	1780	Lettres	La princesse de Clèves.
Le Sage, A.R.	Paris, libraires associés	1759	Lettres	Histoire de Gil Blas de Santillane.
Le Sage, A.R.	Paris	1756	Lettres	Le diable boiteux.
Malherbe, F.	Paris, les frères Barbou	1723	Lettres	Les œuvres de François Malherbe.

Marot, C.	La Haye, P. Gosse et J. Neaulme	1731	Lettres	Œuvres de Clément Marot.
Montaigne, M. de	Paris, par la Société	1725	Lettres	Les essais de Michel, seigneur de Montaigne, 3 vol in 4°.
Ovide			Lettres	De l'art d'aimer.
Ovide	Paris, Hiérome de Marnef	1580	Lettres	Les quinze livres de la métamorphose.
Ovide	Paris, Hiérome de Marnef	1580	Lettres	Les vingt et une épîtres.
Pascal, B.	Paris, G. Desprez	1734	Lettres	Pensées de Blaise Pascal.
Pétrarque, F.	Paris, C. Langelier	1538	Lettres	Les triomphes de Pétrarque.
Platon	Paris, Brocas et Humblot	1762	Lettres	La République.
Pope	London, C. Bathurst	1776	Lettres	The works of Alexander Pope, 6 vol in 12°.
Prévost, abbé A.F.	Paris, Didot l'aîné	1781	Lettres	Histoire de Manon Lescaut et du chevalier des Grieux.
Rabelais, F.		1571	Lettres	Le voyage et navigation que fit Panurge disciple de Pantagruel aux isles incongnuës et estranges.
Rabelais, F.	Amsterdam J.F. Bernard	1741	Lettres	Œuvres de Maître François Rabelais, avec des remarques historiques et critiques..., 3 vol in 4°.

Rabelais, F.	Lyon, F. Juste	1542	Lettres	Pantagruel roy des Dipsodes restitué à son naturel avec des faictz et prouesses espovantables, composez par feu M. Alcofibras, abstracteur de quinte essence.
Rousseau, J.J.	La Haye, J. Néaulme	1762	Lettres	Émile, ou de l'éducation.
Sénèque	Paris, les frères de Bure	1778	Lettres	Les œuvres de Sénèque le philosophe.
Swift, J.	Paris, G. Martin	1727	Lettres	Les voyages de Gulliver.
Swift, J.	London	1767	Lettres	Travels into several remote nations of the world by Lemuel Gulliver.
Tasse, Le	Paris, M.A. L'Italien	1785	Lettres	Jérusalem délivrée.
Tasse, Le	Paris, Didot l'aîné	1784-1785	Lettres	La Gierusalemme liberata di Tasso.
Virgile	Cologne, P. et J. Chouet	1615	Lettres	Les œuvres de Virgile, 5 vol.
Voltaire, Arouet, F.M., dit	Paris, Didot	1790	Lettres	La Henriade, imprimé par ordre du Roy pour l'éducation de Monseigneur le Dauphin.
Voltaire, Arouet, F.M., dit	Genève	1768-1777	Lettres	Œuvres complètes de Voltaire, 38 vol in-4°.
Voltaire, Arouet, F.M., dit	Paris, Didot l'aîné	1780	Lettres	Romans et contes.
	Edimburg	1782	Lettres	British poets, Bell's edition, 109 vol in 18°.
	Edimburg	1773	Lettres	British poets, 42 vol in 18°.

Anonyme			Mathématiques	Table des sinus, tangentes et sécantes pour un rayon de 10 000 000 parties et des logarithmes des sinus et des tangentes…
Bezout, É.	Paris, J.B.J. Musier	1769	Mathématiques	Cours de mathématiques à l'usage des gardes du Pavillon et de la Marine.
Bezout, É.	Paris, Imprimerie Royale	1770-1772	Mathématiques	Cours de mathématiques à l'usage du corps royal d'artillerie...
Bezout, É.	Paris, Imprimerie Royale	1770	Mathématiques	Cours de mathématiques à l'usage du corps royal de l'artillerie contenant l'arithmétique, la géométrie et la trigonométrie rectiligne.
Bossut, abbé C.	Paris, C.A. Jombert	1773	Mathématiques	Traité élémentaire d'algèbre.
Bossut, abbé C.	Paris, C.A. Jombert	1772	Mathématiques	Traité élémentaire d'arithmétique.
Camus, C.E.L.	Paris, Ballard	1749-1752	Mathématiques	Cours de mathématiques.
Le Blond, G.	Paris, C.A. Jombert	1768	Mathématiques	Elémens d'algèbre ou du calcul littéral avec un précis de la méthode analytique appliquée à la résolution des équations du 1er et du 2e degré.
Malézieu, N. de	Paris, E. Ganeau	1722	Mathématiques	Elémens de géométrie de Mgr le duc de Bourgogne, nouvelle édition revue et corrigée et augmentée d'un traité de logarithmes

Ozanam, J.	Paris, J. Jombert	1693	Mathématiques	Cours de mathématiques…, 5 vol in 8°.
Papillon de La Ferté, D.P.J.	Paris, Veuve Ballard	1784	Mathématiques	Leçons élémentaires de mathématiques contenant les principes de l'arithmétique, de la géométrie, de l'astronomie, des météores, de la mécanique et de l'algèbre, 2 vol in 8°.
Sauveur, R.	Paris, Rollin fils	1753	Mathématiques	Géométrie élémentaire.
Académie royale de chirurgie	Paris	1753-1774	Médecine	Mémoires de l'Académie royale de chirurgie, 1753-1774, 3 vol in 4°.
Aubry, J.F.	Paris, F. Didot le jeune	1781	Médecine	Les Oracles, ouvrage de médecine chimique à la portée de tout lecteur d'une attention raisonnable.
Bacher, G.F.	Paris, Veuve Thiboust et Didot le jeune	1776	Médecine	Recherches sur les maladies chroniques, particulièrement sur les hydropisies et sur les moyens de les guérir.
Bellet, I.	Paris, P.E.G. Durand	1770	Médecine	Exposition des effets d'un nouveau remède dénommé sirop mercuriel...
Bourdet, B.	Paris, J.T. Hérissant	1771	Médecine	Recherches et observations sur toutes les parties de l'art du dentiste.
Bourdet, B.	Paris, J.T. Hérissant	1757	Médecine	Soins faciles pour la propreté de la bouche pour la conservation des dents.

Bourgelat, C.	Lyon, J.M. Bruyset	1765	Médecine	Matière médicale raisonnée, ou précis des médicaments considérés dans leurs effets à l'usage des élèves de l'école royale vétérinaire.
Duhamel du Monceau, H.L.	Paris, H.L. Guérin	1759	Médecine	Moyens de conserver la santé aux équipages des vaisseaux...
Dujardin, F.	Paris, Imprimerie Royale	1774	Médecine	Histoire de la chirurgie depuis son origine jusqu'à nos jours.
Dupré de Lisle	Paris, Couturier fils	1774	Médecine	Traité sur le vice cancéreux...
Dupré de Lisle	Paris, J.B. Costard	1769	Médecine	Traité des maladies pulmonaires connues sous le nom de phtisie.
Duverney, J.G.	Paris, Gautier	1748	Médecine	Anatomie de la tête, en tableaux imprimés...
Duverney, J.G.	Paris, Gautier	1745	Médecine	Essai d'anatomie et tableaux imprimés qui représentent au naturel tous les muscles de la face, du col, de la tête...
Fauchard, P.	Paris, P.J. Mariette	1746	Médecine	Le chirurgien dentiste ou traité des dents...
Gautier d'Agoty, J.	Paris, J.B. Brunet	1713	Médecine	Anatomie des parties de la génération de l'homme et de la femme représentées avec leurs couleurs naturelles...
Grossin-Duhaume, É.	Paris, D'Houry	1774	Médecine	Traité de la petite vérole, tiré des commentaires de G. Van Swieten sur les aphorismes de Boerhaave.

Horne, J. de	Paris, Monory	1779	Médecine	Observations faites et publiées par ordre du gouvernement sur les différentes manières d'administrer le mercure dans les maladies vénériennes.
Lécluse, H. de	Paris, de Laguette	1754	Médecine	Nouveaux éléments d'odontologie contenant l'anatomie de la bouche.
L'Épée, abbé C.M. de	Paris, Nyon l'aîné	1776	Médecine	Institution des sourds-muets par la voie des signes méthodiques…
Lieutaud, J.	Paris, Vincent	1776-1777	Médecine	Anatomie historique et pratique.
Lieutaud, J.	Paris, Didot	1777	Médecine	Précis de la médecine pratique.
Navier, P.T.	Paris, Veuve Mequignon et fils	1777	Médecine	Contrepoisons de l'arsenic, du sublimé corrosif, du verd de gris et du plomb.
Paulet, J.J.	Paris, Ganeau	1768	Médecine	Histoire de la petite vérole.
Poissonnier, A.	Paris, Lacombe	1767	Médecine	Traité des maladies des gens de mer.
Portal, A.	Paris, P.F. Didot le jeune	1770-1773	Médecine	Histoire de l'anatomie et de la chirurgie.
Portal, A.	Yverdon	1779	Médecine	Observations sur la nature et sur le traitement de la rage.
Power, J.	Paris, Le Breton	1769	Médecine	Précis historique de la nouvelle méthode d'inoculer la petite vérole...
Quesnay, F.	Paris, d'Houry père	1749	Médecine	Traité de la gangrène.
Quesnay, F.	Paris, L. d'Houry	1753	Médecine	Traité des fièvres continues.

Sabatier, R.B.	Paris, Didot	1775	Médecine	Traité complet d'anatomie, ou description de toutes les parties du corps humain.
Société royale de médecine	Paris, Didot	1779	Médecine	Histoire de la Société royale de médecine, année 1776 avec les mémoires de médecine et de physique.
Vicq d'Azir, F.	Paris, Didot l'aîné	1786	Médecine	Traité d'anatomie et de physiologie.
Anonyme	Paris, Imprimerie Royale	1786	Navigation	Analyse de la carte générale de l'océan Atlantique.
Berthoud, F.	Paris, J.B.G. Musier	1773	Navigation	Traité des horloges marines.
Cassini, J.D., comte de	Paris, C.A. Jombert	1770	Navigation	Voyage fait par ordre du Roy en 1768 pour éprouver les montres marines inventées par M. Le Roy.
Charnières, C.F.P. de	Paris, Imprimerie Royale	1768	Navigation	Expériences sur les longitudes faites à la mer en 1767 et 1768.
Charnières, C.F.P. de	Paris, Imprimerie Royale	1772	Navigation	Théorie et pratique des longitudes en mer, publié par ordre du Roy.
Fleurieu, C.P. d'Éveux, Claret de	Paris, Imprimerie Royale	1773	Navigation	Voyage fait par ordre du Roy en 1768 et 1769 à différentes parties du monde pour éprouver en mer les horloges marines inventées par M. Ferdinand Berthoud...
Le Monnier, P.C.	Paris, Imprimerie Royale	1771	Navigation	Astronomie nautique lunaire, où l'on traite de la latitude et de la longitude en mer.

Le Roy, P.	Paris, le Breton et Jombert	1773	Navigation	Précis des recherches faites en France depuis l'an 1730 pour la détermination des longitudes en mer.
Le Roy, P.	Paris, le Breton et Jombert	1774	Navigation	Suite du précis sur les montres marines de France.
Rutledge, J.	Paris, Volland	1788	Navigation	Nouvelle théorie astronomique pour servir à la détermination des longitudes.
Verdun de La Crenne, J.R.A. de	Paris, Imprimerie Royale	1778	Navigation	Voyage fait par ordre du Roy en 1771 et 1772 en diverses parties de l'Europe, de l'Afrique et de l'Amérique pour vérifier l'utilité de plusieurs méthodes et instrumens servan à déterminer la latitude et la longitude...
Blackstone, W.		1768	Politique	Commentaries on the laws of England.
Calonne, C.A.	Londres, T. Spilsbury	1789	Politique	Lettre adressée au Roy par M. De Calonne, le 9 février 1789.
Calonne, C.A.	Londres, T. Spilsbury	1788	Politique	Réponse de M. de Calonne à l'écrit de M. Necker publié en avril 1787 contenant l'examen des comptes de la situation des finances rendus en 1774, 1776, 1781, 1783 et 1787…
Mazarin, J.	Amsterdam G. Chastelain	1745	Politique	Lettres du cardinal de Mazarin, nouvelle édition.

Richelieu, L.F.A. du Plessis, maréchal duc de	Manuscrit		Politique	Testament politique.
Bourdaloue, L.			Religion	Sermons de 1707 à 1734.
Académie royale des sciences	Paris, Imprimerie Royale	1761-1785	Sciences	Histoire de l'Académie royale des Sciences avec les mémoires de mathématiques et de physique, années 1755 à 1762, 1768 et 1782, 4 vol in 4°.
Académie royale des sciences	Paris, Imprimerie Royale	1733-1791	Sciences	Histoire de l'Académie royale des Sciences depuis 1666 jusqu'en 1788, 105 vol in 4°.
Anonyme	Paris, Imprimerie Royale	1778	Sciences	Instruction sur l'établissement des nitrières et sur la fabrication du salpêtre publiée par les régisseurs généraux des poudres et salpêtres.
Baudouin de Guémadeuc	Paris, Desaint et Saillant	1761	Sciences	Mémoire sur la découverte du satellite de Vénus.
Bertholon, abbé P.	Paris, F. Didot le jeune	1780	Sciences	De l'électricité du corps humain dans l'état de santé et de maladie.
Bertier, J.E.	Paris, Imprimerie Royale	1760	Sciences	Physique des comètes.
Bertier, J.E.	Paris, Imprimerie Royale	1764-1770	Sciences	Principes physiques pour servir de suite aux principes mathématiques de Newton.
Bordenave	Paris, de Clousier	1778	Sciences	Essai sur la physiologie, ou physique du corps humain, 3e édition.

Bordenave	Paris	1764	Sciences	Essai sur la physiologie.
Breton, F. Le	Paris, de Prault	1787	Sciences	Manuel de botanique à l'usage des amateurs et des voyageurs.
Brisson, M.J.	Paris, hôtel de Thou	1781	Sciences	Dictionnaire raisonné de physique.
Brisson, M.J.	Paris, C.J.B. Bauche	1760	Sciences	Ornithologie ou méthode contenant la division des oiseaux en ordres, sections, genres…
Brisson, M.J.	Paris, Moutard	1789	Sciences	Traité élémentaire ou principes de physique fondés sur les connaissances les plus certaines...
Buchoz, P.J.	Paris, J.B. Costard	1770	Sciences	Dictionnaire raisonné universel des plantes, arbres et arbustes de la France.
Buchoz, P.J.	Paris, Brunet	1775	Sciences	Histoire universelle des végétaux, ou nouveau dictionnaire physique, naturel et économique de toutes les plantes qui croissent sur la surface du globe.
Buchoz, P.J.	Nancy, F. Messin	1762	Sciences	Traité historique des plantes qui croissent dans la Lorraine et les trois Évêchés.
Buffon, G.L.	Paris, Imprimerie Royale	1778-1783	Sciences	Histoire naturelle générale et particulière avec la description du cabinet du Roy, 6 vol in 4°.
Cassini, J.D., comte de	Paris, Imprimerie Royale	1740	Sciences	Élemens d'astronomie.

Cassini, J.D., comte de	Paris, Imprimerie Royale	1787	Sciences	Extrait des observations astronomiques et physiques faites par ordre de Sa Majesté, à l'observatoire royal...
Chaptal, C.F.D.	Paris J. Martel l'aîné	1781	Sciences	Mémoires de chimie.
Cornette, C.M.	Paris Didot le jeune	1779	Sciences	Mémoire sur la formation du salpêtre, et sur les moyens d'augmenter en France la production de ce sel.
Duhamel du Monceau, H.L.	Paris, C.A. Jombert	1752	Sciences	Élémens de l'architecture navale, ou traité pratique de la construction des vaisseaux.
Duhamel du Monceau, H.L.	Paris, H.L. Guérin	1752	Sciences	La physique des arbres...
Duhamel du Monceau, H.L.	Paris, Veuve Desaint	1776-1778	Sciences	Supplément au traité de la conservation des grains.
Duhamel du Monceau, H.L.	Paris, Saillant	1768	Sciences	Traité des arbres fruitiers...
Duhamel du Monceau, H.L.	Paris, Saillant et Nyon	1769	Sciences	Traité général des pêches et histoire des poissons qu'elles fournissent...
Dutrône de La Couture, J.F.	Paris, Duplain	1790	Sciences	Précis sur la canne et sur les moyens d'en extraire le sel essentiel.
Haüy, R.J.	Paris, Gogué et Née de La Rochelle	1784	Sciences	Essai d'une théorie sur la structure des crystaux.
La Lande, J. de	Paris, Veuve Desaint	1774	Sciences	Abrégé d'astronomie.
La Lande, J. de	Paris, Veuve Hérissant	1763-1792	Sciences	Éphémérides des mouvements célestes pour le méridien de Paris.

Lamarck de Monet, J.B.	Paris, Imprimerie Royale	1778	Sciences	Flore française, ou description succincte de toutes les plantes.
Lavoisier, A.L.	Paris, Didot jeune	1774	Sciences	Opuscules physiques et chimiques.
Lavoisier, A.L.	Paris, Cuchet	1789	Sciences	Traité élémentaire de chimie...
Le Blond, G.	Paris C.A. Jombert	1761	Sciences	L'artillerie raisonnée...
Le Monnier, P.C.	Paris, Imprimerie Royale	1776-1778	Sciences	Loix du magnétisme.
Lepaute, J.A.	Paris	1775	Sciences	Traité d'horlogerie...
Lister, M.	London	1685-1692	Sciences	Historiæ, sive synopsis methodicæ conchyliorium… Note en marge : remis aux commissaires de Paris le 11 messidor, l'an III (29 juin 1795).
Malouin, P.J.	Paris, d'Houry	1755	Sciences	Chimie médicinale concernant la manière de préparer les remèdes les plus usités...
Maskelyne, the reverend Nevil	London, W. and J. Richardson	1774	Sciences	Astronomical observations made at the royal observatory of Greenwich in the years 1765, 1766, 1767, 1768 and 1769.
Mauduyt de La Varenne, P.J.C.	Paris, Imprimerie Royale	1784	Sciences	Mémoires sur les différentes manières d'administrer l'électricité et observations sur les effets...
Mentelle, E.	Paris	1785	Sciences	Cosmographie élémentaire.

Montalembert, M.R., marquis de	Paris, P.D. Pierres	1776	Sciences	La fortification perpendiculaire, ou essai sur plusieurs manières de fortifier la ligne droite, 4 vol in 4°.
Newton, I.	Paris, Leroy	1787	Sciences	Optique de Newton, traduit de l'anglais.
Nollet, abbé J.A	Paris, H.L. Guérin	1754	Sciences	Essai sur l'électricité des corps.
Nollet, abbé J.A	Paris, Duran et Neveu	1775	Sciences	Leçons de physique expérimentale, 8e édition.
Nollet, abbé J.A	Paris, les frères Guérin	1743	Sciences	Leçons de physique expérimentale.
Nollet, abbé J.A	Paris, Duran et Neveu	1760	Sciences	Lettres sur l'électricité, nouvelle édition.
Nollet, abbé J.A	Paris, H.L. Guérin	1753	Sciences	Lettres sur l'électricité.
Nollet, abbé J.A	Paris, les frères Guérin	1749	Sciences	Recherches sur les causes particulières des phénomènes électriques.
Paracelsi		1570	Sciences	Expositio vera harum imaginum olim Nurenbergae repetarum ex fundatissimo verae magiae vaticino deducta.
Parmentier, A.A.	Paris, Didot le jeune	1786	Sciences	Mémoire sur les avantages que la province de Languedoc peut retirer de ses grains...
Paulian, A.H.	Nîmes, Gaude	1773	Sciences	Dictionnaire de physique, seconde édition.
Pingré, abbé A.G.	Paris, Desprez	1766	Sciences	Chronologie des éclipses.
Pingré, abbé A.G.	Paris, Imprimerie Royale	1783	Sciences	Cométographie ou traité historique et théorique des comètes.

Pingré, abbé A.G.	Paris, Durand	1757	Sciences	Etat du ciel pour l'an de grâce 1757.
Pluche, A.	Paris, Veuve Estienne	1739	Sciences	Histoire du ciel considéré selon les idées des poètes.
Pluche, A.	Paris, Veuve Estienne	1739	Sciences	Le spectacle de la nature, ou entretiens sur les particularités de l'histoire naturelle.
Priestley, J.	Paris, L. Hérissant	1771	Sciences	Histoire de l'électricité.
Prony, G.C.			Sciences	Nouvelle architecture hydraulique...
Rochon, abbé A.M. de	Paris, Barois l'aîné	1783	Sciences	Recueil de mémoires sur la mécanique et la physique.
Sage, B.G.	Paris, Imprimerie Royale	1784	Sciences	Description méthodique du cabinet de l'école royale des mines.
Sage, B.G.	Paris, Imprimerie Royale	1777	Sciences	Expériences propres à faire connaître que l'alkali volatil fluor est le remède le plus efficace dans les asphyxies...
Sage, B.G.	Paris, Imprimerie Royale	1773	Sciences	Mémoires de chimie.
Sigaud de La Fond, J.A.	Paris, rue et hôtel Serpente	1781	Sciences	Précis historique et expérimental des phénomènes électriques, depuis l'origine de cette découverte jusqu'à ce jour.
Smith, R.	Avignon, Veuve Girard	1767	Sciences	Cours complet d'optique, traduit de l'anglais.

Soulavie, abbé J.L.	Paris, J.F. Quillau	1782	Sciences	Histoire naturelle de la France méridionale, contenant les principes de la géographie physique du règne végétal…
Valmont de Bomare, J.C.	Paris, Lacombe	1768	Sciences	Dictionnaire raisonné universel d'histoire naturelle, contenant l'histoire des animaux, des végétaux et des minéraux, et celle des corps célestes, 4 vol.
Vauban, S.	La Haye, T. de Hondt	1737	Sciences	De l'attaque et de la défense des places.
Corneille, P.	Paris, Gandoin	1783	Théâtre	Le théâtre de Corneille, 6 vol in 12°.
Corneille, P.	Paris, F.A. Didot l'aîné	1783	Théâtre	Théâtre choisi de Corneille, 2 vol in 4°.
Marivaux, P. de	Paris, Prault père	1740	Théâtre	Œuvres de théâtre.
Molière, J.B. Poquelin, dit	Paris	1734	Théâtre	Œuvres de Molière, 6 vol in 4°.
Racine, J.	Paris, Didot	1783	Théâtre	Œuvres de Jean Racine imprimées par ordre du Roy pour l'éducation de Monseigneur le Dauphin.
Racine, J.	Paris, Imprimerie de L. Cellot	1768	Théâtre	Œuvres de Jean Racine, 7 vol in 8°.
Shakespeare, W.	London J. Bell	1785-1786	Théâtre	Œuvres théâtrales en anglais, Bell's edition, 22 vol in 8°.
Adanson, M.	Paris, C.J.B. Bauche	1757	Voyages	Histoire naturelle du Sénégal.

Anson, G.	Amsterdam et Leipzig, Arkstée et Merkus	1751	Voyages	Voyage autour du monde fait dans les années 1740, 41, 42, 43 et 44 (traduit de l'anglais par Élie de Joncourt).
Bergeron, P.	La Haye	1735	Voyages	Voyage fait principalement en Asie dans les XIIe, XIIIe, XIVe et XVe siècles.
Bernier, F.	Amsterdam	1699	Voyages	Voyage de François Bernier contenant la description des États du grand Mogol...
Brosses, C. de	Paris	1756	Voyages	Histoire des navigations aux terres australes contenant ce que l'on sait des mœurs.
Bruce, J.	Paris, hôtel de Thou	1790	Voyages	Voyages aux sources du Nil en Nubie et en Abyssinie pendant les années 1768, 1769, 1770, 1771 et 1772, traduit de l'anglais par T.H. Castera.
Brydone, P.	Amsterdam Paris, Pissot	1775	Voyages	Voyage en Sicile et à Malthe, traduit de l'anglais par M. Demeunier.
Carver, J.	London	1779	Voyages	Travels through the interior parts of North America in the years 1766, 1767 and 1768.
Carver, J.	Paris, Pissot	1784	Voyages	Voyage dans les parties intérieures de l'Amérique septentrionale pendant les années 1766, 1767 et 1768.

Chabert de Cogolin, J.B.	Paris, Imprimerie Royale	1753	Voyages	Voyage fait par ordre du Roy en 1750 et 1751 dans l'Amérique septentrionale.
Chappe d'Auteroche, abbé J.	Paris, C.A. Jombert	1772	Voyages	Voyage en Californie pour l'observation du passage de Vénus.
Chappe d'Auteroche, abbé J.	Paris, les frères de Bure	1768	Voyages	Voyage en Sibérie fait par ordre du Roy en 1761.
Chardin, J.	Rouen, C. Ferrare	1723	Voyages	Voyage en Perse et autres lieux de l'Orient.
Condamine, C.M. de La	Paris, Imprimerie Royale	1751	Voyages	Journal du voyage fait par ordre du Roy à l'équateur.
Condamine, C.M. de La	Paris, Veuve Pissot	1745	Voyages	Relation abrégée d'un voyage fait dans l'intérieur de l'Amérique méridionale, depuis la côte de la mer du Sud jusqu'aux côtes du Brésil.
Cook, J.	London, W. and A. Strahan	1784	Voyages	A voyage to the Pacific Ocean undertaken by the command of his Majesty for making discoveries in the Northern hemisphere to determine the position and extent of the West Side of North America, performed under the direction of captains Cook, Clerke and Gore, in his Majesty's ships the Resolution and Discovery, in the years 1776, 1777, 1778, 1779, and 1780, 3 vol in 4°.

Cook, J.	London, G. Robinson	1782	Voyages	An authentic narrative of a voyage performed by captain Cook and captain Clerke in his majesty ships Resolution and Discovery during the years 1776, 1777, 1778, 1779 and 1780.
Cook, J.	Amsterdam et Paris, Pissot	1777	Voyages	Journal du second voyage du capitaine Cook, sur les vaisseaux la Résolution et l'Aventure, entrepris dans les années 1774 et 1775.
Cook, J.	Paris, Pissot et Laporte	1782	Voyages	Troisième voyage de Cook, ou journal d'une expédition faite dans la mer Pacifique du Nord et du Sud en 1776, 1777, 1778, 1779 et 1780 ; traduit de l'anglais.
Cook, J.	Paris, hôtel de Thou	1778	Voyages	Voyage dans l'hémisphère austral et autour du monde fait sur les vaisseaux du Roy, l'Aventure et la Résolution en 1772, 1773, 1774 et 1775 ; traduit de l'anglais par J.B.A Suard.
Coréal, F.	Paris, Despilly	1782	Voyages	Voyage de François Coréal aux Indes Occidentales...

Coste d'Arnobat, C.P.	Bruxelles, Dujardin	1789	Voyages	Voyage au pays de Bambouc suivi d'observations intéressantes sur les castes indiennes, sur la Hollande et sur l'Angleterre.
Cox ou Coxe, W.	Paris, hôtel de Thou	1781	Voyages	Les nouvelles découvertes des Russes entre l'Asie et l'Amérique, avec l'histoire de la conquête de la Sibérie, traduit de l'anglais.
Craven, É.B. lady	Londres, Paris, Maradan	1789	Voyages	Voyage en Crimée et à Constantinople en 1786, traduit de l'anglais par M. Guédon de Berchère.
Crozet	Paris, Barois l'aîné	1783	Voyages	Nouveau voyage à la mer du Sud, commencé sur les ordres de M. Marion et achevé sous ceux de M. Le chevalier Duclesmeur. Cette relation a été rédigée d'après les plans et journaux de Crozet. On a joint à ce voyage un extrait de celui de M. de Surville.
Dalrymple, A.	London, J. Nourse	1769	Voyages	An historical collection of the general voyages and discoveries in the South Pacific Ocean, 2 vol in 4°.
Dalrymple, A.	Paris	1783	Voyages	Voyage en Espagne et en Portugal dans l'année 1774..., traduit de l'anglais.
Dellon, C.	Paris, C. Barbin	1685	Voyages	Relation d'un voyage des Indes Orientales...

Dixon, G.	Paris, Maradan	1789	Voyages	Voyage autour du monde et principalement à la côte du Nord-Ouest de l'Amérique fait en 1785, 1786, 1787, 1788...
Dugay-Trouin, R.	Manuscrit	1740	Voyages	Mémoires de M. Dugay-Trouin.
Exquemelin ou Œxmelin, A.O.	Paris, J. Lefebvre	1686	Voyages	Histoire des avanturiers qui se sont signalez dans les Indes, contenant ce qu'ils ont fait de plus remarquable depuis vingt années...
Forrest, T.	Paris, hôtel de Thou	1780	Voyages	Voyage aux Moluques et à la Nouvelle Guinée fait sur la galère la Tartare en 1774, 1775 et 1776 par le capitainc Forrest.
Forster, J.R.	Paris, Cuchet	1788	Voyages	Histoire des découvertes et des voyages faits dans le Nord par J.R. Forster, mis en français par M. Broussonet.
Gemelli-Careri, G.F.	Paris, E. Ganeau	1719	Voyages	Voyage du tour du monde, traduit de l'italien.
Hawkesworth, J.	Paris, Saillant et Nyon	1774	Voyages	Relation des voyages entrepris par ordre de Sa Majesté Britannique actuellement régnante pour faire des découvertes dans l'hémisphère méridional…traduit de l'anglais.

Johnson, C.	Paris, E. Ganeau	1726	Voyages	Histoire des pirates anglais depuis leur établissement dans l'île de La Providence jusqu'à présent, traduit de l'anglais.
Keate, G.	Paris, Le Jay et Maradan	1788	Voyages	Relation des îles Pelew, situées dans la partie occidentale de l'océan Pacifique, traduit de l'anglais de Georges Keate par H.G. Riquetti, comte de Mirabeau.
Kerguelen-Trémarec, Y.J.	Paris, de Prault	1771	Voyages	Relation d'un voyage dans la mer du Nord, aux côtes d'Islande, du Groenland, de Ferro..., en 1767 et 1768.
Kippis, A.	Paris, hôtel de Thou	1789	Voyages	Vie du capitaine Cook, traduit de l'anglais du Dr Kippis par M. Castera.
La Barbinais Le Gentil de	Paris, Flahaut et Mortier	1725-1728	Voyages	Nouveau voyage autour du monde par Le Gentil de La Barbinais.
La Motraye, A. de	La Haye, T. Johnson et J. Van Duren	1727	Voyages	Voyages du sieur A. de La Motraye en Europe, Asie et en Afrique...
Labat, père J.B.	Paris, J.B. Delépine	1742	Voyages	Nouveau voyage aux îsles de l'Amérique...
Labat, père J.B.	Paris, P.F. Giffart	1728	Voyages	Nouvelle relation de l'Afrique occidentale contenant une description exacte du Sénégal...

Le Gentil de La Galaisière, G.J.A.	Paris, Imprimerie Royale	1779	Voyages	Voyage dans les mers de l'Inde, fait par ordre du Roy, à l'occasion du passage de Vénus sur le disque du soleil le 6 juin 1761...
Lesseps, J.B.B. de	Paris, Imprimerie Royale	1790	Voyages	Journal historique du voyage de M. de Lesseps.
Lucas, P.	Rouen	1719	Voyages	Troisième voyage du sieur Paul Lucas, fait en 1714 dans la Turquie, l'Asie, la Syrie...
Macintosh, W.	Paris, Regnaut	1788	Voyages	Voyage en Europe, en Asie et en Afrique, contenant la description des mœurs, coutumes, loix, productions...
Müller, G.F.	Amsterdam M. Rey	1766	Voyages	Voyages et découvertes faits par les Russes....le long des côtes de la mer Glaciale et sur l'océan Oriental.
Ovington, J.	Paris, E. Ganeau	1725	Voyages	Voyages de Jean Ovington, faits à Surate et en d'autres lieux de l'Asie et de l'Afrique.
Pagès, P.M.F. de	Paris, Moutard	1782	Voyages	Voyages autour du monde et vers les deux pôles par terre et par mer pendant les années 1767, 1768, 1769, 1770, 1771, 1772, 1773, 1774, 1775 et 1776.

Paterson, W.	London, J. Johnson	1789	Voyages	A narrative of four journeys into the country of the Hottentots and Caffraria in the years 1777, 1778 and 1779.
Paterson, W.	Paris, Didot l'aîné	1790	Voyages	Quatre voyages chez les Hottentots et chez les Cafres depuis mai 1777 jusqu'en décembre 1779, traduit de l'anglais.
Phillipp	London	1789	Voyages	The voyage of governor Phillipp to Botany Bay with an account of establishment of the colonies…
Phipps, C.J.	Paris, Saillant et Nyon	1775	Voyages	Voyage au pôle boréal fait en 1773.
Pingré, A.G.	Paris, Imprimerie Royale	1768	Voyages	Journal de M. Le marquis de Courtanvaux sur la frégate l'Aurore...
Pococke, R.	Paris, Société typographiq ue	1772	Voyages	Voyage de Richard Pococke en orient dans l'Égypte, l'Arabie, la Palestine…
Rochon, abbé A.M. de	Paris	1791	Voyages	Voyage à Madagascar et aux Indes orientales.
Rousselot de Surgy, J.P. et Green, J.	Paris, Didot	1749	Voyages	Histoire générale des voyages..., la première partie écrite par John Green a été traduite par l'abbé A.F. Prévost, 64 vol in-12°.

Swinburne, H.	Paris, Didot l'aîné	1785	Voyages	Voyage de Henri Swinburne dans les deux Siciles en 1777, 1778, 1779 et 1780.
Swinburne, H.	Paris, Didot l'aîné	1787	Voyages	Voyage de Henri Swinburne en Espagne en 1775 et 1776.
Tench, Watkin	London, J. Debrett	1789	Voyages	A narrative of the expedition to Botany Bay, with an account of New South Wales…
White, J.	London, J. Debrett	1790	Voyages	Journal of a voyage to New South Wales...

Table des matières

HISTOIRE
AUX ÉDITIONS L'HARMATTAN

Dernières parutions

CONTRIBUTION DU CERCLE DE BOKÉ (GUINÉE) À L'EFFORT DE GUERRE (1939-1945)
Pour une meilleure connaissance de l'histoire économique de l'Afrique occidentale
Mohamed Diané
Pour aider la France à mener la guerre de 1939-1945, cette dernière demande à ses colonies africaines de lui envoyer des hommes, de lui fournir des prestations et des marchandises et de prélever des impôts. De plus, pour soutenir cet effort de guerre, les colonies ne reçoivent plus d'équipements en provenance de la Métropole. Dans le cercle de Boké, en Guinée, ce soutien apporté à la France aura des conséquences dans les secteurs politique, social, économique et culturel que ce livre se propose d'analyser.
(Coll. Harmattan Guinée, 84 p., 12 euros)
ISBN : 978-2-343-16644-5, EAN EBOOK : 9782140114885

LA CROATIE ET LA SLOVÉNIE : 25 ANS D'INDÉPENDANCE
Retour sur l'événement et perspectives d'avenir
Sous la direction de Vlatko Maric
Croatie et Slovénie ont subi une agression dans l'indifférence et un certain mépris de la communauté internationale, qui a voulu ignorer la nature et les causes véritables d'une guerre de conquête pratiquant le nettoyage ethnique notamment en Croatie. Face à ce qui fut un combat pour la liberté et la démocratie dans l'indépendance, l'Europe a dû imaginer un mécanisme afin de reconnaître les nouveaux Etats, tout en préservant sa cohésion. Après avoir proclamé leur indépendance, la Slovénie et la Croatie ont été reconnues par l'UE le 15 janvier 1992, avant d'en devenir membres. Cet ouvrage permet de comprendre pourquoi les aveuglements idéologiques ou géopolitiques peuvent présenter un danger pour la paix.
(Coll. Croatica, 214 p., 21,5 euros)
ISBN : 978-2-343-16661-2, EAN EBOOK : 9782140113130

UNE SECTE JANSÉNISTE CONVULSIONNAIRE SOUS LA RÉVOLUTION FRANÇAISE
Les Fareinistes (1783-1805)
Serge Maury
Cet ouvrage propose une approche du phénomène convulsionnaire janséniste en suivant l'histoire d'une secte particulière, celle des "Fareinistes", depuis ses débuts dans l'Ain autour des années 1780, jusqu'à son enracinement à Paris autour d'une prophétesse convulsionnaire, la "soeur Elisée". Les faits et leur contexte historique (entre jansénisme rural et urbain, Révolution française, millénarisme et prophétisme) sont précisément décrits. Un questionnement parcourt l'ouvrage : comment expliquer ces « délires » religieux ? L'approche anthropologique et sociologique, privilégiant les faits de culture et d'histoire, est confrontée avec les théories psychiatriques.
(Coll. Chemins de la Mémoire, 482 p., 42 euros)
ISBN : 978-2-343-14324-8, EAN EBOOK : 9782140112577

LES ROIS DE L'ESTUAIRE
Aux origines de la colonisation française du Gabon (1839-1862)
Gérard Buttoud
Au milieu du XIXe siècle, la marine française, pour contrer les positions anglaises, a passé des traités

avec les « rois » des villages de l'estuaire du Gabon et s'est vite attribué la pleine souveraineté sur des territoires de plus en plus étendus. De cette implantation aux allures pacifiques, les rapports des capitaines restituent le processus séquentiel qui renseigne sur ce qui donne à la colonisation sa signification profonde.

(284 p., 28 euros)

ISBN : 978-2-343-16581-3, EAN EBOOK : 9782140112850

LE PATRIMOINE HISTORIQUE AU SERVICE DU DÉVELOPPEMENT DU BÉNIN

Paul Akogni, Arthur Vido, Didier Marcel Houénoudé

Dans ce monde en proie à l'image brillante, il y a peu de place pour le passé. Pourtant, les valeurs que charrie le cours du temps ne constituent-elles pas un livre ouvert susceptible d'inspirer les bâtisseurs du présent ? Soucieux du développement du Bénin, les auteurs entendent ainsi tirer de l'histoire les étincelles qui permettront d'éclairer les points d'ombre du présent.

(Coll. Études africaines, 190 p., 21 euros)

ISBN : 978-2-343-16610-0, EAN EBOOK : 9782140112881

LA GUERRE DE 1914 AU TOGO ET SES CONSÉQUENCES

Histoire militaire, histoire politique

Yves Marguerat

A la périphérie de la Grande Guerre, il y eut aussi des combats lointains, largement méconnus à l'époque et encore plus oubliés de nos jours. Des quatre colonies que l'Allemagne avait établies en Afrique, le Togo, qui avait pourtant les moyens de résister, a capitulé au bout de trois semaines. Quels étaient les enjeux stratégiques du Togo ? Pourquoi ses arrogants maîtres coloniaux se sont-ils laissés vaincre si vite ? Dans quelle mesure les Togolais ont-ils favorisé ou, au contraire, entravé leur défense ? Comment ces derniers ont-ils vécu ensuite sous la double occupation qu'ils ont subie pendant six années ? Dans quelle mesure cette période a-t-elle conditionné leurs attitudes politiques ultérieures ?

(228 p., 24,5 euros)

ISBN : 978-2-343-16601-8, EAN EBOOK : 9782140112621

LE GÉNOCIDE EN DROIT À L'ÉPREUVE DU GÉNOCIDE DE L'ÉMOTION

Cas de la République du Congo

Anatole Collinet Makosso

« Puisqu'il faut témoigner sur le génocide, parler de notre histoire, et puisque nous avons tous vécu les mêmes faits, parlons-en donc sans tabous. Parlons-en dans nos langues communes, sans interprètes ni traducteurs. Témoignons de ce qui s'est passé réellement dans notre pays, au sein de notre peuple. [...] Seulement, que celui qui s'engage à témoigner ne rapporte que ce qu'il sait, ce qu'il a vécu, ce qu'il a vu ou entendu. » C'est en ces termes qu'en décidant de répondre à Nsaku Kimbembe et à Dominique Kounkou sur le Génocide des Lari, A. C. Makosso invite ses compatriotes à dépassionner le débat, à enrichir le témoignage de l'histoire et à s'abstenir de la symétrie, de la contamination et de « l'idéologie de la haine ».

(Coll. Harmattan Congo-Brazzaville, 224 p., 23,5 euros)

ISBN : 978-2-343-16848-7, EAN EBOOK : 9782140112904

ÉTAIT-CE MIEUX AVANT ?

Chroniques paloises des "30 Glorieuses"

Max Moreau

Max Moreau propose une vision du tsunami économique des « 30 Glorieuses », provoqué par les découvertes simultanées du gaz de Lacq, du maïs hybride et du turbomoteur, qui associe l'économie et la culture et bouleversa le Béarn. Sous le triple effet de l'esprit d'initiative audacieux de quelques entrepreneurs visionnaires tentés par le risque, des prix compétitifs de l'électricité d'origine hydraulique et du gaz naturel, ainsi que de l'adaptabilité des salariés béarnais à de nouveaux métiers, il observe le développement accéléré de sa région.

(240 p., 24,5 euros)

ISBN : 978-2-343-16530-1, EAN EBOOK : 9782140112171

AUX FRONTIÈRES DE LA SHOAH

Herbert Geschwind

Cet ouvrage retrace les souvenirs de Herbert Geschwind liés aux évènements de la Seconde Guerre mondiale, de la découverte de la France et de la Riviera française après son exil d'Autriche en 1938. L'auteur n'a pas la prétention d'imposer au lecteur sa seule perception de l'Histoire. Sa présence au plus proche des évènements ayant conduit aux remaniements brutaux imposés par les envahisseurs et tyrans du XXe siècle donne à son récit la valeur de témoignage.

(272 p., 27 euros)

ISBN : 978-2-343-16332-1, EAN EBOOK : 9782140112294

LES OPPOSITIONS AU SECOND EMPIRE

Du comte de Chambord à François Mitterrand

Sous la direction d'Eric Georgin

Quelles condamnations les différentes familles politiques françaises ont-elles portées à l'encontre du régime de Napoléon III ? Quelles formes ces oppositions ont-elles prises ? Quelle postérité ces lectures critiques du Second Empire ont-elles eue ? C'est à ces questions que tente de répondre cet ouvrage, fruit d'une journée d'étude organisée par l'Institut Catholique d'Études Supérieures, son centre de recherche (le CRICES) et la Fondation Napoléon. En dernière analyse, les contributeurs cherchent à préciser la place du Second Empire dans l'histoire politique française contemporaine.

SPM (298 p., 28 euros)

ISBN : 978-2-917232-89-7, EAN EBOOK : 9782140112195

TROMELIN ET SUFFREN

Un conflit entre marins

Biographie et Mémoire justificatif inédit du capitaine de vaisseau Bernard Marie Boudin de Tromelin, 1735-1815

Claude-Youenn Roussel, Claude Forrer

Préface du contre-amiral Caron

Au milieu de la guerre d'Amérique, dans l'océan Indien, des officiers aux bons états de service sont jetés à la porte de la Marine sur une appréciation colérique et dépréciative de Suffren, leur chef. Parmi eux se trouve un Breton de Morlaix, Bernard Marie Boudin de Tromelin. Condamné sans jugement suite aux lettres venimeuses de son chef, il fait imprimer pour se défendre un Mémoire justificatif que personne n'accepte de lire dans les hautes sphères, l'empêchant ainsi de s'expliquer. C'est ce texte rarissime qui est produit ici, empli d'une infinité de renseignements historiques, maritimes et militaires, commenté, annoté et analysé, accompagné de multiples autres documents dont les lettres officielles et privées de Suffren.

SPM (298 p., 29 euros)

ISBN : 978-2-917232-88-0, EAN EBOOK : 9782140110139

LES ARMÉES DANS LA GUERRE FROIDE EN CENTRE-EUROPE (1945-1990)

Forces, renseignement, plans d'opérations

Sous la direction de Maurice Faivre

Officier de renseignement régimentaire depuis 1950, Maurice Faivre a dirigé en 1975 le Centre de renseignement avancé de Baden. À ce titre, il suivait l'évolution militaire de la Guerre froide, qui opposait en Allemagne les Occidentaux aux Soviétiques. Pour rédiger cet ouvrage, il a fait appel aux responsables des opérations, et aux spécialistes du renseignement terrestre, aérien et électronique qui, pour la plupart, ont conservé leurs archives. Trois grands sujets sont traités : le décompte des forces soviétiques et alliées mises sur pied ; les moyens de recherche du renseignement militaire ; les opérations planifiées. La dernière partie étudie les conditions politiques, économiques et sociales qui ont entraîné la fin d'une guerre non déclarée.

(368 p., 32 euros)

ISBN : 978-2-343-16699-5, EAN EBOOK : 9782140111914

LA TRADITION LIBÉRALE EN GRANDE-BRETAGNE

Les spécificités d'une doctrine de 1688 à nos jours

Yankhoba Seydi

Préface de Mamadou Kandji

Le droit de propriété, la liberté d'expression, la sûreté des personnes, les libertés de pétitions et des élections sont connus comme étant les libertés anglaises. Cette relation presque fusionnelle entre les Britanniques et la liberté provient d'une vieille et longue tradition anglo-saxonne qui plonge ses racines dans le haut Moyen-Âge. La Grande-Bretagne n'est pas seulement le berceau du libéralisme moderne, elle est aussi à l'origine de la démocratie moderne. Tout cela a été possible grâce à cette tradition libérale en marche depuis de longs siècles.

(336 p., 33 euros)

ISBN : 978-2-343-16478-6, EAN EBOOK : 9782140110009

BURUNDI LES RELATIONS INTERETHNIQUES ET INTRA-ETHNIQUES. ET LA RÉCONCILIATION ?

Pascasie Minani Passy

Ce travail de recherche rassemble différentes versions de l'histoire du Burundi selon les personnes issues de trois groupes ethniques burundais et les étrangers. L'auteure rappelle que les massacres burundais ne sont pas toujours interethniques, ils sont aussi intraethniques. En exposant les conflits entre les membres du même groupe ethnique, l'auteure sort du binaire ethnique : Tutsi contre Hutu et Hutu contre Tutsi. Elle montre que l'ethnie en soi n'est pas un problème, elle le devient quand elle est instrumentalisée pour des fins politiques et économiques.

(Coll. Études africaines, 202 p., 20,5 euros)

ISBN : 978-2-343-16761-9, EAN EBOOK : 9782140111471

1914 - 1918 GRANDE GUERRE OU CONTRE-RÉVOLUTION ?

Ce que disent les imaginaires

Sous la direction de Pierre Arbus

Les célébrations du Centenaire terminées, il est nécessaire d'examiner ce que disent aujourd'hui de la guerre ces propositions. Comme autant de métamorphoses poétiques de la mémoire souvent délaissées au lendemain des grands événements de l'Histoire au profit des archives officielles et de la parole autorisée, cette étude se veut un éclairage des contenus explicites des témoignages individuels.

Téraèdre (Coll. Cinéma / Formes autonomes, 280 p., 29 euros)

ISBN : 978-2-36085-092-1, EAN EBOOK : 9782140110863

LE KASAÏ, SON HISTOIRE, SES PEUPLES ET SON DÉVELOPPEMENT

Mémoires

Germain Mania Katompua

Germain Mania Katompua nous livre ici ses Mémoires. Il tente de rendre compte de l'histoire d'un peuple auquel il appartient, d'une communauté unie par les liens historiques et linguistiques et qui occupe un espace géographique dénommé dans l'imagerie populaire « le grand Kasaï », et cela malgré son morcellement actuel. Au regard du recul du développement caractérisé par une paupérisation croissante des peuples de cet espace, l'auteur présente les atouts et les opportunités qui s'offrent pour construire une économie régionale solide, devant faire de l'espace kasaïen un véritable îlot de progrès pour ces populations.

(Coll. Géopolitique mondiale, 674 p., 49 euros)

ISBN : 978-2-343-15413-8, EAN EBOOK : 9782140109768

Structures éditoriales du groupe L'Harmattan

L'Harmattan Italie
Via degli Artisti, 15
10124 Torino
harmattan.italia@gmail.com

L'Harmattan Hongrie
Kossuth l. u. 14-16.
1053 Budapest
harmattan@harmattan.hu

L'Harmattan Sénégal
10 VDN en face Mermoz
BP 45034 Dakar-Fann
senharmattan@gmail.com

L'Harmattan Cameroun
TSINGA/FECAFOOT
BP 11486 Yaoundé
inkoukam@gmail.com

L'Harmattan Burkina Faso
Achille Somé – tengnule@hotmail.fr

L'Harmattan Guinée
Almamya, rue KA 028 OKB Agency
BP 3470 Conakry
harmattanguinee@yahoo.fr

L'Harmattan RDC
185, avenue Nyangwe
Commune de Lingwala – Kinshasa
matangilamusadila@yahoo.fr

L'Harmattan Congo
67, boulevard Denis-Sassou-N'Guesso
BP 2874 Brazzaville
harmattan.congo@yahoo.fr

L'Harmattan Mali
Sirakoro-Meguetana V31
Bamako
syllaka@yahoo.fr

L'Harmattan Togo
Djidjole – Lomé
Maison Amela
face EPP BATOME
ddamela@aol.com

L'Harmattan Côte d'Ivoire
Résidence Karl – Cité des Arts
Abidjan-Cocody
03 BP 1588 Abidjan
espace_harmattan.ci@hotmail.fr

L'Harmattan Algérie
22, rue Moulay-Mohamed
31000 Oran
info2@harmattan-algerie.com

L'Harmattan Maroc
5, rue Ferrane-Kouicha, Talaâ-Elkbira
Chrableyine, Fès-Médine
30000 Fès
harmattan.maroc@gmail.com

Nos librairies en France

Librairie internationale
16, rue des Écoles – 75005 Paris
librairie.internationale@harmattan.fr
01 40 46 79 11
www.librairieharmattan.com

Lib. sciences humaines & histoire
21, rue des Écoles – 75005 Paris
librairie.sh@harmattan.fr
01 46 34 13 71
www.librairieharmattansh.com

Librairie l'Espace Harmattan
21 bis, rue des Écoles – 75005 Paris
librairie.espace@harmattan.fr
01 43 29 49 42

Lib. Méditerranée & Moyen-Orient
7, rue des Carmes – 75005 Paris
librairie.mediterranee@harmattan.fr
01 43 29 71 15

Librairie Le Lucernaire
53, rue Notre-Dame-des-Champs – 75006 Paris
librairie@lucernaire.fr
01 42 22 67 13

www.ingramcontent.com/pod-product-compliance
Lightning Source LLC
LaVergne TN
LVHW011252061026
849535LV00005B/1231